机工IT

Python自动化高效办公超入门

Python进阶者◎组编

本书详细介绍了 Python 自动化办公、数据爬虫、数据库操作以及界面开发的具体过程和编程技巧。Python 编程基础篇（第 1~2 章）详细介绍了 Python 的环境搭建和基础知识，包括数据类型、变量、运算符、条件语句、循环语句、函数和模块等内容。读者将学习如何使用 Python 进行基本的编程操作，为后续的自动化办公和应用开发奠定基础。办公自动化篇（第 3~7 章）详细介绍了如何使用 Python 对文件和目录进行操作，包括文件读写、目录遍历、文件复制和删除等内容，以及如何使用 Python 进行自动化办公，包括 Excel 自动化、PDF 自动化和邮件自动化等内容。读者将学习如何使用 Python 对本地文件和目录进行操作，以及如何对常用办公软件进行自动化处理，从而提高工作效率。数据自动化篇（第 8~12章）详细介绍了如何使用 Python 对数据库进行操作，包括 MySQL、SQLite 和 MongoDB 等，以及进行 GUI 编程，包括 GUI 库的使用。读者将学习如何使用 Python 对数据库进行增、删、改、查等操作，以及如何开发桌面应用程序，方便进行自动化办公和应用开发。

随书附赠案例文件、电子教案，以及可扫码观看的教学视频。

本书既适合作为职场办公人士的学习参考书，也适合 Python 自动化开发技术爱好者阅读学习。

图书在版编目（CIP）数据

Python 自动化高效办公超入门 / Python 进阶者组编 .—北京：机械工业出版社，2023. 9

ISBN 978-7-111-73333-1

Ⅰ. ①P…　Ⅱ. ①P…　Ⅲ. ①软件工具-程序设计-教材　Ⅳ. ①TP311. 561

中国国家版本馆 CIP 数据核字（2023）第 107613 号

机械工业出版社（北京市百万庄大街 22 号　邮政编码 100037）
策划编辑：丁　伦　　　　责任编辑：丁　伦
责任校对：龚思文　张　薇　　责任印制：张　博
中教科（保定）印刷股份有限公司印刷
2023 年 9 月第 1 版第 1 次印刷
185mm×260mm · 18 印张 · 446 千字
标准书号：ISBN 978-7-111-73333-1
定价：99. 90 元

电话服务　　　　　　　　　网络服务
客服电话：010-88361066　机　工　官　网：www. cmpbook. com
　　　　　010-88379833　机　工　官　博：weibo. com/cmp1952
　　　　　010-68326294　金　　书　　网：www. golden-book. com
封底无防伪标均为盗版　　机工教育服务网：www. cmpedu. com

前　言

Python 是一种强大、高效和易于学习的编程语言，已经成为人们在数据分析、自动化办公和应用开发等领域的首选语言。本书将详细介绍如何使用 Python 进行自动化办公和应用开发，帮助读者提高工作效率。

本书背景

我们马上要踏上 Python 自动化学习的征途了！不过在迈出第一步之前，不妨先想一想为什么要学习 Python 自动化？Python 自动化有什么优势和劣势？

编者认为，学习 Python 自动化有以下好处。

1）提高工作效率，Python 自动化可以帮助用户快速完成重复性的任务，从而将时间和精力集中在更有价值的事情上。

2）增强竞争力，掌握 Python 自动化技能可以让用户在职场上更具有竞争力，因为自动化已成为各行各业的必备技能。

本书内容

本书的目标读者是希望通过 Python 实现自动化办公和应用开发的人员，编者将从 Python 基础知识开始，逐步介绍如何使用 Python 进行自动化办公和应用开发，并提供了大量实际案例，帮助读者深入理解。

由于篇幅有限，本书并没有提供过于详细的 Python 基础知识内容，所以在阅读本书之前，编者建议初学者可以去学习一下 Python 的基础知识，包括语法、数据类型、函数、模块和面向对象编程等，便于更好地理解 Python 语言，更加深入地掌握基础知识。

学习 Python 自动化需要不断地实践和练习，读者可以从一些简单的实战项目开始，比如自动化网页登录、自动化数据爬取等。当然，编者也会在在书中提供一些 Python 编程实践的建议和技巧，例如，如何编写 Python 代码、如何进行调试和测试、如何更加简洁有效地进行编码等。这些实践建议和技巧可以帮助读者更好地理解和应用书中的知识内容。

本书特点

- 在传统的自动化办公中加入了数据采集、数据库操作以及 GUI 界面开发等内容。
- 可加入本书读者俱乐部或关注作者团队的官方微信公众号进行拓展学习。
- 提供 GitHub 代码方便读者学习。
- 部分技巧、方法借鉴了作者团队微信公众号中阅读量较高的文章，具有较强的应用性和普适性。

阅读提醒

在阅读本书的时候，读者一定要注意学习和领悟书中讲到的分析方法，而不是照抄代码。当读者学习本书的时候，书中涉及的部分网站或平台也许已经有部分更新（或改版），如果根据书中的代码无法正常获取数据，请不要疑惑，仔细领悟书中的思路和方法，掌握后就不会因为代码运行出现问题而影响学习效果，同时随书资源中也会不断更新相关的资料，扫描封底二维码进入本书专属云盘即可免费获取相关学习资源，如案例文件、授课用PPT及可扫码观看的教学视频等。

感谢

- 感谢机械工业出版社丁伦编辑的帮助，在他的指导下这些自动化办公的实用技巧和方法才能整理出版。
- 感谢“Python进阶者”全体团队成员的协同编写。
- 感谢在编者写作过程中，提出了改进意见的相关专家、老师们。
- 感谢各位读者选择了本书，相信在阅读过程中一定会给您带来帮助。

由于编者水平有限，书中不足之处在所难免，恳请各位读者朋友批评指正。

编　者

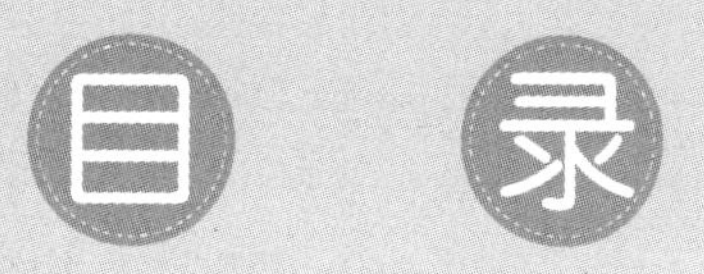
目 录

第3篇 数据自动化篇

第 1 篇 Python编程基础篇

无论您是初学者还是有一些编程经验的人，掌握编程的底层逻辑都是关键的一步。本篇将引导您进入编程的世界，从简单的概念和语法开始，逐步深入探索编程的核心思想和技术。

本篇共两章，介绍了 Python 的环境搭建和基础知识，包括 Python 的数据类型、变量、运算符、条件语句、循环语句、函数和模块等内容。

读者将学会如何使用 Python 进行基本的编程操作，为后续的自动化办公和应用开发奠定扎实的基础。

第1章 环境搭建

Python是当前一门主流的高级编程语言，具有简单易学、语法优雅和功能强大等优点，在众多领域得到了广泛应用。安装和调试Python的开发环境相对简单，但需要注意一些细节问题，如选择合适的版本、安装路径和环境变量等。

本章将详细介绍如何在Windows操作系统上安装和调试Python开发环境，以及使用相关工具和库的方法、技巧，希望能够帮助初学者快速上手Python编程。

1.1 Python环境安装

工欲善其事，必先利其器。在正式学习Python之前，读者需要先完成Python的环境搭建。本书使用Anaconda来安装Python环境。Anaconda是一个包含Python及其常用库的开源发行版。选择使用Anaconda安装Python的原因如下。

- 方便管理包和环境：Anaconda可以提供一个集成环境，方便管理Python和其他第三方包的版本和依赖关系。使用Anaconda可以创建多个独立的Python环境，每个环境可以有自己的Python版本和第三方包，这有利于管理包和避免包之间的冲突。
- 内置科学计算包：Anaconda内置了很多常用的科学计算包，如NumPy、SciPy、Pandas和Matplotlib等，这些包都是经过优化的，可以在Anaconda中轻松安装和使用。
- 多平台支持：Anaconda支持多个平台，包括Windows、MacOS和Linux，这使得开发者可以在不同的平台上进行开发和部署。
- 附带IDE（集成开发环境）：Anaconda内置了Spyder和Jupyter Notebook，这两个IDE都是非常好用的Python开发工具，可以方便地进行调试、编写和运行代码。

总之，Anaconda提供了一个方便、高效、集成的Python开发和部署环境，尤其适合于数据科学、机器学习和人工智能等领域。当然，如果只需要基本的Python环境，也可以选择官方版本，这里不再赘述。

本节只对 Windows 系统进行 Anaconda 环境的安装演示，其他操作系统请读者自行学习。

1.1.1　Anaconda 的安装和配置

在下载 Anaconda 之前，读者需要确认计算机的操作系统类型，为后面的版本包选择提前做好准备，现在的计算机操作系统类型大都是 64 位的。利用鼠标右键单击【此电脑】图标，然后在弹出的快捷菜单中选择【属性】命令，在弹出的【系统】对话框上就可以看到当前的操作系统类型了。当前计算机的操作系统类型是 64 位的，那么后面在选择安装包版本的时候也需要选择 64 位的，如图 1-1 所示。安装 Anaconda 的具体操作步骤如下。

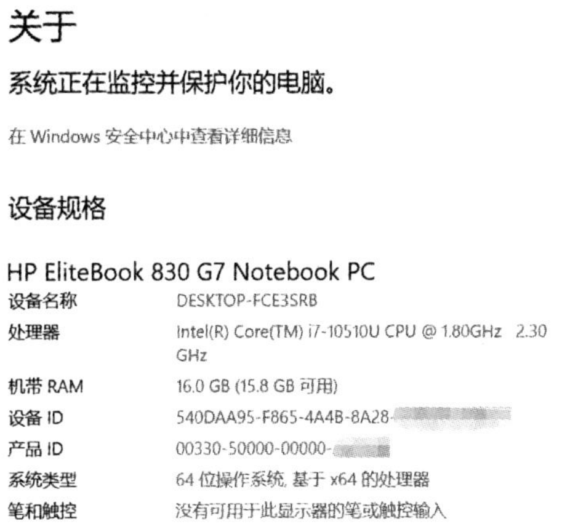

关于

系统正在监控并保护你的电脑。

在 Windows 安全中心中查看详细信息

设备规格

HP EliteBook 830 G7 Notebook PC

设备名称	DESKTOP-FCE3SRB
处理器	Intel(R) Core(TM) i7-10510U CPU @ 1.80GHz 2.30 GHz
机带 RAM	16.0 GB (15.8 GB 可用)
设备 ID	540DAA95-F865-4A4B-8A28-
产品 ID	00330-50000-00000-
系统类型	64 位操作系统, 基于 x64 的处理器
笔和触控	没有可用于此显示器的笔或触控输入

图 1-1　当前计算机操作系统类型

1）访问 Anaconda 官网的 Windows 下载地址 https://www.anaconda.com/products/distribution。然后单击 Windows 的 logo，网页会自动跳转到页面下方，如图 1-2 所示。

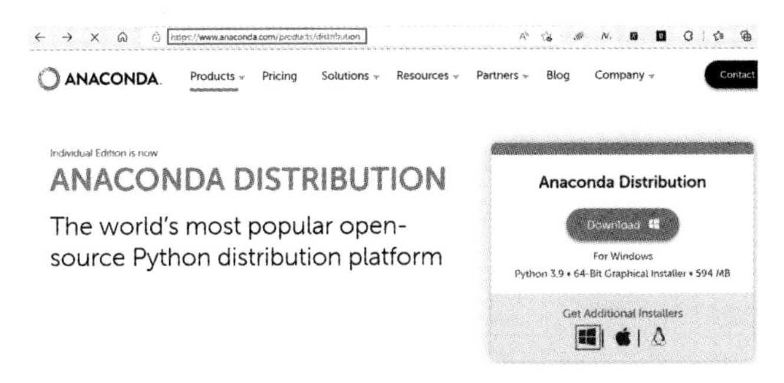

图 1-2　Anaconda 官网下载地址

2）此时可以看到 Windows 操作系统下的安装包了，如图 1-3 所示。

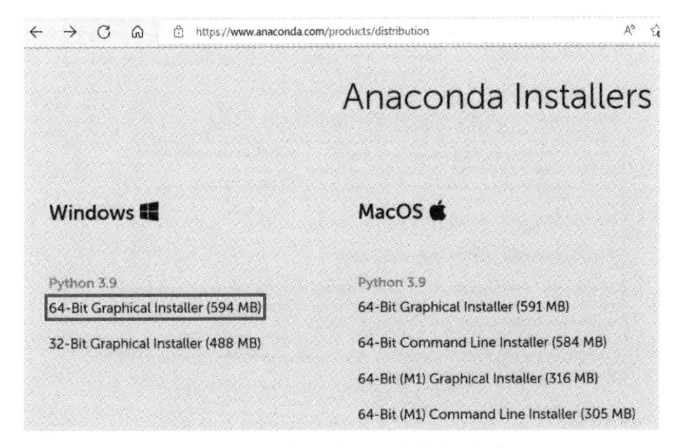

图 1-3　选择对应 64 位的版本包

之后单击带 Graphical Installer 字样的版本包进行下载，表示该版本包是图形界面。同时，由于已经知道当前使用的计算机操作系统类型是 64 位的，因此这里也需要选择对应 64 位的版本包。Anaconda 的版本包比较大，下载速度可能比较慢，耐心等待下载完成即可。

3）下载完成后，可以在本地看到版本包，如图 1-4 所示。

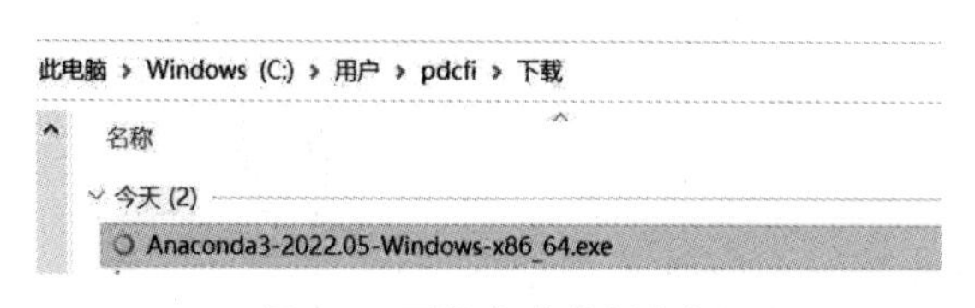

图 1-4　下载完成的版本包

4）双击版本包进入安装向导，之后单击【Next】按钮，如图 1-5 所示。

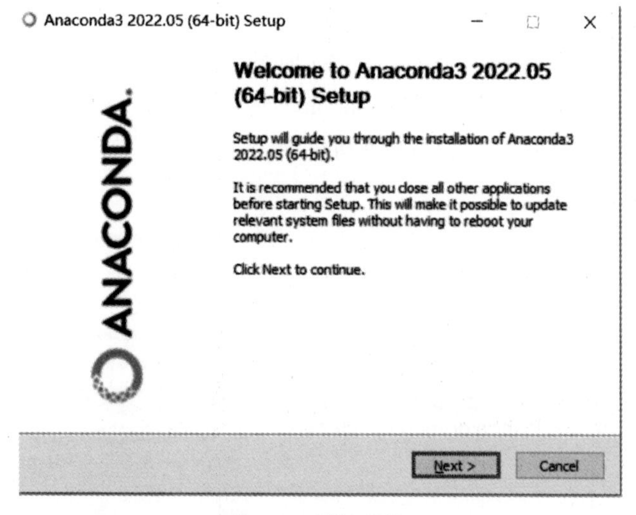

图 1-5　开始安装

5）在【License Agreement】界面中单击【I Agree】按钮继续进行安装，如图 1-6 所示。

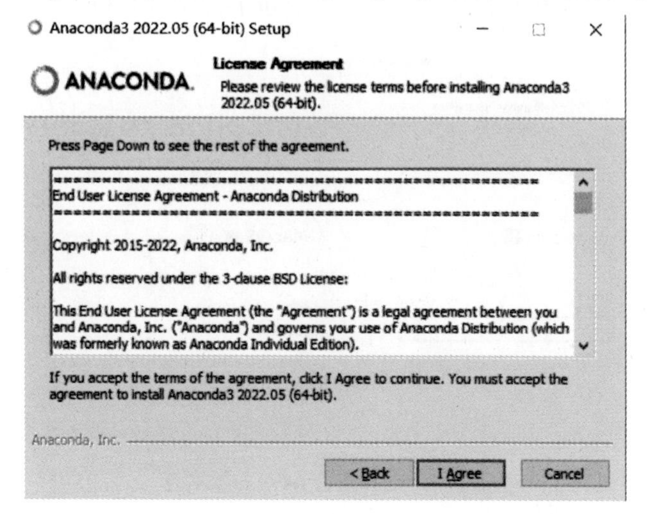

图 1-6　单击【I Agree】按钮继续进行安装

6）在【Select Installation Type】界面中选中【Just Me（recommended）】单选按钮，之后单击【Next】按钮，如图 1-7 所示。

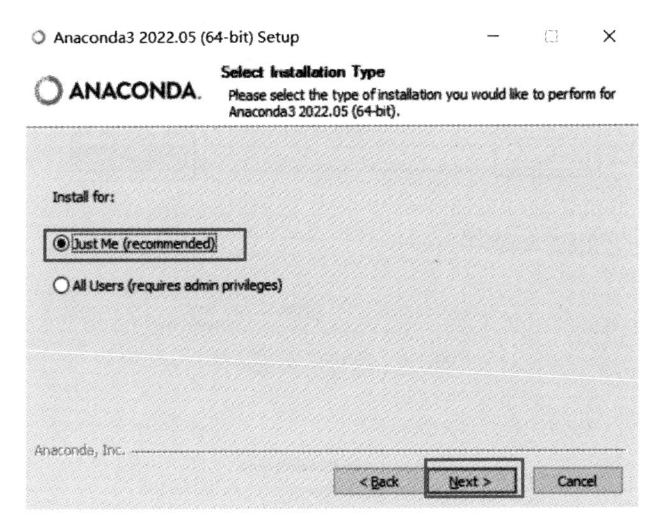

图 1-7　选择【Just Me（recommended）】选项

7）在【Choose Install Location】界面中需要选择安装目录，可以直接单击【Next】按钮选择默认安装路径，也可以单击【Browse...】按钮，在弹出的对话框中自定义安装路径，如图 1-8 所示。建议读者在安装时自定义安装路径。

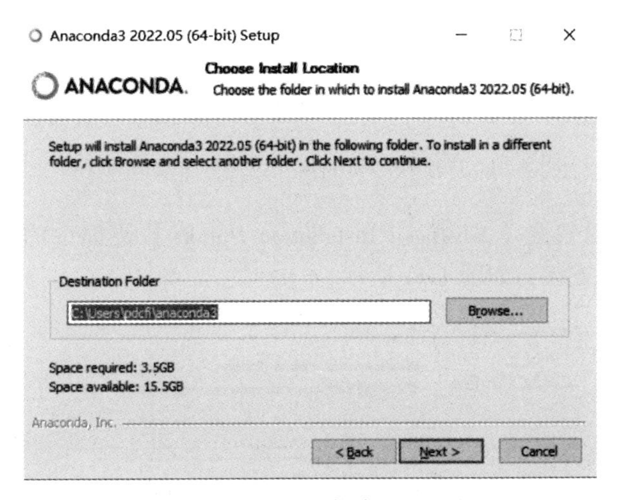

图 1-8　选择安装路径界面

8）在【Choose Install Location】界面中单击【Browse...】按钮，然后在弹出的对话框中选择安装路径在 E 盘，之后单击【Next】按钮，如图 1-9 所示。

9）在【Advanced Installation Options】界面中有两个复选框供用户选择。【Add Anaconda3 to my PATH environment variable】复选框是指将 Anaconda 的路径设置到系统的 PATH 环境变量中去；【Register Anaconda3 as my default Python 3.9】复选框是指将 Anaconda 设置为默认的 Python 编译器，如图 1-10 所示。

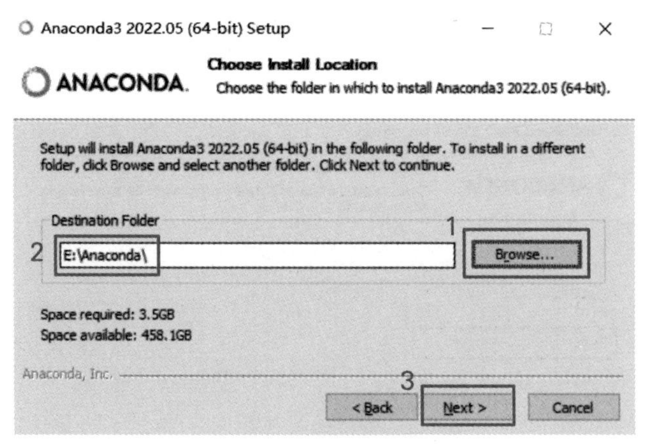

图 1-9　自定义安装路径

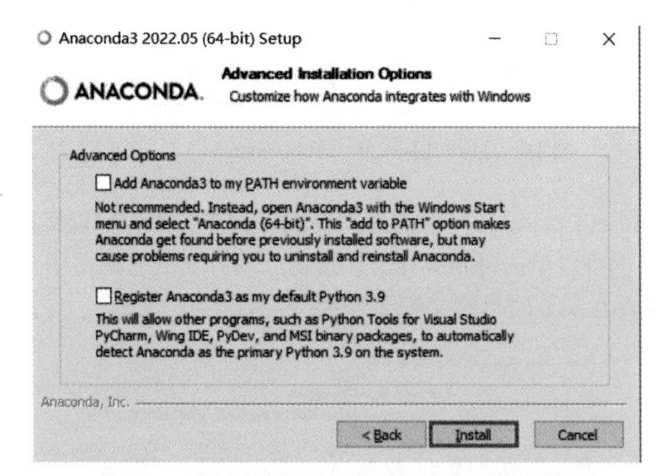

图 1-10　自定义 Anaconda 与 Windows 的集成方式

10）编者推荐同时勾选【Advanced Installation Options】界面中的两个复选框，之后单击【Install】按钮进行安装，如图 1-11 所示。

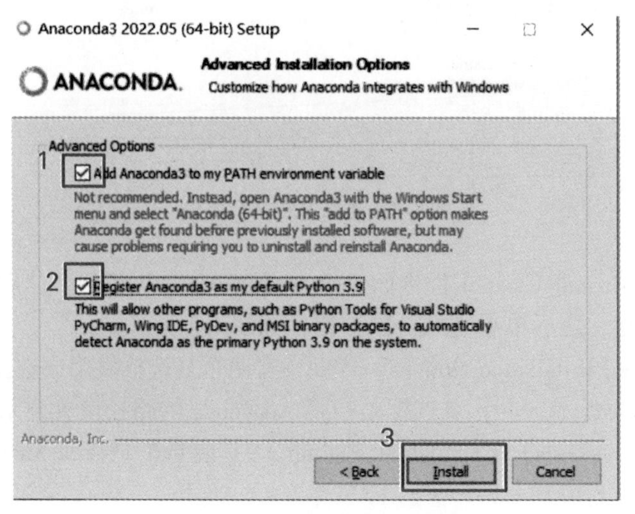

图 1-11　勾选两个复选框

11）之后会进入安装过程，在【Installing】界面中耐心等待进度条结束即可，如图 1-12 所示。

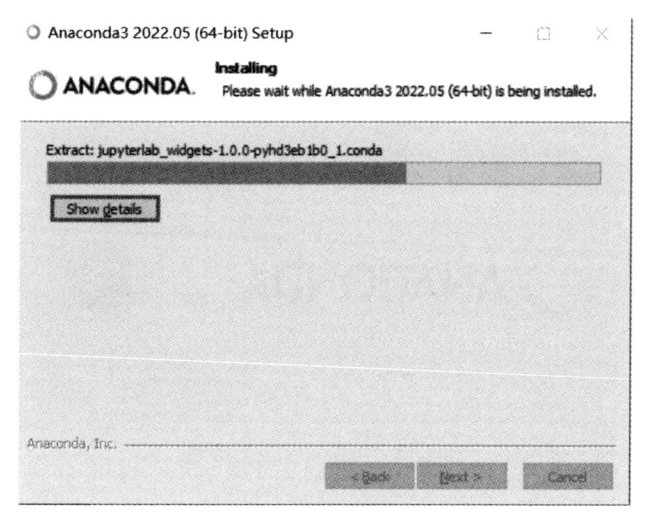

图 1-12　等待安装完成

12）安装完成后进入【Installation Complete】界面，然后单击【Next】按钮，如图 1-13 所示。

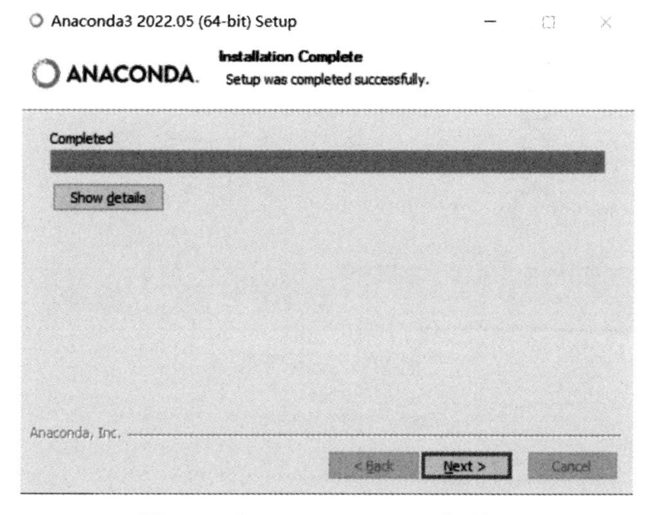

图 1-13　【Installation Complete】界面

13）在【Anaconda3 2022.05（64-bit）】界面中单击【Next】按钮即可，如图 1-14 所示。

14）当进入【Completing Anaconda3 2022.05（64-bit）Setup】界面时说明已经安装完成了，单击【Finish】按钮退出安装，如图 1-15 所示。

至此，就已经完成了 Anaconda 的安装。

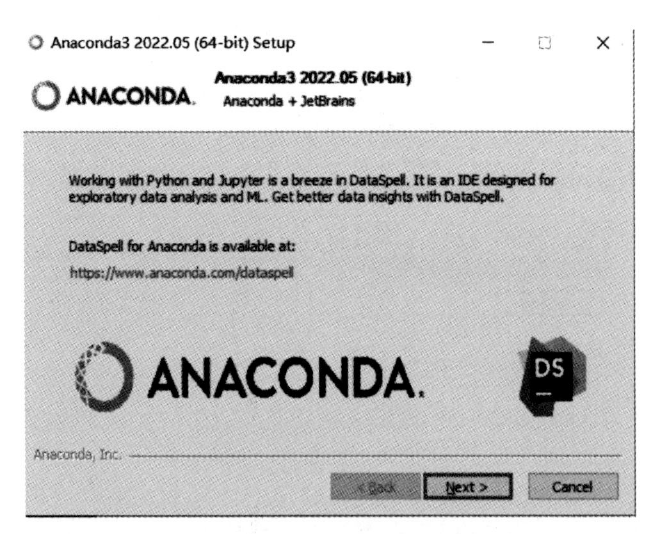

图 1-14　单击【Next】按钮

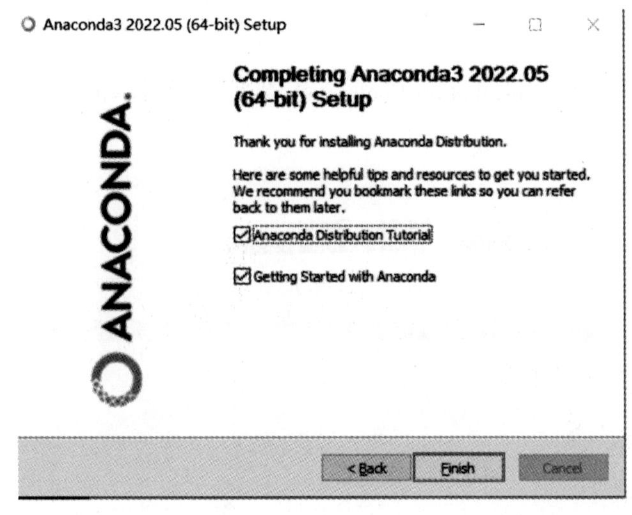

图 1-15　完成安装

1.1.2　pip 包管理

pip 是 Python 的包管理工具，它可以用来安装、升级和卸载 Python 包，非常方便实用。以下是 pip 的常用操作方法。

1. 安装包

要安装一个 Python 包，可以使用以下命令。

```
pip install 包名
```

例如，要安装 requests 库，可以使用以下命令。

```
pip install requests
```

或者安装指定版本的 requests 库，可以使用以下命令。

```
pip install requests==2.26.0
```

2. 升级包

要升级一个已经安装的 Python 包，可以使用以下命令。

```
pip install --upgrade 包名
```

例如，要升级 django 框架，可以使用以下命令。

```
pip install --upgrade django
```

3. 卸载包

要卸载一个已经安装的 Python 包，可以使用以下命令。

```
pip uninstall 包名
```

例如，要卸载 django 框架，可以使用以下命令。

```
pip uninstall django
```

4. 查看已安装的包

要查看当前已安装的 Python 包，可以使用以下命令。

```
pip list
```

这个命令会列出所有已经安装的 Python 包及其版本号。

以上是 pip 的常用操作方法，pip 还支持很多其他的选项和参数，可以使用 pip-help 命令查看帮助信息。

1.2 运行 Python 程序

运行 Python 程序需要使用 Python 解释器来执行程序代码。通常来说，读者可以输入“python”命令，进入 Python 解释器环境。或者输入“python 文件名.py”命令运行 Python 程序。这里编者推荐使用 Jupyter Notebook 来运行 Python 代码。Jupyter Notebook 是一个交互式的计算环境，可以在网页上创建和共享文档，包含了代码、文本、公式和可视化图表等内容，还可以实时查看代码的运行结果和可视化图表，从而快速调试代码，因此非常适合数据科学和机器学习等领域的相关工作人员，也是 Python 入门者的首选。

安装好 Anaconda 之后，Jupyter Notebook 也会被安装好，接下来讲解如何在 Jupyter Notebook 下执行 Python 代码，具体操作步骤如下。

1）在 Windows 操作系统的【开始】界面找到【Jupyter Notebook（Anaconda）】选项，如图 1-16 所示。

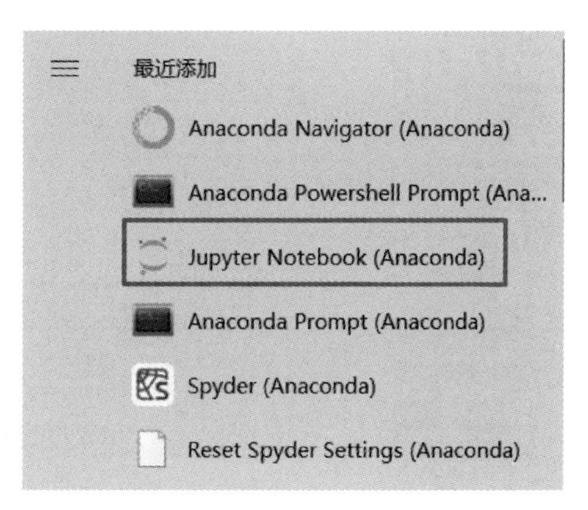

图 1-16 【Jupyter Notebook（Anaconda）】选项

2）选择【Jupyter Notebook（Anaconda）】选项，此时后台会打开一个命令行窗口，如图 1-17 所示。

3）之后会自行打开一个浏览器页面，至此

就成功地启动 Jupyter Notebook 了，如图 1-18 所示。

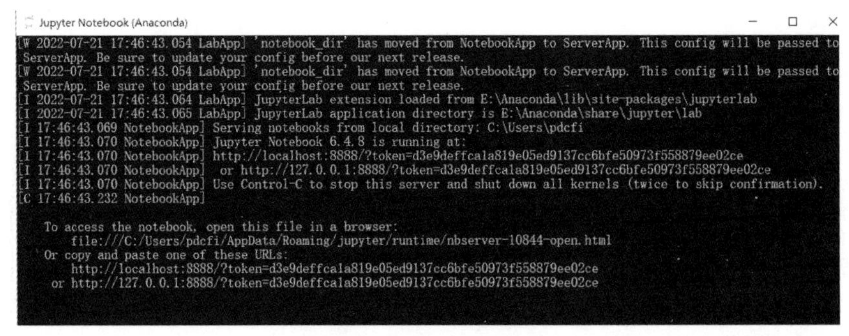

图 1-17　命令行窗口

图 1-18　成功启动 Jupyter Notebook

4）接下来就可以在 Jupyter Notebook 中新建文件夹和文件了，也可以在其中运行第一行 Python 代码了。单击 Jupyter Notebook 右上角的【新建】按钮，之后在弹出的下拉菜单中选择【文件夹】命令，即可创建一个未命名文件夹【Untitled Folder】，如图 1-19 所示。

图 1-19　新建文件夹

5）选中【Untitled Folder】文件夹，可以对其进行重命名、移动或者删除等操作。此处单击【重命名】按钮，在弹出的【重命名路径】对话框中可以自定义一个新名字，这里将其重命名为【PythonLearn】，如图1-20所示。

图1-20　重命名文件夹

6）双击进入【PythonLearn】文件夹，在右上角单击【新建】按钮，在弹出的下拉菜单中选择【Python3（ipykernel）】命令，如图1-21所示。

图1-21　进入【PythonLearn】文件夹

7）在新建的Jupyter Notebook界面中单击标题栏的【未命名】处，对其进行重命名，如图1-22所示。

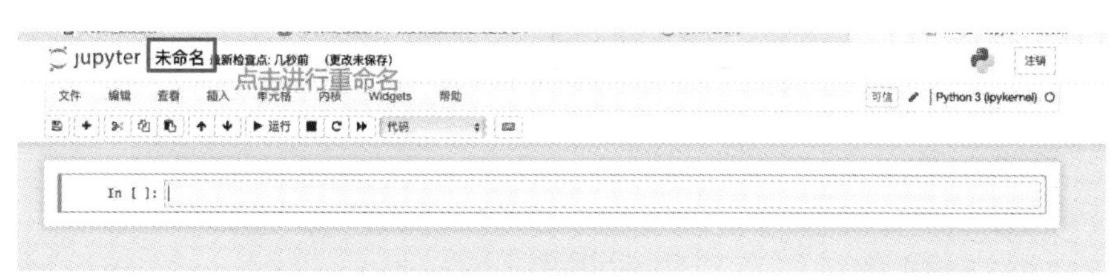

图1-22　重命名Jupyter Notebook

8）这里将其重命名为【test】，现在就可以书写相关代码测试一下了，请注意标点符号务必是英文模式。输入代码之后，单击菜单栏中的【运行】按钮，在下一行中就可以看到对应的输出结果为Hello Python，如图1-23所示。

至此，读者已经成功地运行了自己的第一行Python代码。

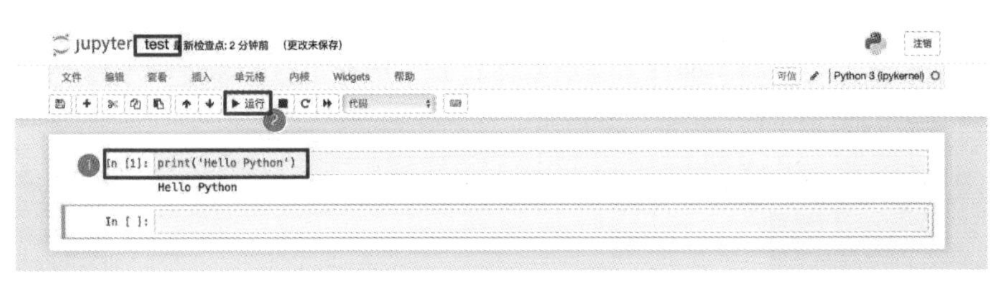

图 1-23　运行的第一行 Python 代码

1.3　开发工具 PyCharm

PyCharm 和 VSCode 都是常用的 Python 开发工具，它们各有优势和劣势，读者可以根据具体需求进行选择。

1.3.1　PyCharm 简介

PyCharm 是一种 Python IDE（Integrated Development Environment，集成开发环境），带有一整套可以帮助用户在使用 Python 语言开发时提高其效率的工具，比如调试、语法高亮、项目管理、代码跳转、智能提示、自动完成、单元测试和版本控制等。此外，该 IDE 还提供了一些高级功能，以用于支持 Django 框架下的专业 Web 开发。PyCharm 一般有两个版本，一个是专业版（收费），一个是社区版（免费），这里推荐大家使用社区版，基本上也足够满足日常的学习需求了。

1.3.2　PyCharm 安装

简单了解过 PyCharm 之后，本节将为读者讲述 PyCharm 的安装和基本使用方法，这里依旧以 Windows 操作系统下的安装为例进行演示，具体操作步骤如下。

1）访问 PyCharm 官网下载地址 https://www.jetbrains.com/pyCharm/download，选择 Windows 菜单栏，接着在右侧的【Community（社区版）】选项区单击【Download】按钮即可跳转到下载目录，之后会自动进行下载，如图 1-24 所示。

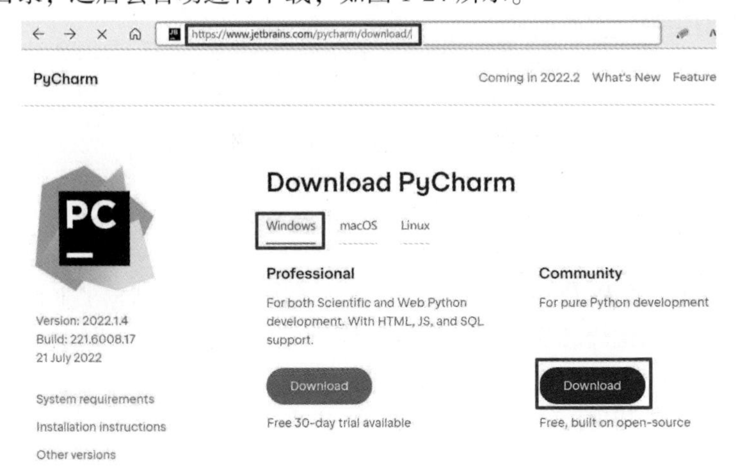

图 1-24　下载 PyCharm

2）PyCharm 安装包比较大，下载耗时较长，耐心等待其下载完成即可，如图 1-25 所示。

3）双击安装包进入安装向导，单击【Next】按钮继续安装，如图 1-26 所示。

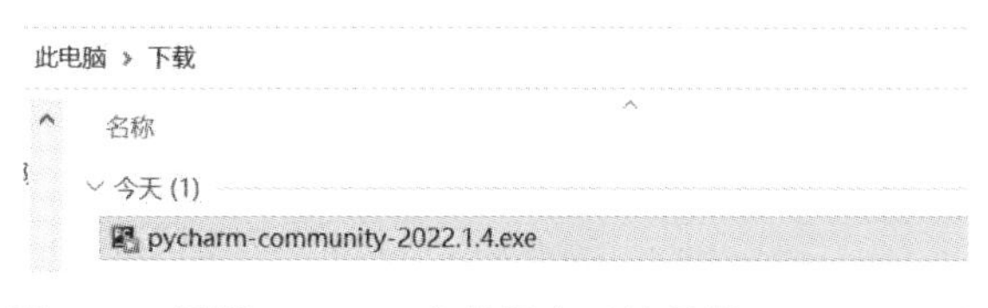

图 1-25　下载 PyCharm 文件版本（这里是 2022.1.4.exe）

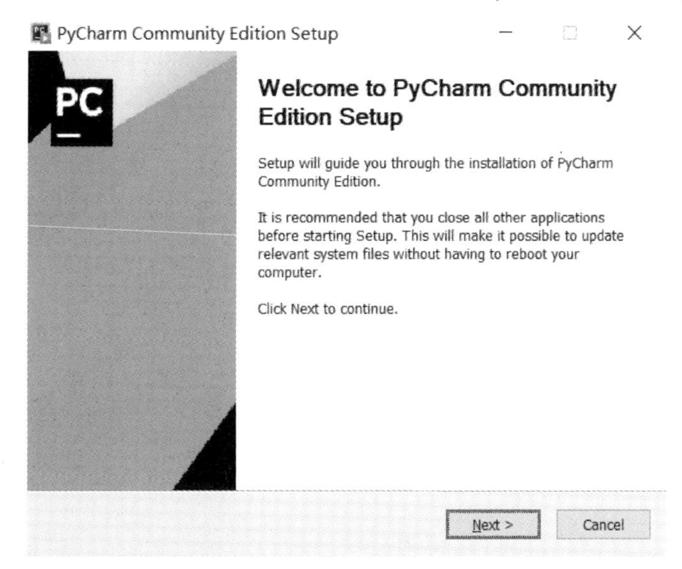

图 1-26　双击安装包进入安装向导

4）在【Choose Install Location】界面中选择安装的路径，可以直接单击【Next】按钮选择默认安装路径，也可以单击【Browse...】按钮自定义选择路径进行安装，如图 1-27 所示。

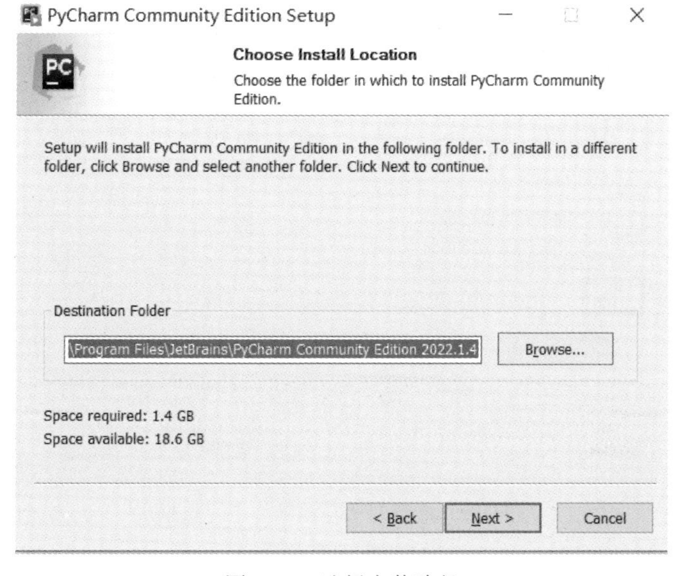

图 1-27　选择安装路径

5）在【Choose Install Location】界面中选择将其安装在D盘目录下，大家也可以自行更改安装目录，之后单击【Next】按钮继续安装，如图1-28所示。

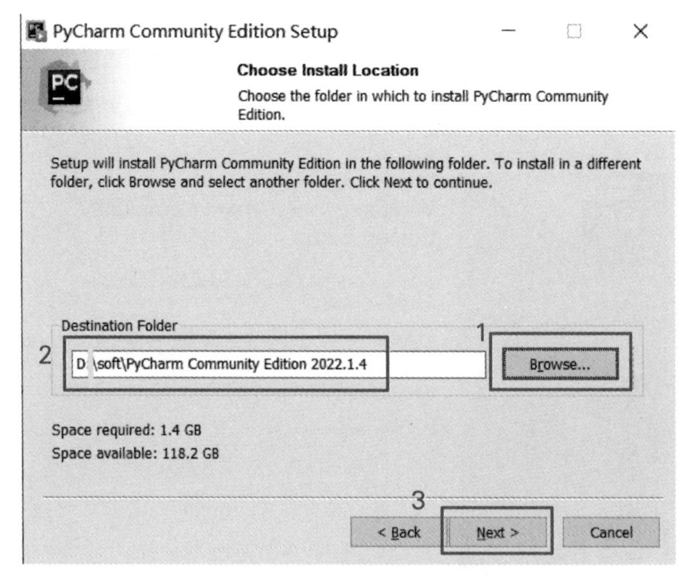

图1-28　选择安装的盘符

6）在【Installation Options】界面中推荐勾选左侧的【PyCharm Community Edition】【Add" Open Folder as Project" 】和【.py】3个复选框，会给读者后面的操作提供很多方便，之后单击【Next】按钮继续安装，如图1-29所示。

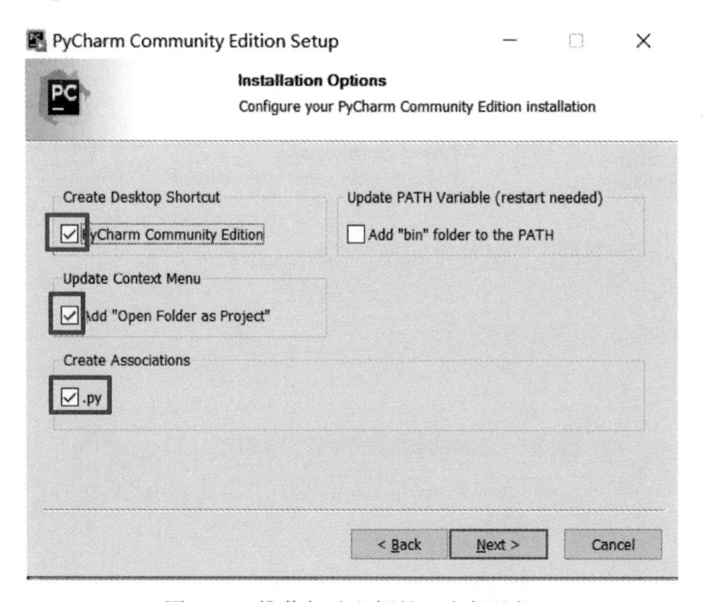

图1-29　推荐勾选左侧的3个复选框

7）在【Choose Start Menu Folder】界面中单击【Install】按钮继续安装，如图1-30所示。

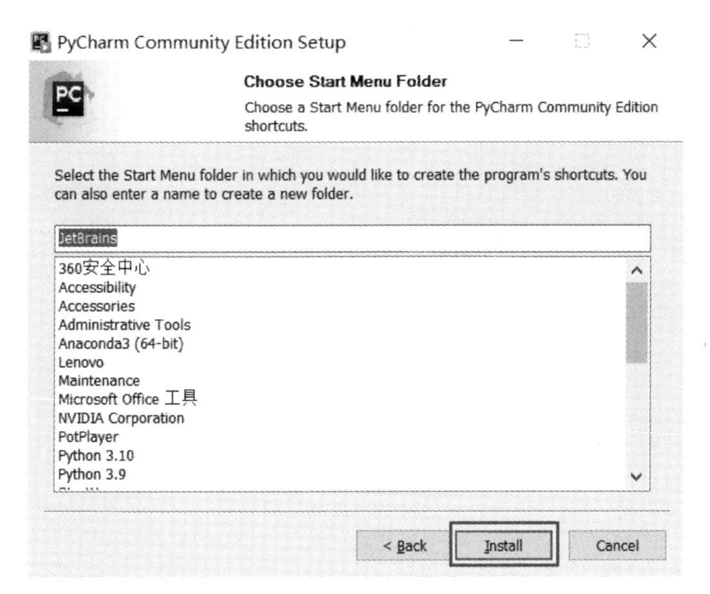

图 1-30 单击【Install】按钮继续安装

8）在【Installing】界面中耐心等待安装进度条结束即可，如图 1-31 所示。

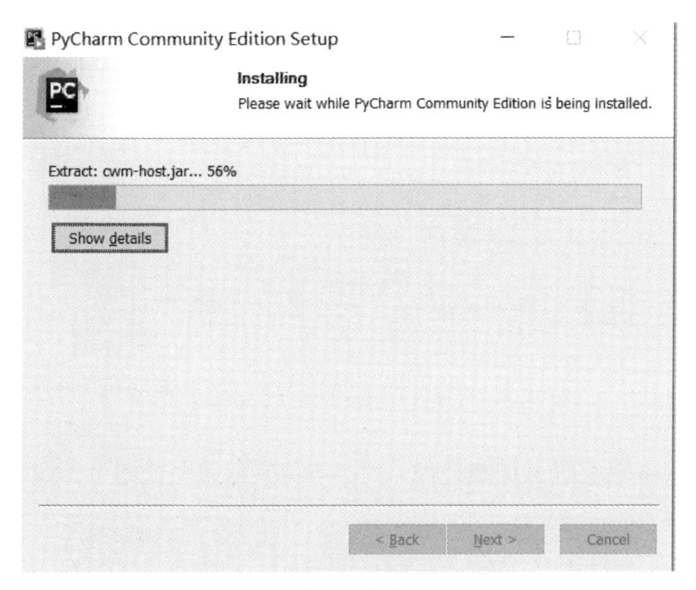

图 1-31 等待安装进度条结束

9）当看到【Completing PyCharm Community Edition Setup】界面时，说明已经完成安装了，这里推荐勾选【Run PyCharm Community Edition】复选框，表示单击【Finish】按钮完成安装后即可启动 PyCharm，如图 1-32 所示。

至此，已经完成了 PyCharm 的安装。

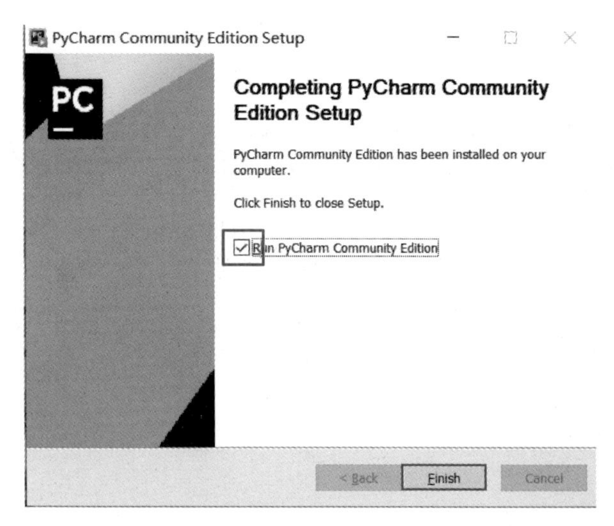

图 1-32 完成安装

1.3.3 PyCharm 的启动和基本使用

PyCharm 是一款专业的 Python 集成开发环境（IDE），可以大大提高 Python 开发的效率和质量。

使用 PyCharm 的具体操作步骤如下。

1）启动 PyCharm 之后，在弹出的【Import PyCharm Settings】对话框中选中【Do not import settings】单选按钮，之后单击【OK】按钮即可，如图 1-33 所示。

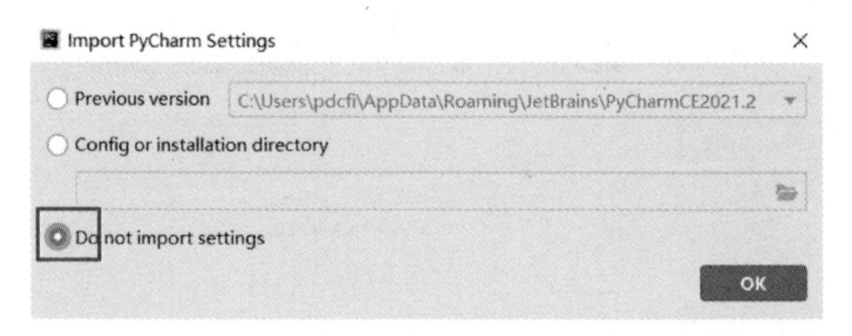

图 1-33 选择【Do not import settings】选项

2）之后 PyCharm 就会进入加载进程，耐心等待其加载完成即可，如图 1-34 所示。

图 1-34 等待加载完成

3）PyCharm 加载完成之后即可创建新项目，在【Welcome to PyCharm】对话框中单击【New Project】按钮，如图 1-35 所示。

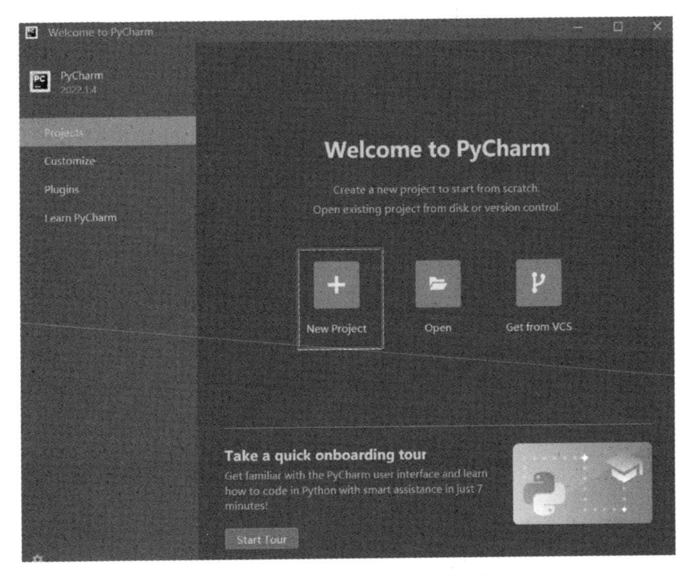

图 1-35 单击【New Project】按钮

4）在【New Project】窗口中主要需要完成两件事。第一件事是选择项目存放的目录，这个自行选择即可，这里选择存放到了 E 盘的 PythonLearn 文件夹下；第二件事是选择 Python 解释器，因为在此之前读者已经安装了 Anaconda，所以这里直接选择了 Conda 解释器，之后单击右下角的【Create】按钮进行新建即可，如图 1-36 所示。

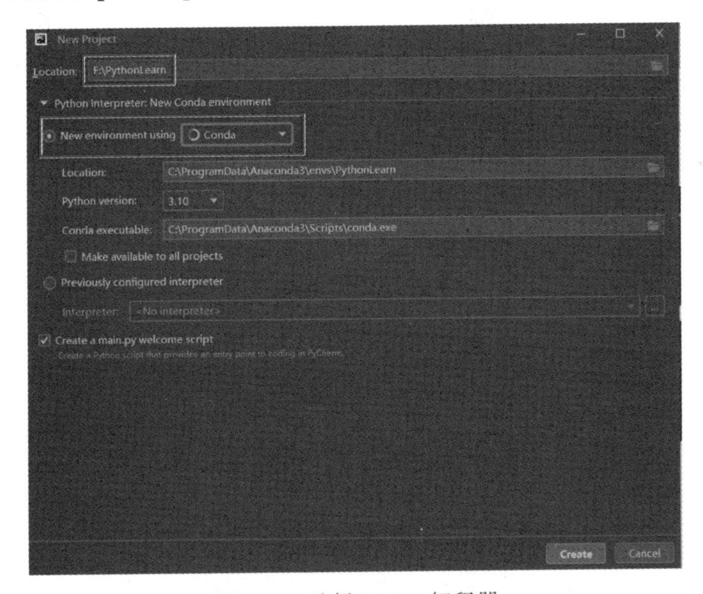

图 1-36 选择 Python 解释器

5）之后 PyCharm 就会进入创建环境、项目等进程中，耐心等待其创建完成即可，如图 1-37 所示。

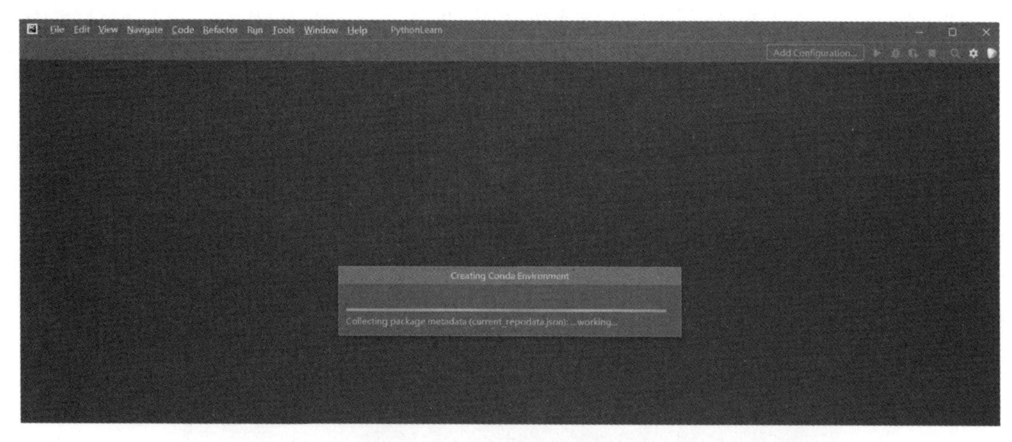

图 1-37　进入到创建环境

6）创建完成之后会进入如图 1-38 所示的界面，可以看到有一个默认的 main.py 示例文件，这样就可以顺利地进入 PyCharm 中了，接下来读者就可以在 PyCharm 中编写代码了。

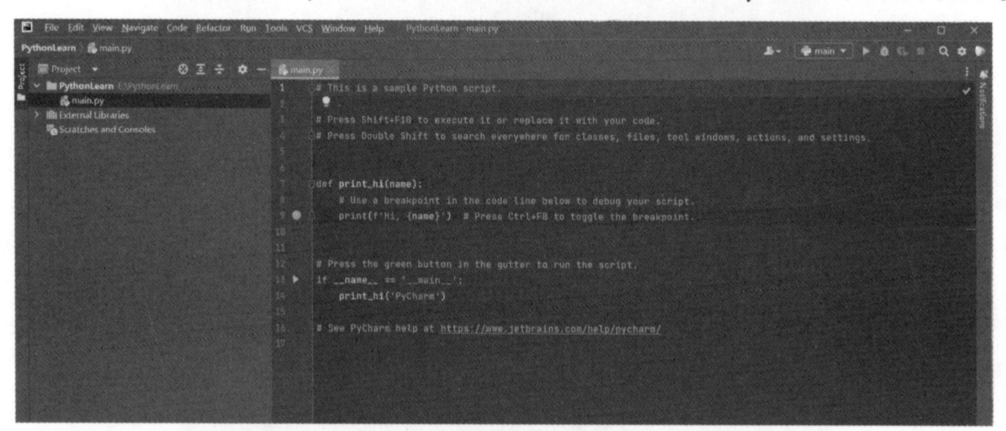

图 1-38　顺利进入 PyCharm

7）在【PythonLearn】文件夹处单击鼠标右键，在弹出的快捷菜单中选择【New】-【Python File】命令，即可新建 Python 文件，如图 1-39 所示。

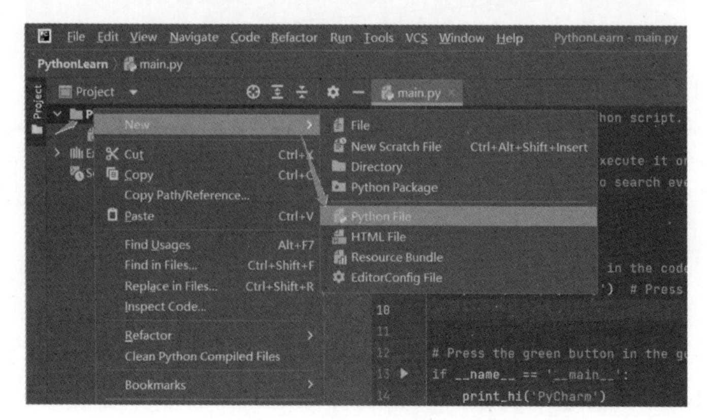

图 1-39　新建 Python 文件

8）在弹出的【New Python file】对话框中将 Python 文件命名为 test，之后按〈Enter〉键即可新建成功，如图 1-40 所示。

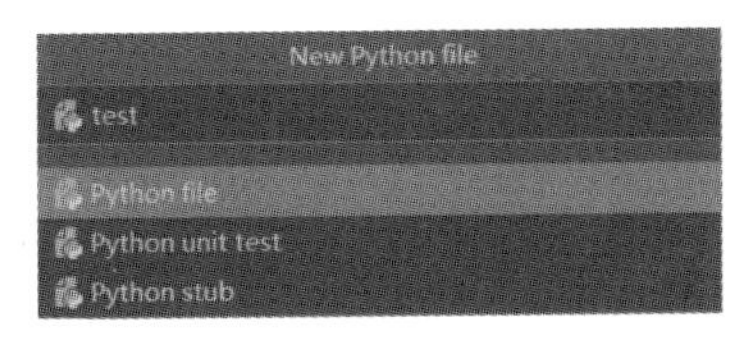

图 1-40 重命名 Python 文件为 test.py

9）此时可以看到在 PyCharm 中已经新建好了 test.py 空文件，如图 1-41 所示。

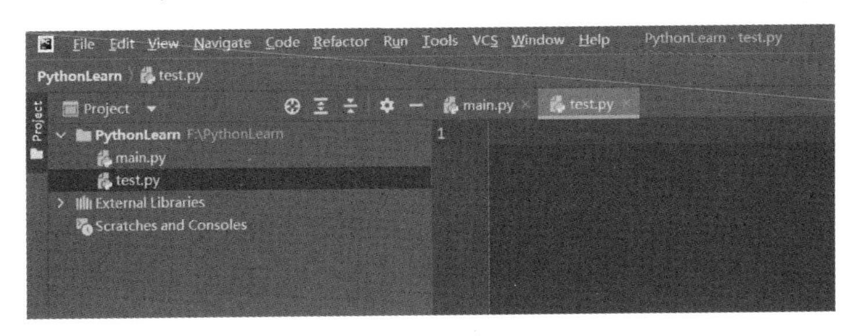

图 1-41 新建好的 test.py 空文件

10）接下来就可以在右侧界面中输入代码了，输入代码时，PyCharm 会自动提示和补全代码，对于初学者来说十分方便，如图 1-42 所示。

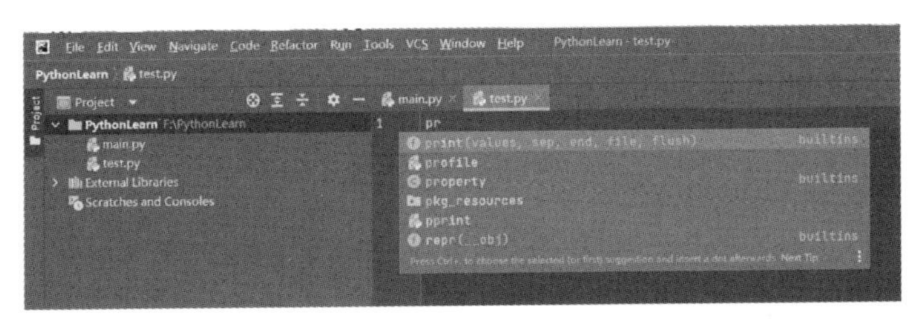

图 1-42 PyCharm 自动提示和补全代码

11）在 PyCharm 中输入如下代码。

```
print('hello world! ')
```

注意，标点符号都必须是英文模式，如图 1-43 所示。

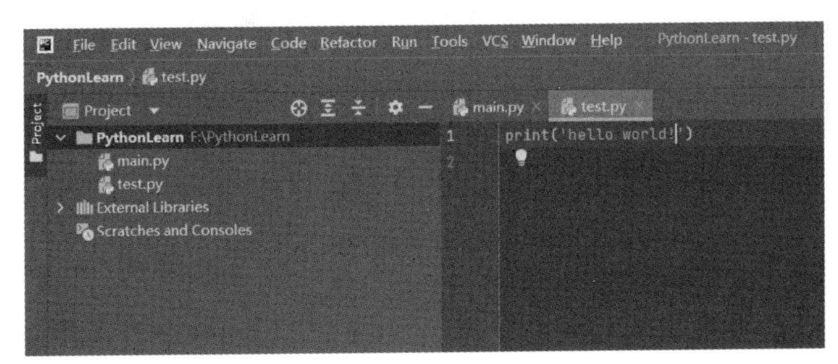

图 1-43 输入代码

12）在空白处单击鼠标右键，在弹出的快捷菜单中选择【Run ' test '】命令，即可运行之前输入的代码，如图 1-44 所示。

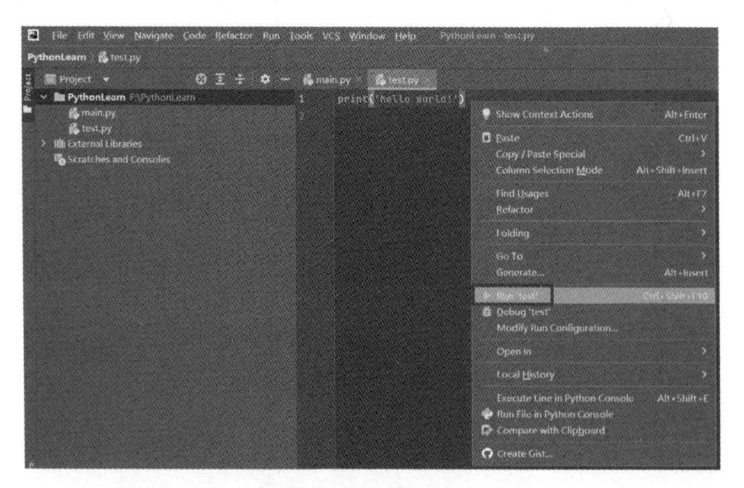

图 1-44　运行代码

13）在控制台中显示了代码运行后的结果，此时可以看到“hello world!”已经成功打印在控制台上了。

此外，在控制台中还提示了 Process finished with exit code 0 信息，表示运行成功；如果提示了 Process finished with exit code 1 信息，则表示运行失败，说明代码编写有问题，如图 1-45所示。

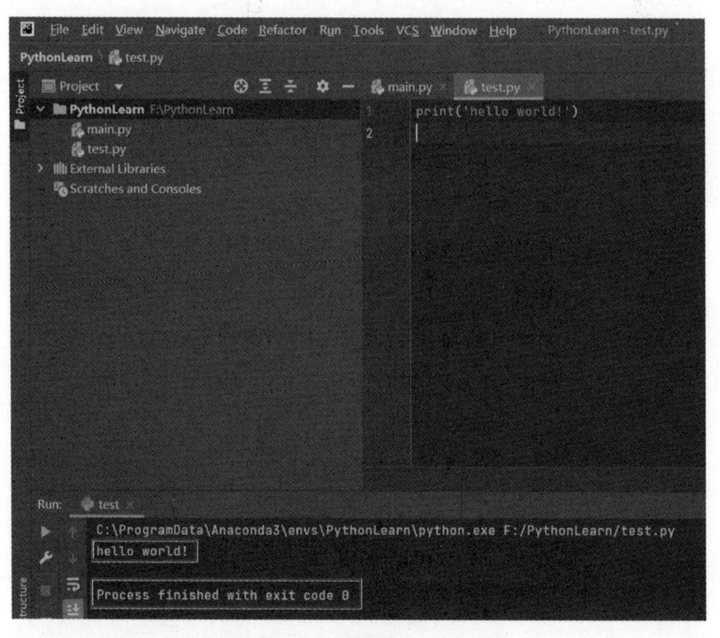

图 1-45　代码运行成功

至此，读者已经成功在 PyCharm 中运行了自己的第一行 Python 代码。

第2章 基础教程

Python是一门易学易用的编程语言，具有简洁的语法和清晰的代码结构，广泛应用于Web开发、数据分析和人工智能等领域。

本章将介绍Python的基本使用方法和常用技巧，涉及许多值得注意的特性，可以让读者对该语言的风格有一个更好地了解。

由于Python的用途和功能众多，限于篇幅，本章将集中在Python核心概念和基本语法的介绍和学习上。

2.1 数据类型和变量

在Python中可以使用赋值语句来创建变量，不用指定变量类型。Python中的基本数据类型包括整数、浮点数、布尔值和字符串等，具体代码如下。

```
a= 5                    # 整数
b = 3.14                # 浮点数
c = True                # 布尔值
d = "hello world"       # 字符串
```

Python中的基本运算符包括加减乘除、取余数和幂等，具体代码如下。

```
print(2 + 3)            # 加法运算
print(2 - 3)            # 减法运算
print(2 * 3)            # 乘法运算
print(2 / 3)            # 除法运算
print(2 % 3)            # 取余数运算
print(2 ** 3)           # 幂运算
```

Python中的布尔值可以进行逻辑运算，如and、or、not等。

Python中的字符串可以进行拼接、重复等操作，具体代码如下。

```
print("hello" + "world")    # 字符串拼接
print("hello" * 3)          # 字符串重复
```

2.2 控制语句

Python 控制语句是用于控制程序流程的语句，包括条件语句和循环语句。它们使得开发者能够根据特定的条件和情况来执行不同的代码块，从而实现程序的灵活性和可控性。

2.2.1 条件语句

Python 中的 if 条件语句可以根据条件判断来执行不同的代码块，elif 语句可以用来判断多个条件。

1. if-else 语句

下面通过一个简单的示例来讲解 Python 的条件语句，具体场景如下。

假设需要写一个程序，根据用户输入的分数输出对应的等级，分数与等级的对应关系如下。

- 90 分及以上：优秀。
- 80 分及以上：良好。
- 70 分及以上：中等。
- 60 分及以上：及格。
- 60 分以下：不及格。

对应的 Python 代码如下。

```
score= float(input("请输入分数:"))  # 获取用户输入的分数

if score >= 90:
    print("优秀")
elif score >= 80:
    print("良好")
elif score >= 70:
    print("中等")
elif score >= 60:
    print("及格")
else:
    print("不及格")
```

在上面的示例中执行顺序如下。

首先，使用到了 input( ) 函数获取用户输入的分数，使用 float( ) 函数将输入的字符串转换为浮点数类型，并将其赋值给变量 score。

接着，使用 if 语句判断 score 的值是否大于等于 90，如果成立，则输出“优秀”；如果不成立，则执行 elif 语句，判断 score 的值是否大于等于 80，如果成立，则输出“良好”，以此类推。

最后，如果所有的 if 和 elif 条件都不成立，则执行 else 语句，输出“不及格”。

以上就是一个简单的 Python 条件语句示例，读者可以根据实际情况进行修改和扩展。

2. 嵌套的 if 语句

if 语句可以嵌套在另一个 if 语句中，这样可以根据不同的条件执行不同的代码块，具体

代码如下。

```
if condition1:
if condition2:
    statement1
else:
    statement2
else:
    statement3
```

它的执行流程如下。

如果 condition1 为 True，则执行嵌套的第一个 if 语句。

如果 condition2 为 True，则执行 statement1。

如果 condition2 为 False，则执行 statement2。

如果 condition1 为 False，则执行 statement3。

因此，只有当 condition1 和 condition2 都为 True 时，才会执行 statement1，否则将执行 statement2 或 statement3。请注意，statement1、statement2 和 statement3 都应该是 Python 中有效的语句，否则代码将无法正确执行。

2.2.2　循环语句

循环语句用于重复执行一段代码块。Python 提供了 for 循环和 while 循环两种循环语句，以及相关的拓展语句。

1. for 循环

for 循环语句可以遍历一个序列对象（如列表、元组或字符串等），并对其中的每个元素进行操作。for 循环语句的具体代码如下。

```
for element in sequence:
statement
```

其中，element 是一个变量名，用来存储序列中的每个元素；序列可以是列表、元组或字符串等；代码块是要执行的语句。下面是一个简单的 for 循环的示例，具体代码如下。

```
    fruits= ["apple", "banana", "cherry"]
for fruit in fruits:
    print(fruit)
```

2. while 循环

Python 中的 while 循环是一种基本的循环结构，它允许用户根据特定条件来重复执行一段代码块，具体代码如下。

```
while condition:
statement
```

其中，condition 是一个布尔表达式，如果为 True，则重复执行 statement 语句块。

下面是一个典型的使用 while 循环的例子，用于打印 1～10 之间的整数，具体代码如下。

```
    i = 1
while i <= 10:
    print(i)
    i += 1
```

在这个例子中，当 i 小于等于 10 时，就会执行循环体中的代码，打印出 i 的值，并将 i 加 1。当 i 大于 10 时，条件 i <= 10 不再满足，循环就会停止。

3. break 语句

break 语句可以在循环执行过程中，跳出整个循环，不再继续执行后面的代码。下面是一个使用 break 语句的示例，具体代码如下。

```
    i = 1
while i <= 5:
    print(i)
    i += 1
    if i == 4:
        break
```

在这个例子中，当 i 等于 4 时，执行 break 语句，跳出循环。

4. continue 语句

continue 语句可以在循环执行过程中，跳过当前的一次循环，继续执行下一次循环。下面是一个使用 continue 语句的示例，具体代码如下。

```
for i in range(1, 11):
if i % 2 == 0:
    continue
print(i)
```

在这个例子中，当 i 为偶数时，就会执行 continue 语句，跳过本次循环，继续执行下一次循环。

注意，在使用 continue 语句时，需要保证循环条件能够在某个时刻终止循环，否则程序将会进入死循环。

除了在 for 循环中使用 continue 语句外，也可以在 while 循环中使用。下面是一个使用 continue 语句的 while 循环的例子，用于打印 1~10 之间的奇数，具体代码如下。

```
    i = 1
while i <= 10:
    if i % 2 == 0:
        i += 1
        continue
    print(i)
    i += 1
```

在这个例子中，当 i 为偶数时，就会执行 continue 语句，跳过本次循环，继续执行下一次循环。

5. pass 语句

在 Python 中 pass 语句是一个空语句，它不进行任何操作，只是占据一行代码，主要作用是作为占位符，具体代码如下。

```
    if condition1:
    pass
elif condition2:
    pass  # 暂时不执行任何操作,但需要占据位置
```

```
else:
    # 执行一些代码
    pass
```

在使用 pass 语句时，要注意避免滥用，否则会降低代码的可读性。只有在必要的情况下，才可以使用 pass 语句，以避免在代码中出现不必要的占位符。

2.3　数据类型

Python 是一种动态类型语言，它支持多种不同的数据类型，具体如下。

2.3.1　列表

在 Python 中列表（list）是一种用于存储一组有序元素的数据类型，可以通过下标（索引）来访问列表中的元素，也可以对列表进行增、删、改、查等操作。下面是一些列表示例。

1. 创建列表

使用方括号（[ ]）来创建一个空列表，也可以在方括号中添加元素来创建一个包含多个元素的列表，具体代码如下。

```
#创建一个空列表
my_list = []

# 创建一个包含多个元素的列表
fruits = ['apple', 'banana', 'cherry', 'orange']
```

2. 访问列表元素

使用下标（索引）来访问列表中的元素，下标从 0 开始，依次递增。可以使用负数来从列表的末尾开始逆向访问元素，具体代码如下。

```
#访问列表中的元素
print(fruits[0])    # 输出:'apple'
print(fruits[2])    # 输出:'cherry'
print(fruits[-1])   # 输出:'orange'
```

3. 修改列表元素

使用下标（索引）来访问列表中的元素，并对其进行修改，具体代码如下。

```
#修改列表中的元素
fruits[1] = 'pear'
print(fruits)  # 输出:['apple', 'pear', 'cherry', 'orange']
```

4. 添加元素到列表

可以使用 append( ) 方法将元素添加到列表末尾，也可以使用 insert( ) 方法将元素插入到列表的指定位置，具体代码如下。

```
#添加元素到列表
fruits.append('grape')
print(fruits)  # 输出:['apple', 'pear', 'cherry', 'orange', 'grape']
```

```
fruits.insert(2,'watermelon')
print(fruits)  #输出:['apple','pear','watermelon','cherry','orange','grape']
```

5. 删除列表元素

可以使用remove()方法删除列表中指定的元素，也可以使用pop()方法删除列表中指定下标的元素，具体代码如下。

```
#删除列表元素
fruits.remove('pear')
print(fruits)  #输出:['apple','watermelon','cherry','orange','grape']

fruits.pop(1)
print(fruits)  #输出:['apple','cherry','orange','grape']
```

6. 列表切片

使用切片（slice）操作可以获取列表中的一个子列表，也可以使用切片来修改列表中的元素，具体代码如下。

```
#获取列表中的一个子列表
print(fruits[1:3])  #输出:['cherry','orange']
print(fruits[:3])   #输出:['apple','cherry','orange']
print(fruits[2:])   #输出:['orange','grape']

# 修改列表中的元素
fruits[1:3] = ['lemon','pineapple']
print(fruits)  #输出:['apple','lemon','pineapple','orange','grape']
```

以上是一些基本的列表示例，当然列表还有很多其他的操作和方法，读者可以查阅Python官方文档自行学习。

2.3.2 字典

字典是一种用于存储和组织数据的内置数据结构。它们由键值对组成，其中每个键都映射到一个值。

这种结构允许用户快速查找和访问值，因为可以使用键来引用值，而不是使用位置或索引。

1. 创建字典

要创建一个Python字典，可以使用花括号（{}），并在其中指定键值对。键和值之间用冒号（:）分隔，而每一个键值对之间用逗号（,）分隔。

例如，下面创建了一个包含3个键值对的字典，具体代码如下。

```
my_dict = {"name": "John", "age": 30, "city": "New York"}
```

还可以使用dict()函数创建字典，具体代码如下。

```
my_dict = dict(name="John", age=30, city="New York")
```

2. 访问字典

要访问字典中的值，可以使用方括号（[]）和相应的键。例如，要访问name键的值，可以执行以下操作，具体代码如下。

```
name= my_dict["name"]
```

如果键不存在，则会引发一个 KeyError。为了避免这种情况，用户可以使用 get( )方法，如果键不存在，则返回一个默认值，具体代码如下。

```
name= my_dict.get("name", "Unknown")
```

3. 更新字典

要更新字典中的值，可以使用方括号（[]）和相应的键，然后将新值分配给它。例如，要将 age 键的值更新为 35，可以执行以下操作，具体代码如下。

```
my_dict["age"] = 35
```

如果键不存在，则会创建一个新的键值对。例如，要添加一个 email 键和值，可以执行以下操作，具体代码如下。

```
my_dict["email"] = "john@example.com"
```

4. 删除字典中的键值对

要删除字典中的键值对，可以使用 del 关键字和相应的键。例如，要删除 city 键值对，可以执行以下操作，具体代码如下。

```
del my_dict["city"]
```

5. 迭代字典

要迭代字典中的键值对可以使用 items( )方法，它会返回一个包含所有键值对的元组列表。例如，要迭代 my_dict 字典中的所有键值对，可以执行以下操作，具体代码如下。

```
for key, value in my_dict.items():
print(key, value)
```

2.3.3　元组和集合

元组（tuple）和集合（set）是 Python 中的内置数据类型，它们都可以用于存储一组数据。

1. 元组（tuple）

元组是一种不可变的序列类型，通常用于存储一组数据。创建元组的语法是使用小括号[( )]并用逗号分隔元素。

（1）创建元组

创建元组的具体代码如下。

```
#创建一个包含三个元素的元组
my_tuple = (1, 2, 3)
```

（2）访问元组

可以通过索引来访问元组中的元素，索引从 0 开始计数，具体代码如下。

```
#访问第一个元素
print(my_tuple[0])    #输出:1

#访问最后一个元素
print(my_tuple[-1])   #输出:3
```

元组是不可变结构，因此不能修改元组中的元素。

但是，可以通过连接两个或多个元组来创建新的元组，具体代码如下。

```
#连接两个元组
new_tuple = my_tuple + (4, 5)
print(new_tuple)  #输出:(1, 2, 3, 4, 5)
```

（3）切片操作

元组也支持切片操作，可以使用切片来获取元组中的子集，具体代码如下。

```
#获取第二个和第三个元素
subset_tuple = my_tuple[1:3]
print(subset_tuple)  #输出:(2, 3)
```

2. 集合（set）

Python 集合是一种无序的数据类型，其中包含不重复的元素。在 Python 中集合用大括号（{}）表示，元素之间用逗号分隔。

（1）创建集合

创建集合的语法是使用大括号并用逗号分隔元素，或者使用 set( ) 函数，具体代码如下。

```
#创建一个包含三个元素的集合
my_set = {1, 2, 3}

#或者使用 set() 函数创建集合
my_set = set([1, 2, 3])
```

（2）添加和删除元素

可以使用 add( ) 方法向集合中添加新元素，使用 remove( ) 方法从集合中删除元素，具体代码如下。

```
#向集合中添加一个新元素
my_set.add(4)
print(my_set)  #输出:{1, 2, 3, 4}

#从集合中删除一个元素
my_set.remove(3)
print(my_set)  #输出:{1, 2, 4}
```

（3）访问集合元素

由于集合是无序的，因此不能通过索引访问集合中的元素。可以使用 for 循环遍历集合中的所有元素，具体代码如下。

```
#遍历集合中的所有元素
for x in my_set:
print(x)
```

（4）集合操作

Python 集合支持一些常见的集合操作，如并集、交集和差集等。以下是一些示例，具体代码如下。

```
#计算两个集合的并集
set1 = {1, 2, 3}
set2 = {3, 4, 5}
```

```
union_set = set1.union(set2)                                   # 或者使用符号"|"

# 计算两个集合的交集
intersect_set = set1.intersection(set2)                        # 或者使用符号"&"

# 计算两个集合的差集
diff_set = set1.difference(set2)                               # 或者使用符号"-"
```

2.4　函数和类对象

函数是一段封装了特定功能的可复用代码块，可以通过传入参数和返回值来实现交互。它们可以用来组织程序，提高代码的可读性和可维护性。

类对象是一种面向对象编程的基本概念，它封装了数据和操作数据的方法，并通过实例化来创建对象。类可以看作是一种模板或蓝图，通过继承可以创建子类，从而实现代码的复用和扩展。

总而言之，Python 函数和类对象都是代码重用和抽象化的工具，这使得 Python 具有强大的抽象和封装能力，适用于各种类型的应用开发。

2.4.1　函数编程

Python 是一门支持函数式编程的语言，它支持定义和调用函数。在 Python 中函数可以被定义为一个代码块，它可以接受参数和返回值。

1. 定义函数

在 Python 中函数可以使用 def 关键字进行定义。函数定义的语法如下。

```
def function_name(parameters):
statement(s)
```

其中，function_name 是函数的名称；parameters 是函数的参数列表，多个参数之间用逗号分隔；statement（s）是函数体，它包含了一系列的 Python 语句。

下面是一个基本的 Python 函数的例子，具体代码如下。

```
def hello(name):
print("Hello, " + name + "!")
```

在上面的例子中，定义了一个名为 hello 的函数，它有一个参数 name。

当调用该函数时，它将打印出“Hello，name!”的字符串。

2. 调用函数

在 Python 中调用函数非常简单，只需要使用函数的名称并传递必要的参数即可。下面是一个调用 hello 函数的例子，具体代码如下。

```
hello("Alice")
```

上面的代码将会输出“Hello，Alice!”的字符串。

3. 返回值

在 Python 中函数可以通过 return 语句返回值。下面是一个有返回值的函数，具体代码如下。

```
def add(x, y):
return x + y
```

在上面的例子中，定义了一个名为 add 的函数，它有两个参数 x 和 y。当调用该函数时，它将返回 x 和 y 的和。

4. 默认参数

在 Python 中函数可以定义默认参数，这些参数在调用函数时可以不传递。下面是一个带有默认参数的例子，具体代码如下。

```
def power(x, y=2):
  return x ** y
```

在上面的例子中，定义了一个名为 power 的函数，它有两个参数 x 和 y，其中 y 的默认值为 2。当调用该函数时，如果不传递 y 参数，则默认使用 2 作为指数。

5. 可变参数

在 Python 中函数可以定义可变参数，这些参数可以接受任意数量的参数。下面定义了一个可变参数的函数，具体代码如下。

```
def add_numbers(*numbers):
result = 0
for number in numbers:
    result += number
return result
```

在上面的例子中，定义了一个名为 add_numbers 的函数，它有一个可变参数 *numbers，可以接受任意数量的数字。

在函数体中，使用了一个循环来遍历所有的数字，并将它们相加。

6. lambda 表达式

在 Python 中函数还可以使用 lambda 表达式进行定义。lambda 表达式是一种匿名函数，它只包含一个表达式，其结果将作为返回值。下面是一个 lambda 表达式的例子，具体代码如下。

```
square= lambda x: x ** 2
```

在上面的例子中，定义了一个名为 square 的 lambda 表达式，它有一个参数 x，其结果是 x 的平方。

lambda 表达式通常用于需要一个简单的函数作为参数的情况。

7. 装饰器

装饰器是 Python 中的一种高级技术，它可以用来修改或扩展函数的行为。

在 Python 中装饰器是一种特殊的函数，它接受一个函数作为参数，并返回一个新的函数。装饰器的基本语法如下。

```
def decorator_function(original_function):
def wrapper_function(*args, **kwargs):
    # 执行一些额外的操作
    return original_function(*args, **kwargs)

return wrapper_function
```

在上面的代码中，decorator_function 是一个装饰器函数，它接受一个原始函数 original_function 作为参数，并返回一个新的函数 wrapper_function。wrapper_function 函数是一个闭包，装饰器可以访问 decorator_function 和 original_function 的所有变量。在 wrapper_function 函数中，还可以执行一些额外的操作，然后调用原始函数 original_function 并返回它的结果。

在应用层面，装饰器可以用来记录函数的执行日志。下面是一个记录函数执行时间的装饰器，具体代码如下。

```
import time

def timer_decorator(original_function):
    def wrapper_function(*args, **kwargs):
        start_time = time.time()
        result = original_function(*args, **kwargs)
        end_time = time.time()
        print(f"{original_function.__name__} 执行时间:{end_time - start_time}秒")
        return result

    return wrapper_function
```

在上面的代码中，timer_decorator 是一个装饰器函数，它接受一个原始函数作为参数，并返回一个新的函数。

在 wrapper_function 函数中，使用 time 模块来计算原始函数的执行时间，并将结果打印出来。

使用这个装饰器非常简单，只需要将其应用到需要记录执行时间的函数上即可，具体代码如下。

```
@timer_decorator
def my_function():
    time.sleep(2)
```

在上面的代码中，定义了一个名为 my_function 的函数，并将 timer_decorator 应用到它上面。当调用 my_function 方法时，它将输出函数执行的时间。

装饰器还可以用来检查用户的权限，具体代码如下。

```
def check_permission(func):
    def wrapper(user, *args, **kwargs):
        if user.is_admin:
            return func(user, *args, **kwargs)
        else:
            raise Exception("User does not have permission to access this resource.")

    return wrapper
```

该装饰器接受一个函数作为参数，并返回一个新函数。

新函数首先检查传入的用户对象是否具有管理员权限。如果是，它会调用原始函数并返回其结果。如果不是，它将引发一个异常。

下面是一个示例函数，它将使用上面定义的装饰器来检查用户权限，具体代码如下。

```
@check_permission
def delete_user(user, user_id):
```

```
    # 删除用户
    pass
```

在上面的示例中，delete_user 函数接受一个 user 对象和一个 user_id 参数，并删除具有给定 ID 的用户。

通过在函数定义前添加@ check_permission 装饰器，可以确保只有具有管理员权限的用户才能调用该函数。

装饰器可以提高代码可维护性，通过它可以将一些共性的代码逻辑集中在一起，易于维护和修改。

使用装饰器可以让代码更加简洁明了，从而提高了代码可读性并易于理解。

总之，Python 装饰器是一种非常重要的语法结构，它可以帮助开发者提高代码的可读性、可维护性和重用性，是 Python 语言中不可或缺的一部分。

2.4.2 类和对象

Python 是一种面向对象的编程语言，它支持类和对象的概念。类是一种定义对象的模板，它描述了对象应该具有的属性和方法。

1. 创建对象

在 Python 中用户可以使用关键字 class 来创建一个类。下面是一个简单的示例，具体代码如下。

```
class Person:
def __init__(self, name, age):
    self.name = name
    self.age = age

def say_hello(self):
    print(f"Hello, my name is {self.name} and I'm {self.age} years old.")
```

在上面的代码中，首先声明了一个名为 Person 的类。

它具有一个__init__方法，该方法在创建一个新的 Person 对象时调用。

接下来还定义了一个名为 say_hello 的方法，该方法将打印一个简单的问候语。

要创建一个 Person 对象，用户可以像这样调用它，具体代码如下。

```
    person= Person("John", 30)
person.say_hello()
```

可以输出以下结果。

```
Hello, my name is John and I'm 30 years old.
```

2. 访问对象的属性

访问对象的属性和修改属性都是通过对象的属性访问方式来实现的，通常使用点号（.）操作符来访问和修改对象的属性。下面是一个典型的示例，具体代码如下。

```
# 创建一个对象
person = Person("Tom", 30)

# 访问对象的属性
print(person.name)        # 输出 "Tom"
```

```
print(person.age)         # 输出 30

# 修改对象的属性
person.age = 35
print(person.age)         # 输出 35
```

上面的代码创建了一个对象 Person 并传递了 name 和 age 参数。

然后，访问了 person 对象的 name 和 age 属性，分别输出了它们的值。

最后，还修改了 person 对象的 age 属性，将它的值改为了 35，并再次访问了 person 对象的 age 属性，输出了它的值。

3. 继承

Python 还支持继承，这是一种机制，它允许用户定义一个类，该类可以使用另一个类的属性和方法。下面是一个典型的示例，具体代码如下。

```
class Student(Person):
def __init__(self, name, age, student_id):
    super().__init__(name, age)
    self.student_id = student_id

def say_hello(self):
    print(f"Hello, my name is {self.name}, I'm {self.age} years old, and my student ID is
{self.student_id}.")
```

在上面的代码中，定义了一个名为 Student 的类，它继承了 Person 类。

在__init__方法中调用了 super( ) 函数，这将调用父类的__init__方法，并将 name 和 age 参数传递给它。

此外还添加了一个 student_id 属性，覆盖了 say_hello 方法，以便在问候语中包含 student_id。

要创建一个 Student 对象，用户可以像这样调用它，具体代码如下。

```
student= Student("Alice", 20, "1234")
student.say_hello()
```

可以输出以下结果。

```
Hello, my name is Alice, I'm 20 years old, and my student ID is 1234.
```

4. 类的封装

类的封装是指将类的属性和方法封装在类的内部，外部无法直接访问和修改类的属性，只能通过类的方法来访问和修改。这样可以有效地隐藏类的内部实现细节，提高代码的安全性和可维护性。

以下是一个 Python 类的封装实例，具体代码如下。

```
class Person:
def __init__(self, name, age):
    self._name = name
    self._age = age

def get_name(self):
    return self._name

def set_name(self, name):
```

```
        self._name = name

    def get_age(self):
        return self._age

    def set_age(self, age):
        self._age = age

    def greet(self):
        print("Hello, my name is", self._name)

person = Person("Tom", 30)
person.greet()              # 输出 "Hello, my name is Tom"
person.set_age(35)
print(person.get_age())  # 输出 35
```

在上面的例子中，定义了一个 Person 类，它有两个私有属性_name 和_age，外部无法直接访问。同时，定义了 get_name、set_name、get_age 和 set_age 四个属性访问器来获取和设置对象的属性。

外部只能通过这些访问器来访问和修改对象的属性，从而实现了类的封装。另外，还定义了一个 greet( )方法来打印对象的名字。

5. 魔法方法

Python 类中的魔法方法（Magic Method）是指以双下划线__开头和结尾的方法，它们是一些特殊的方法，用于实现类的特殊行为，如构造对象、比较对象以及进行算术运算等。

以下是一些 Python 类中常用的魔法方法的示例。

1）__init__方法。用于初始化对象，具体代码如下。

```
class Person:
    def __init__(self, name, age):
        self.name = name
        self.age = age
```

2）__str__方法。用于将对象转换为字符串，具体代码如下。

```
class Person:
    def __init__(self, name, age):
        self.name = name
        self.age = age

    def __str__(self):
        return f"Name: {self.name}, Age: {self.age}"

person = Person("Tom", 30)
print(person)  # 输出 "Name: Tom, Age: 30"
```

3）__add__方法。用于实现对象的加法运算，具体代码如下。

```
class Point:
    def __init__(self, x, y):
        self.x = x
        self.y = y

    def __add__(self, other):
```

```
        return Point(self.x + other.x, self.y + other.y)

point1 = Point(1, 2)
point2 = Point(3, 4)
point3 = point1 + point2
print(point3.x, point3.y)  # 输出 4, 6
```

4）__eq__方法。用于比较对象是否相等，具体代码如下。

```
class Person:
    def __init__(self, name, age):
        self.name = name
        self.age = age

    def __eq__(self, other):
        if isinstance(other, Person):
            return self.name == other.name and self.age == other.age
        return False

person1 = Person("Tom", 30)
person2 = Person("Tom", 30)
print(person1 == person2)  # 输出 True
```

这些魔法方法可以帮助用户更加灵活地定义类的行为，从而提高代码的可读性和可重用性。

2.5　多进程、多线程

Python 支持多进程和多线程的并发编程，可以提高程序的运行效率和性能。

2.5.1　多进程概述

Python 多进程是指在一个程序中同时运行多个进程，每个进程都有自己独立的地址空间和资源，可以实现真正的并行计算。

在 Python 中可以使用 multiprocessing 模块来创建和管理多个进程。multiprocessing 模块提供了与标准库 threading 模块类似的 API，可以很方便地创建、启动和管理进程。

2.5.2　多进程和进程池

下面是利用 multiprocessing 模块实现多进程的示例，具体代码如下。

```
import multiprocessing

def worker(name):
    """子进程执行的任务"""
    print(f"Worker {name} started")
    # do some work
    print(f"Worker {name} finished")

if __name__ == '__main__':
    # 创建两个进程对象
```

```
process1 = multiprocessing.Process(target=worker, args=('Process 1',))
process2 = multiprocessing.Process(target=worker, args=('Process 2',))
# 启动进程
process1.start()
process2.start()
# 等待进程结束
process1.join()
process2.join()
```

在上面的示例中创建了两个进程对象，每个进程都执行 worker( ) 函数，接受一个字符串参数作为进程名称。

然后，启动进程对象，等待它们结束。

进程之间是相互独立的，它们之间的通信需要使用特殊的机制，如队列、管道、共享内存等。这里不再赘述，请读者自行扩展学习。

进程池是一种常见的多进程编程技术，它可以提高程序的并发性能和稳定性。进程池是一组预先创建好的进程，程序可以向进程池提交任务，进程池会自动分配进程执行任务，当任务完成后，进程池会回收进程并返回任务结果。

可以使用 multiprocessing 模块提供的 Pool 类来创建进程池。Pool 类提供了一组方法，包括 apply( )、apply_async( )、map( ) 和 map_async( ) 等，用于向进程池提交任务。

下面是一个简单的 Python 进程池示例，具体代码如下。

```
    import multiprocessing
import time

def worker(num):
    """子进程执行的任务"""
    print(f"Worker {num} started")
    time.sleep(1)
    print(f"Worker {num} finished")
    return f"Result from worker {num}"

if __name__ == '__main__':
    # 创建进程池
    with multiprocessing.Pool(processes=2) as pool:
    # 向进程池提交任务
    results = [pool.apply_async(worker, args=(i,)) for i in range(5)]
    # 获取任务结果
    output = [result.get() for result in results]
    print(output)
```

在上面的示例中，首先创建了一个包含两个进程的进程池对象，并向进程池提交了 5 个任务。每个任务都执行 worker( ) 函数，接受一个数字参数作为任务编号。然后，使用了 apply_async( ) 方法异步提交任务，并保存返回的 AsyncResult 对象。

最后，使用 get( ) 方法获取每个任务的结果，并将所有结果保存在 output 列表中。

进程池中的进程可以重复使用，因此它们的创建和销毁开销较小，可以有效提高程序的并发性能。但是，进程池也有一些缺点，例如，在任务较少的情况下，进程池的性能可能会比单个进程低，并且由于进程之间的通信需要使用 IPC 机制，因此进程池的运行成本相对

较高。

2.5.3 多线程概述

多线程是一种常见的并发编程技术，它允许程序在同一时间内执行多个线程，从而提高程序的并发性能和响应速度。多线程可以充分利用现代计算机多核心的处理能力，同时也可以避免程序因等待 I/O 操作而停顿。

在 Python 中可以使用内置的 threading 模块来创建和管理多线程。该模块提供了 Thread 类来表示一个线程对象，可以通过继承该类来创建自定义线程。同时，该模块还提供了一些常用的函数和类，如 Lock、Condition 和 Semaphore 等，用于线程间的同步和通信。

2.5.4 多线程和进程池

1. 多线程

下面是一个使用 threading 模块创建的多线程示例，用于分别输出一段文本，具体代码如下。

```
import threading

def print_message(message):
    """线程执行的任务"""
    for i in range(5):
        print(message)

if __name__ == '__main__':
    # 创建两个线程
    t1 = threading.Thread(target=print_message, args=('Hello from Thread 1',))
    t2 = threading.Thread(target=print_message, args=('Hello from Thread 2',))
    # 启动线程
    t1.start()
    t2.start()
    # 等待线程结束
    t1.join()
    t2.join()
```

在上面的示例中，首先使用 Thread 类创建了两个线程，分别执行 print_message( ) 函数，并传递不同的参数。

然后，使用了 start( ) 方法启动线程，使用 join( ) 方法等待线程结束。由于线程是并发执行的，因此输出的结果可能会交替出现。

2. 线程池

线程池是一种常见的并发编程技术，它可以在需要执行多个任务时，通过预先创建一定数量的线程来执行任务，从而提高程序的性能和响应速度。

可以使用内置的 concurrent.futures 模块来创建和管理线程池。该模块提供了 ThreadPoolExecutor 类来表示一个线程池对象，可以通过该类的 submit( ) 方法向线程池中提交任务，并返回一个 Future 对象来表示任务的结果。

下面是一个简单的 Python 线程池示例，使用 concurrent.futures 模块创建了一个线程池，然后向线程池中提交了两个任务，分别输出一段文本，具体代码如下。

```
import concurrent.futures

def print_message(message):
    """任务函数"""
    for i in range(5):
        print(message)

if __name__ == '__main__':
    # 创建一个最大线程数为 2 的线程池
    with concurrent.futures.ThreadPoolExecutor(max_workers=2) as executor:
        # 向线程池中提交任务
        future1 = executor.submit(print_message, 'Hello from Task 1')
        future2 = executor.submit(print_message, 'Hello from Task 2')
        # 等待任务执行完毕
        future1.result()
        future2.result()
```

在上面的示例中，使用了 ThreadPoolExecutor 类创建了一个最大线程数为 2 的线程池，然后向线程池中提交了两个任务，分别执行 print_message( ) 函数，并传递不同的参数。

然后，调用 submit( ) 方法向线程池中提交任务，并使用 result( ) 方法等待任务执行完毕。

由于线程池中最多只有两个线程，因此只能有两个任务同时执行，如果有更多的任务提交，则会等待之前的任务执行完毕后再执行。因此，线程池可以避免同时创建大量的线程，从而提高程序的性能和响应速度。

以上是 Python 线程池的简单教程和示例。需要注意的是，在使用线程池时，需要合理地设置线程池的最大线程数，避免创建过多的线程导致资源浪费和线程调度开销。同时，需要注意线程间的同步和通信，避免出现竞态条件和其他并发问题。

最后需要注意的是，Python 中的多线程并不是真正的并行执行，因为 Python 解释器的 GIL（全局解释器锁）会限制同一时间内只有一个线程执行 Python 代码。因此，在 CPU 密集型任务的情况下，多线程的性能可能不如多进程。

2.6 捕捉 Python 异常

异常处理是一种常见的编程技术，可以让程序在出现异常时“优雅”（graceful）地处理错误，而不是直接崩溃或终止。Python 中的异常处理可以通过 try-except 语句来实现。

下面是一个典型的 Python 异常处理示例，其中通过 try-except 语句来捕捉并处理异常，具体代码如下。

```
try:
    # 可能会出现异常的代码块
    x = 1 / 0
except ZeroDivisionError:
    # 处理 ZeroDivisionError 异常
    print('Error: Division by zero')
```

在上面的代码中，使用了 try-except 语句来捕捉可能会出现异常的代码块。

如果代码块中出现了 ZeroDivisionError 异常，则会跳转到 except 语句块中执行相应的异常处理操作，如输出错误信息。

除了捕捉指定的异常类型外，还可以使用 except 语句块来捕捉所有类型的异常，具体代码如下。

```
try:
    # 可能会出现异常的代码块
    x = 1 / 0
except Exception as e:
    # 处理所有异常
    print('Error:', e)
```

在上面的代码中，使用了 Exception 类来捕捉所有类型的异常，并使用 as 关键字来将异常对象赋值给变量 e，然后输出错误信息。

在 Python 中还可以使用 try-finally 语句来在出现异常时执行清理操作，如关闭文件或释放资源等。以下是一个简单的示例，具体代码如下。

```
try:
    # 可能会出现异常的代码块
    f = open('file.txt', 'r')
    print(f.read())
finally:
    # 无论是否出现异常,都会执行的代码块
    f.close()
```

在上面的代码中，使用 try 语句块来尝试打开文件并读取文件内容，然后使用 finally 语句块来关闭文件，确保资源得到正确释放。

需要注意的是，在使用异常处理时，应该根据实际情况合理地捕捉和处理异常，并避免在程序中滥用异常处理，影响程序的性能和可维护性。

2.6.1　常见异常概述

在 Python 中常见的异常包括但不限于以下几种。

- SyntaxError：语法错误，通常是由于代码中的拼写错误、缺失括号和冒号等语法错误导致的。
- NameError：名称错误，通常是由于引用不存在的变量、函数或模块等名称而导致的。
- TypeError：类型错误，通常是由于变量或函数的类型不匹配而导致的，如将字符串和整数相加等。
- IndexError：索引错误，通常是由于尝试访问一个不存在的索引位置而导致的，如访问一个空列表的第一个元素等。
- KeyError：键错误，通常是由于尝试访问一个不存在的键而导致的，如访问一个不存在的字典键等。
- ValueError：值错误，通常是由于尝试对变量或函数传递无效的值而导致的，如使用 int( ) 函数转换非整数字符串等。
- AttributeError：属性错误，通常是由于尝试访问不存在的属性或方法而导致的，如访问一个字符串对象不存在的方法等。

- IOError：输入输出错误，通常是由于文件或网络等输入输出操作出现问题而导致的，如打开一个不存在的文件或无法连接到网络等。

以上异常只是常见异常中的一部分，实际上 Python 中还有很多其他的异常类型，读者在编写代码时需要对可能出现的异常情况进行处理，以确保程序的健壮性和可靠性。

2.6.2 traceback 模块

Python 的 traceback 模块提供了一种获取和处理程序中发生异常时的堆栈信息的方法。

使用 traceback 模块可以获取当前程序的调用堆栈，包括当前函数和文件、调用函数和文件、异常信息等，从而可以更好地进行调试和错误处理。

下面的例子演示了如何通过使用 traceback 模块来获取和处理程序中发生的异常信息，具体代码如下。

```
import traceback

def divide(x, y):
    try:
        result = x / y
    except ZeroDivisionError:
        traceback.print_exc()
    else:
        return result

print(divide(5, 0))
```

在上面的代码中，首先定义了一个 divide 函数，它用于计算两个数的除法，并且在除数为 0 时会抛出 ZeroDivisionError 异常。然后调用这个函数，并在控制台上打印出异常信息。

当执行这个程序时，由于除数为 0，所以程序会抛出 ZeroDivisionError 异常，然后调用 traceback.print_exc()函数打印出异常信息，具体代码如下。

```
Traceback (most recent call last):
  File "test_.py", line 6, in divide
    result = x / y
ZeroDivisionError: division by zero
```

从这个异常信息中，可以看到异常类型、发生异常的文件和行号，以及异常堆栈的调用链信息。

traceback.print_exc()方法还可以指定打印的信息条数和输出文件，如 traceback.print_exc(limit=2）作用为返回两条错误信息。常用的方法还有 traceback.format_exc()等。使用 traceback 模块来追溯程序的异常栈信息对于调试来说是非常有帮助的，对此编者也是极力推荐的。

至此，读者已经学完了 Python 编程的基本编写方法和技巧，从而掌握了 Python 的核心概念和语法，包括变量、数据类型、控制流、函数和模块等核心知识。后面的章节将进入更深层次的学习，祝读者在未来的 Python 应用之旅中取得更多的成果。

第2篇 办公自动化篇

办公室里的烦琐任务可能令人疲倦，但幸运的是，利用 Python 的强大功能可以帮助大家自动化完成这些任务，本篇将介绍如何利用 Python 编写脚本来提高办公效率。

本篇共 5 章，介绍了如何使用 Python 对文件和目录进行操作（包括文件读写、目录遍历、文件复制和删除等内容），以及进行自动化办公（包括 Excel 自动化、PDF 自动化和邮件自动化等内容）。

读者将学会如何使用 Python 对本地文件和目录进行操作，以及对常用办公软件进行自动化处理，从而提高了工作效率。

第3章 文件操作

Python 文件操作是指通过 Python 程序对文件进行读写、复制、删除和移动等操作的过程，是 Python 编程中常见的一种操作，其意义主要体现在以下几个方面。

- 数据存储：文件是计算机系统中最常用的数据存储方式之一，Python 文件操作可以帮助开发者将数据保存到文件中，并在需要时读取数据，方便长期保存和共享数据。
- 数据处理：在实际的开发中，往往需要对文件中的数据进行处理、筛选和统计等操作，Python 文件操作可以帮助开发者实现这些功能，并且可以将处理结果保存到文件中，便于后续使用。
- 系统管理：文件操作也是系统管理中不可或缺的一部分，Python 可以通过文件操作来创建、删除、移动、复制文件或目录，管理系统中的文件和目录结构。
- 数据交换：在不同系统或应用程序之间，往往需要进行数据交换，通过 Python 文件操作可以将数据存储到文件中，并通过网络或其他方式进行传输，实现不同系统或应用程序之间的数据交换。

综上所述，Python 文件操作是 Python 编程中非常重要的一部分，其意义在于方便数据存储、处理、管理和交换，为开发者提供了强大的工具和方法，可以更加高效地进行文件操作和系统管理。

本章涵盖了 Python 中文件操作的基础知识和常用技巧。

3.1 读取文件

无论是在学习上，还是工作中，接触最多的就是各种文件了，而读取文件也是整个 Python 编程过程中很重要的一环。

3.1.1 文件的读取操作

文件读取是计算机编程中常见的一种操作，它通常用于从存储硬盘中读取数据并在程序

中使用。在计算机中文件以各种各样的形式存储，如记事本的 txt，逗号分隔值文件的 csv，轻量化标记语言文本 markdown，Office 办公中的 Word、Excel 和 PPT 等。

这里使用 Python 的内置函数 open( )来打开文件。该函数需要文件路径以及指定打开模式。打开模式可以是 r（读取模式）、w（写入模式）、a（追加模式）或 x（排它模式，仅在文件不存在时创建文件）等。Python 的 open( )函数几乎可以读取任意类型的文件，当然想要读取为特定格式的数据，就需要使用特定的模块，在后续章节中会逐一展开介绍。

在本例中，将使用 r 模式打开文件以进行读取。打开文件示例的具体代码如下。

```
file = open("file.txt", "r")
```

使用 read( )方法读取文件内容的具体代码如下。

```
f= open('file.txt')
print(f.read())
f.close()
```

上述部分的第一行使用 open( )函数打开了当前目录下名称为 file 的 txt 文件，并生成了对象赋值给 f 变量。再使用 read( )方法读取文件的所有内容。最后关闭文件。

也可以使用 with 上下文管理器，这也是 Python 开发中比较常见的用法，具体代码如下。

```
with open('文件读取.txt', encoding='utf-8') as f:
print(f.read())
```

在上述代码中，使用到了 with 语句打开文件，并将其存储在变量 file 中。

当 with 块结束时，文件将自动关闭。

read( )函数还能指定每次读取的字符数，具体代码如下。

```
with open(r"文件读取.txt", encoding='utf-8') as f:
content = f.read(10)
while content:
    print(content)
    content = f.read(10)
```

在上面的代码中，打开了一个名为【文件读取.txt】的文件，然后使用一个 while 循环来逐个读取文件内容。

read( )函数在每次循环中读取 10 个字符，并将其存储在 content 变量中。如果读取的内容为空，即已经读取到文件的末尾，则将退出循环。

注意，如果用户使用的是二进制模式（即将文件模式指定为 rb），则 read( )函数返回的是字节，而不是字符。在这种情况下，用户需要将读取的字节解码为字符串，以便进行处理。

3.1.2 多种方式读取文件

除了使用 read( )外，还可以使用 readlines( )，readline( )方式进行文件读取。使用 readline( )方法每次读取一行内容，并将文件指针移动到下一行的开头，具体代码如下。

```
with open('file.txt', 'r') as file:
line = file.readline()
while line:
```

```
        print(line)
        line = file.readline()
```

在上面的示例中，readline()方法读取 file.txt 文件的第一行，并将其存储在 line 变量中。然后，使用 while 循环遍历文件中的每一行，并打印每一行。在循环内部，readline()方法被调用来读取下一行，如果没有更多行，它会返回一个空字符串，这样循环就会停止。

注意，在使用 readline()方法时，需要手动处理文件中的每一行，并在读取完文件后关闭文件。如果用户只需要访问文件中的几行，那么使用 readline()方法可能更有效率。如果用户需要访问整个文件，那么使用 readlines()方法可能更方便。

readlines()方法会将文件的所有行读取到一个列表中，具体代码如下。

```
with open('file.txt', 'r') as file:
    lines = file.readlines()
    for line in lines:
        print(line)
```

在上面的示例中，readlines()方法读取 file.txt 文件的每一行，并将其存储在 lines 变量中。然后，使用 for 循环遍历 lines 列表并打印每一行。

3.1.3 【实例】读取小说内容并统计相同词汇

前面介绍了如何用 Python 来读取文件，现在来实践如何用 open 函数读取【小说.txt】中的内容并统计该文件中某些单词的出现次数，具体代码如下。

```
with open('小说.txt', 'r') as file:
    novel_content = file.read()

    # 统计 "人类" 和 "兔子" 的出现次数
    the_count = novel_content.count('人类')
    and_count = novel_content.count('兔子')

print(f'出现人类词汇的次数为: {the_count}')
print(f'出现兔子词汇的次数为: {and_count}')
```

通过上面的代码，逐字读取小说中的内容，并且在内容中统计了【人类】和【兔子】总共出现的次数。

需要注意的是，在进行文件读取时，必须确保文件存在，并且程序有足够的权限来读取文件。此外，还应注意在使用完文件后及时关闭文件，以免造成资源浪费和文件损坏。

3.2 写入文件

除了读取之外，文件写入操作也是 Python 中非常常见和实用的一种操作，可以用于在文件中写入数据，如日志、文本和配置等。

本节将向读者展示如何使用 Python 进行文件写入操作。

3.2.1 文件的写入操作

在 open()函数中设置 mode 参数为'w'即可对文件进行写入操作，'w+'模式在可写的基础

上增加可读操作。

写入数据到文件的具体代码如下。

```
with open('file.txt', 'w', encoding='utf-8') as f:
f.write('Hello, world! ')
```

在上述代码中，使用到了 write( ) 函数将字符串 Hello，world！写入到文件中，如图 3-1 所示。

图 3-1　写入文件内容

也可以使用 writelines( ) 函数来将多行文本写入文件中，该函数接受一个字符串列表作为参数，其中列表中的每个元素都将被写入到文件中，具体代码如下。

```
with open('写入文件.txt', 'w', encoding='utf-8') as f:
lines = ["line 1\n", "line 2\n", "line 3\n"]
f.writelines(lines)
```

写入结果如图 3-2 所示。

图 3-2　逐行写入文件内容

3.2.2 以追加的模式写入文件

在 Python 中除了使用写入模式（"w"）向文件中写入数据之外，还可以使用追加模式（'a'）向文件中追加数据，而不会覆盖文件中的原有内容。

以追加模式写入文件的具体代码如下。

```
with open('file.txt','a', encoding='utf-8') as f:
f.write('这是追加的内容/n')
```

写入结果如图 3-3 所示。

图 3-3 追加写入文件内容

3.2.3 写入二进制文件

二进制文件是一种用二进制编码格式保存数据的文件，其内容无法直接以文本形式表示，可以按照文件内容的用途、结构和格式等多种方式进行分类。

读取和写入二进制文件，只需要将文件打开模式设置为 rb 或 wb 即可。

首先读取一个二进制的图片，具体代码如下。

```
with open('./file.png','rb') as f:
binary_data = f.read()
```

在上面的示例中，使用 rb 模式打开文件 file.png，并使用 read( ) 方法读取文件中的二进制数据。

然后尝试将读取出来的 binary_data 写入到一个新的二进制文件，具体代码如下。

```
with open('./new_file.png','wb') as f:
f.write(binary_data)
```

在上面的示例中，使用 wb 模式打开文件 file.bin，并使用 write( ) 方法将二进制数据写入文件中。

诸如图片、音视频、数据库文件和日志文件等二进制文件都可以使用 open( ) 函数来读取和写入。

另外，还可以使用内置的 struct 模块来对二进制数据进行解析和打包。struct 模块提供了一种将 Python 数据类型与 C 结构体相互转换的方法，可以帮助开发者对二进制数据进行更加灵活和高效的处理。

3.2.4 【实例】读取小说内容并写入文件

假设这里有两个文件，一个名为【小说片段.txt】，另一个名为【新小说片段.txt】。

读取【小说片段.txt】文件内容，如图 3-4 所示。

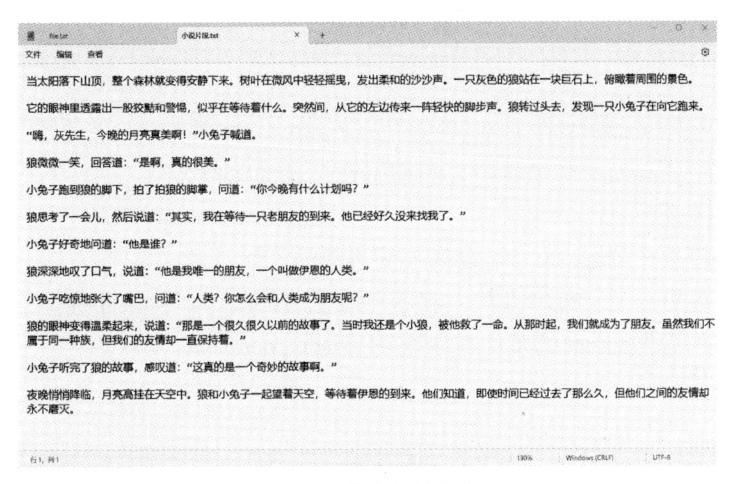

图 3-4　读取小说内容

现在要从【小说片段.txt】中读取内容，并将其逐行写入到【新小说片段.txt】中，具体代码如下。

```python
#打开输入文件
with open("./小说片段.txt", "r") as input_file:
    # 打开输出文件
    with open("./新小说片段.txt", "w") as output_file:
        # 逐行读取输入文件内容并写入到输出文件中
        for line in input_file:
            output_file.write(line)
```

在上述代码中，使用 with 语句打开输入文件和输出文件。在打开文件时，使用 r 模式打开输入文件并读取数据。之后使用 w 模式打开输出文件，这意味着使用写入模式将逐行读取的数据写入到输出文件中。接下来，使用 for 循环遍历输入文件中的每一行。对于每一行，使用 write( ) 函数将其写入输出文件中。这样就成功地把小说内容写入到了一个新文件中。

3.3　文件路径

Python 文件路径的操作对于访问、创建、修改或删除文件和目录是至关重要的。在 Python 中，可以使用标准库中的 os 模块和 pathlib 模块来进行文件路径操作，这两个模块提供了许多实用的函数来处理文件路径。

3.3.1 os 模块

在 Python 中操作文件路径可以使用标准库中的 os 和其下的子模块 os.path 来实现。下面是一些常用的操作文件路径的方法。

1. 获取当前工作目录

要获取当前工作目录，可以使用 Python 的 os 模块中的 getcwd( ) 函数。该函数的作用是获取当前工作目录的路径名，具体代码如下。

```
import os
# 获取当前工作目录
current_directory = os.getcwd()
print("当前工作目录:", current_directory)
```

这里的 current_directory 变量将包含当前工作目录的路径名。

2. 改变工作目录

可以使用 os 模块中的 chdir( ) 函数来改变当前的工作目录。

chdir( ) 函数接受一个字符串参数，表示要改变为的新工作目录路径。

例如，下面的代码将当前的工作目录改为./data/documents。

```
import os
os.chdir('./data/documents')
```

当程序执行到这里时，当前的工作目录就会变成./data/documents。

值得注意的是，改变工作目录可能会影响到其他的操作，比如文件的读写等。因此，在修改工作目录之前，需要仔细考虑并确定是否需要这样做。

3. 拼接路径

可以使用 os 模块中的 os.path.join( ) 方法拼接路径。

os.path.join( ) 方法可以接受多个路径作为参数，并且会自动根据操作系统的不同使用对应的路径分隔符进行拼接，从而保证拼接后的路径在不同操作系统上都是正确的，具体代码如下。

```
import os

path1 = "./data"
path2 = "documents"
path3 = "file.txt"

# 使用 os.path.join() 方法拼接路径
full_path = os.path.join(path1, path2, path3)
print(full_path)
```

在上面的示例中使用 os.path.join( ) 方法将三个路径进行了拼接。注意，在 path2 和 path3 中没有加上路径分隔符，但是在拼接后的结果中，它们之间会自动添加路径分隔符。

4. 获取路径中的文件名和目录名

可以使用 os 模块中的 os.path.basename( ) 方法来获取路径中的文件名。os.path.basename( ) 方法可以接受一个路径作为参数，并返回该路径中的最后一个部分（即文件名或目录名）。如果该路径以斜杠（/或）结尾，则返回空字符串。具体代码如下。

```
import os

path = "./data/documents/file.txt"

# 使用 os.path.basename() 方法获取文件名
filename = os.path.basename(path)
print(filename)
```

在上面的示例中使用 os.path.basename( ) 方法从路径中获取了文件名。注意，在调用该方法时，需要将路径作为参数传入。

如果路径中只有目录名，而没有文件名，os.path.basename( ) 方法也可以正确地返回该目录名，例如：

```
import os

path = "./data/documents/"

# 使用 os.path.basename() 方法获取目录名
dirname = os.path.basename(path)
print(dirname)
```

在上面的示例中，将路径设置为目录名，并使用 os.path.basename( ) 方法获取了该目录名。由于路径以斜杠结尾，因此返回的结果是目录名。

5. 获取路径中的扩展名

可以使用 os 模块中的 os.path.splitext( ) 方法来获取路径中的扩展名。os.path.splitext( ) 方法可以接受一个路径作为参数，并将该路径拆分成文件名和扩展名两部分，并以元组的形式返回。

如果路径中不包含扩展名，则返回的元组中第二个元素为空字符串，具体代码如下。

```
import os

path = "./data/documents/file.txt"

# 使用 os.path.splitext() 方法获取扩展名
_, ext = os.path.splitext(path)
print(ext)
```

在上面的示例中使用 os.path.splitext( ) 方法从路径中获取了扩展名。注意，在调用该方法时，需要将路径作为参数传入。此外，由于用户只关心扩展名部分，因此此处使用了一个占位符（_）来接收文件名部分。

6. 判断路径是否存在

可以使用 os.path.exists( ) 函数来判断路径是否存在。这个函数会返回一个布尔值，如果路径存在则返回 True，否则返回 False，具体代码如下。

```
import os

path = "./data/documents/file.txt"
if os.path.exists(path):
    print("路径存在")
else:
    print("路径不存在")
```

在上面的示例代码中./data/documents/file.txt 是要判断的路径，如果该路径存在，则输出路径存在，否则输出路径不存在。

7. 创建目录

可以使用 os 模块创建目录。使用 os 模块中的 mkdir( ) 函数可以在指定路径上创建一个新的目录，具体代码如下。

```
import os

# 指定要创建的目录路径
path = "./data/documents"

# 使用 os 模块中的 mkdir() 函数创建目录
os.mkdir(path)
```

在上面的代码中，用户需要将./data/documents 替换为自己要创建的目录的路径。使用 os.mkdir( ) 函数，指定的路径上将创建一个新的目录。

注意，如果指定路径上的目录已经存在，则会引发 OSError 异常。为避免这种情况，用户可以在创建目录之前检查目录是否已存在，例如：

```
if not os.path.exists(path):
    os.mkdir(path)
else:
    print("Directory already exists.")
```

8. 列出目录中的文件和子目录

可以使用 os 模块的 listdir 方法来列出指定目录中的文件和子目录，具体代码如下。

```
import os

path = "./data/documents"  # 将此路径替换为要列出其内容的目录路径

# 使用 os.listdir() 函数列出目录中的文件和子目录
content = os.listdir(path)

# 打印结果
print("目录内容:")
for item in content:
    print(item)
```

该代码首先指定要列出内容的目录路径，并使用 os.listdir( ) 函数列出目录中的文件和子目录。然后，使用一个简单的循环打印结果。注意，os.listdir( ) 函数返回目录中所有项的列表，包括文件、子目录和任何其他内容。如果只需要列出文件或子目录，则可以根据其类型过滤列表中的项。例如，可以使用 os.path.isfile( ) 函数来检查每个项是否为文件，并只打印文件项。

9. 删除文件或目录

可以使用 os 模块中的 remove 和 rmdir 函数来删除文件和目录。要删除文件，可以使用 os.remove 函数，它将删除指定路径的文件。例如，要删除名为 myfile.txt 的文件，具体代码如下。

```
import os

os.remove('myfile.txt')
```

要删除一个目录，可以使用 os.rmdir 函数，但是该目录必须为空目录。如果要删除非空目录，可以使用 shutil 模块中的 rmtree 函数。例如，要删除名为 mydir 的目录，具体代码如下。

```
import os
import shutil

# 删除空目录
os.rmdir('mydir')

# 删除非空目录
shutil.rmtree('mydir')
```

注意，使用这些函数将永久删除文件或目录，因此请用户小心操作。

3.3.2　pathlib 模块

pathlib 是 Python 3.4 及以上版本内置的一个模块，用于处理文件路径。它提供了一个对象化的接口，可以用于创建、检查、操作文件和目录路径，以及对它们进行遍历。

下面是 pathlib 模块的一些常用操作和基本用法。

1. 创建路径对象

要创建一个 pathlib.Path 对象，可以将路径字符串传递给 Path( ) 构造函数，具体代码如下。

```
from pathlib import Path

# 创建一个 Path 对象
p = Path('./data/documents/file.txt')
```

2. 获取路径信息

可以使用 Path 对象的一些属性来获取路径的信息，如路径名、父目录和扩展名等，具体代码如下。

```
p = Path('./data/documents/file.txt')

# 获取路径名
print(p.name)  #'file.txt'

# 获取父目录
print(p.parent)  #'/path/to'

# 获取扩展名
print(p.suffix)  #'.txt'

# 获取文件名(不包括扩展名)
print(p.stem)  #'file'
```

3. 判断路径是否存在

使用 Path 对象的 exists( ) 方法来检查路径是否存在，具体代码如下。

```
p= Path('./data/documents/file.txt')

if p.exists():
```

```
    print('Path exists.')
else:
    print('Path does not exist.')
```

4. 创建目录

使用Path对象的mkdir()方法来创建目录。如果目录已经存在，则会引发FileExistsError异常，具体代码如下。

```
p= Path('./data/documents')

# 创建目录
p.mkdir()
```

5. 创建文件

使用Path对象的touch()方法来创建文件。如果文件已经存在，则会更新它的时间戳，具体代码如下。

```
p= Path('./data/documents/new_file.txt')

# 创建文件
p.touch()
```

6. 遍历目录

使用Path对象的iterdir()方法来遍历目录中的文件和子目录，具体代码如下。

```
p= Path('./data/documents')

# 遍历目录
for file in p.iterdir():
print(file)
```

7. 匹配文件

使用Path对象的glob()方法来匹配特定模式的文件，具体代码如下。

```
p= Path('./data/documents')

# 匹配所有 txt 文件
for file in p.glob('* .txt'):
print(file)
```

8. 获取绝对路径

使用Path对象的resolve()方法来获取路径的绝对路径，具体代码如下。

```
p= Path('./data/documents/file.txt')

# 获取绝对路径
print(p.resolve())
```

9. 删除文件或目录

使用Path对象的unlink()方法来删除文件，使用Path对象的rmdir()方法来删除目录，具体代码如下。

```
p= Path('./data/documents/file.txt')

# 删除文件
```

```
p.unlink()

p = Path('./data/documents')

# 删除目录
p.rmdir()
```

以上是 pathlib 模块的一些常用操作和用法，它提供了一种更简单和直观的方式来处理文件路径，比起传统的字符串操作更为安全和简单。

3.4　复制、移动和删除文件

复制、移动和删除文件的相关内容如下。

1. 复制文件或文件夹

使用 shutil 模块的 copy( ) 方法可以轻松复制文件，具体代码如下。

```
import shutil

# 复制文件
shutil.copy('./data/documents/file.txt', './data/new_documents')
```

这样就成功地把./data/documents/file.txt 文件复制到./data/new_documents 目录中了，需要注意的是./data/documents/file.txt 路径中的文件必须存在。

2. 移动文件或文件夹

使用 shutil 模块的 move( ) 方法可以移动文件或文件夹，具体代码如下。

```
import shutil

# 移动文件
shutil.move('./data/documents/file.txt', './data/new_documents')

# 移动目录
shutil.move('./data/documents','./data/new_documents')
```

在上面的代码中，shutil.move( ) 方法将./data/documents/file.txt 移动到./data/new_documents 目录中，或将./data/documents 移动到./data/new_documents 目录中。

如果目标路径已存在同名的文件或目录，则源文件或目录将被覆盖。如果目标路径不存在，则将创建一个新的文件或目录。

注意，shutil.move( ) 方法是一个高级函数，具有许多选项和参数，例如可以设置备份模式、复制模式和权限模式等。在使用 move( ) 方法之前，建议读者查看其官方文档，以了解其所有功能和选项。

3. 删除文件或文件夹

使用 os 模块的 remove( ) 方法可以删除文件，具体代码如下。

```
import os

# 删除文件
os.remove('./data/documents/file.txt')
```

使用 shutil 模块的 rmtree( ) 方法可以删除文件夹及其包含的所有文件和文件夹，具体代码如下。

```
import shutil

# 删除文件夹及其包含的所有文件和文件夹
shutil.rmtree('./data/documents')
```

需要注意的是，删除操作是不可恢复的，请确保个人真正想要删除的是该文件或文件夹。

3.5 批量重命名文件

办公场景中，有时会对文件进行重命名操作，当有大量的文件都需要重命名时，人为进行这样的操作就显得比较麻烦了。

3.5.1 【实例】一键批量重命名文件夹

Python 能处理的事情很多，包括批量重命名文件。下面是一个典型的 Python 脚本，可以实现一键批量重命名指定目录下的所有文件。

使用 os 模块进行单文件重命名的具体代码如下。

```
import os

os.rename('pink.png', 'green.png')
```

批量重命名，顾名思义就是重复地重命名，如何有效地批量化操作，最好将需要重命名的文件放到指定文件路径下，os.walk 函数可以遍历一个文件夹并输出其内的所有文件与文件夹，在开始前先查看需要操作的文件目录及目录树。

```
    my_directory/
├── images/
│   ├── logo.png
│   ├── background.jpg
│   └── banner.jpg
├── images_png/
│   ├── logo.png
│   ├── background.png
│   └── banner.png
└── images_jpg/
│   ├── logo.jpg
│   ├── background.jpg
│   └── banner.jpg
```

此处希望将 images、images_png、images_jpg 重命名为 new_images、new_images_png、new_images_jpg。

可以通过 os.listdir 方法将各文件按目录名称重命名，具体代码如下。

```
import os

# 设置要重命名的文件所在的目录
path = "my_directory/"
```

```
# 遍历目录中的所有文件
for file_name in os.listdir(path):
# 构造旧文件名和新文件名
old_name = os.path.join(path, file_name)
new_name = os.path.join(path, file_name.replace("images", "new_images"))

# 执行重命名操作
os.rename(old_name, new_name)
```

在上述代码中，首先要设置要重命名的文件所在的目录 path。然后，使用 os.listdir( ) 函数遍历目录中的所有文件。对于每个文件，均使用了 os.path.join( ) 函数构造出旧文件名和新文件名，并使用 os.rename( ) 函数执行重命名操作。

在本例中使用 str.replace( ) 方法将旧文件名中的 old 替换为 new。

输出效果如下。

```
    my_directory/
├── new_images/
│   ├── logo.png
│   ├── background.jpg
│   └── banner.jpg
├── new_images_png/
│   ├── logo.png
│   ├── background.png
│   └── banner.png
└── new_images_jpg/
│   ├── logo.jpg
│   ├── background.jpg
│   └── banner.jpg
```

注意，在执行文件重命名操作前，一定要仔细检查代码，确保所有的文件都会被正确地重命名，否则可能会造成不可恢复的数据丢失。

此外，还可以使用如 shutil、pathlib 等库来实现更方便的文件操作，例如使用 pathlib 实现的具体代码如下。

```
from pathlib import Path

# 设置要重命名的文件所在的目录
path = Path("my_directory/")

# 遍历目录中的所有文件
for file_path in path.glob("* "):
# 构造旧文件名和新文件名
new_name = file_path.name.replace("old", "new")
new_path = file_path.with_name(new_name)

# 执行重命名操作
file_path.rename(new_path)
```

在上述代码中使用了 pathlib.Path 类来代替 os.path.join( ) 函数和字符串操作。此外，还使用了 Path.glob( ) 方法来获取目录中的所有文件，之后使用了 Path.with_name( ) 方法构造新的文件名，最后使用 Path.rename( ) 方法执行重命名操作。这样同样可以达到重命名文件夹的效果。批量重命名文件的操作就留给读者自行扩展，此处不再赘述。

3.5.2 【实例】解放双手：根据文件扩展名进行文件自动分类

Python 提供了许多实用方法来处理文件，其中之一是根据文件扩展名进行文件自动分类。在小节中将向读者展示如何使用 Python 根据文件扩展名将文件自动分类到不同的文件夹中。

1. 获取文件扩展名

要根据文件扩展名对文件进行分类，需要首先获取每个文件的扩展名。可以使用 os.path.splitext( ) 函数来获取文件名和扩展名，具体代码如下。

```
import os

filename = "example.txt"
file_extension = os.path.splitext(filename)[1]
print(file_extension)  #输出:".txt"
```

在上述代码中，先将文件名 example.txt 存储在变量 filename 中。然后，使用了 os.path.splitext( ) 函数获取文件名和扩展名，并将扩展名存储在变量 file_extension 中。

最后，打印出了 file_extension 的值。

这里输出的文件扩展名为.txt。

2. 创建相应的目录

在对文件进行分类之前，读者需要创建目录来存储不同类型的文件。这里可以使用 os.mkdir( ) 函数来创建目录，具体代码如下。

```
import os

directory = "txt_files"
if not os.path.exists(directory):
    os.mkdir(directory)
```

在上述代码中，将目录名 txt_files 存储在变量 directory 中。然后，使用 os.path.exists( ) 函数检查该目录是否存在。如果目录不存在，可以使用 os.mkdir( ) 函数创建目录。

3. 对文件进行分类

一旦获取了每个文件的扩展名，并创建了目录来存储这些文件，就可以使用 os.listdir( ) 函数获取目录中的所有文件，并根据文件扩展名将文件移动到相应的目录中。这里假设文件夹中包括.txt、.ppt、.excel、.py 和.jpg 文件类型，可以结合 os 模块和 shutil 模块将这些文件自动分类到不同的文件夹中，整体实现的具体代码如下。

```
import os
import shutil

source_directory = "source_directory"
txt_directory = "txt_files"
ppt_directory = "ppt_files"
excel_directory = "excel_files"
python_directory = "python_files"
jpg_directory = "jpg_files"

#创建目录
```

```
    for directory in [txt_directory, ppt_directory, excel_directory, python_directory, jpg_di-
rectory]:
        if not os.path.exists(directory):
            os.mkdir(directory)

    # 分类文件
    for filename in os.listdir(source_directory):
        file_extension = os.path.splitext(filename)[1]
        source_path = os.path.join(source_directory, filename)
        if file_extension == ".txt":
            txt_path = os.path.join(txt_directory, filename)
            shutil.move(source_path, txt_path)
        elif file_extension == ".ppt":
            ppt_path = os.path.join(ppt_directory, filename)
            shutil.move(source_path, ppt_path)
        elif file_extension == ".excel":
            excel_path = os.path.join(excel_directory, filename)
            shutil.move(source_path, excel_path)
        elif file_extension == ".py":
            python_path = os.path.join(python_directory, filename)
            shutil.move(source_path, python_path)
        elif file_extension == ".jpg":
            jpg_path = os.path.join(jpg_directory, filename)
            shutil.move(source_path, jpg_path)
```

在上述代码中首先定义了源目录和不同类型文件的目录，然后使用 os.mkdir( ) 函数创建这些目录（如果不存在则自动创建）。接着，使用 os.listdir( ) 函数遍历源目录中的所有文件，并使用 os.path.splitext( ) 函数获取每个文件的扩展名。然后们使用 if-elif 语句将每个文件移动到对应的目录中。最后，用到了 shutil.move( ) 函数将文件从源路径移动到目标路径。

需要注意的是，上述代码只适用于文件名中的扩展名和文件类型相对应的情况。如果有文件的扩展名与其实际类型不符，那么该文件将被错误地分类到相应的目录中。因此，在实际应用中，要尽可能更加精细地判断逻辑或者结合文件内容等其他信息来更准确地分类文件。

至此，读者已经完成了 Python 文件操作章节的学习。在使用 Python 进行文件操作时，请确保已经熟悉了文件的打开和关闭、读取和写入，以及对路径和名称进行操作等相关方法。同时，也请注意处理文件操作中可能遇到的异常和错误，例如文件不存在、权限不足等。

在进行高性能文件操作时，读者可能需要考虑使用更高级的技术，例如数据库或云存储等。但是，对于小型项目和日常任务，Python 的文件操作功能足以满足大家的需求。

第 4 章

Excel 表格自动化

Python 对 Excel 表格自动化的支持是非常强大的，尤其是在数据分析和处理方面。它有许多优秀的第三方库，例如 pandas、openpyx 和 polars 等，可以方便地读取、处理和写入 Excel 表格，自动化处理许多重复性的工作。

pandas 是一款非常强大的数据处理库，可以方便地读取 Excel 表格并将其转换为 PandasDataFrame 对象，使数据处理和操作变得非常容易。

openpyxl 提供了许多强大的工具，例如读取和修改 Excel 表格的单元格、添加和删除工作表等。

polars 是一个基于 Rust 的快速数据操作库，可以在 Python 中使用。它可以处理大规模数据，支持列式数据存储和运算，并且有丰富的数据转换和处理功能。

4.1 读取 Excel 表格

操作数据表格文档中，Excel 表格文件的使用是很频繁的，Python 读取 Excel 表格可以使用多种库，其中比较常用的是 pandas 和 openpyxl，下面分别介绍这两个库的使用方法。

4.1.1 使用 pandas 读取 Excel 表格数据

pandas（panel-data-s）是 Python 编程语言中的一个开源数据分析库，提供了快速、灵活和富于表现力的数据结构，使得数据清洗、整合、转换、分析和可视化工作变得更加高效。

pandas 可处理多种数据格式，例如 CSV、Excel 和 SQL 等。pandas 提供的数据结构和函数可以使数据操作和分析更加便捷，因此它的应用非常广泛。

1. 安装 pandas

在使用 pandas 之前，可以使用 pip 命令进行安装，打开终端输入以下命令。

```
pip install pandas
```

2. 读取 Excel 文件

导入 pandas 库并使用 read_excel( ) 函数读取 Excel 文件，该函数需要指定 Excel 文件的路径和文件名，具体代码如下。

```
import pandas as pd

df = pd.read_excel('./data/iris.xlsx', sheet_name="Sheet1")
```

在上面的代码中，./data/iris.xlsx 是 Excel 文件的路径，Sheet1 是需要读取的文件中的工作表名称。请注意，如果未指定工作表名称，则默认读取文件中的第一个工作表。上面的代码会将 Excel 文件中的数据读取到一个名为 df 的 PandasDataFrame 对象。

3. 显示前几行数据

使用 pandas 库的 head( ) 函数可以查看 DataFrame 的前几行数据。该函数可以传递一个整数参数，表示要显示的行数。例如：

```
print(df.head(10))
```

这将打印表格头部的 10 行数据，输出效果如下。

```
sepal    length (cm)    sepal width (cm)  ...  petal width (cm)  label
0          5.1            3.5  ...              0.2          setosa
1          4.9            3.0  ...              0.2          setosa
2          4.7            3.2  ...              0.2          setosa
3          4.6            3.1  ...              0.2          setosa
4          5.0            3.6  ...              0.2          setosa
5          5.4            3.9  ...              0.4          setosa
6          4.6            3.4  ...              0.3          setosa
7          5.0            3.4  ...              0.2          setosa
8          4.4            2.9  ...              0.2          setosa
9          4.9            3.1  ...              0.1          setosa

[10 rows x 5 columns]
```

4. 输出自定义列名

如果需要设置自定义的列名，可以使用 names 参数来指定列名。使用 read_excel 函数读取 iris.xlsx 文件，并设置列名为 ['sepal length (cm)', 'sepal width (cm)', 'label']，具体代码如下。

```
df= pd.read_excel(r"./data/iris.xlsx", sheet_name="Sheet1", usecols=[1, 2, 4], names=
['sepal length (cm)','sepal width (cm)','label'])
```

其中：

- names 参数用于指定自定义的列名列表。
- usecols 是函数的一个可选参数，用于指定需要读取的列。

需要注意的是，如果使用了 names 参数，则需要指定与 Excel 文件中实际列数相同的列名，也就是 usecols 和 names 的对应关系。

这将打印列名列表为 ['sepal length (cm)', 'sepal width (cm)', 'label'] 的表格数据，输出效果如下。

```
   sepal length (cm)  sepal width (cm)  label
0               3.5               1.4  setosa
1               3.0               1.4  setosa
2               3.2               1.3  setosa
3               3.1               1.5  setosa
4               3.6               1.4  setosa
5               3.9               1.7  setosa
6               3.4               1.4  setosa
7               3.4               1.5  setosa
8               2.9               1.4  setosa
9               3.1               1.5  setosa
```

5. 跳过指定的行数

skiprows 参数可以用来指定要跳过的行数，可以是一个整数或列表。当读取 Excel 文件时，如果不希望读取文件中的某些行，可以使用该参数来指定要跳过的行数。具体来说，当 skiprows 为整数时，表示要跳过前几行。

例如，如果要跳过前 2 行，可以使用以下代码来实现。

```
import pandas as pd

df = pd.read_excel('./data/iris.xlsx', skiprows=2)
```

当 skiprows 为列表时，表示要跳过列表中指定的行。

例如，如果要跳过第 2 行和第 5 行，可以使用以下代码来实现。

```
df= pd.read_excel('./data/iris.xlsx', skiprows=[2, 5])
```

读取 Excel 文件时，还可以指定其他参数。

- header：指定要使用的行作为列名。默认值为 0，表示使用第一行作为列名；如果为 None，则表示不使用列名；如果为整数，则表示从指定的行号开始使用作为列名的行。
- index_col：指定作为行索引的列号或列名。默认值为 None，表示不使用行索引。
- dtype：指定每列的数据类型。默认值为 None，表示自动推断数据类型。
- engine：指定读取 Excel 文件使用的引擎。可以选择 openpyxl（默认值）、xlrd 或 odfpy。

6. 转换成可复用的数据格式

对于实际需求而言，可能更需要将读取后的 PandasDataFrame 转换成可复用的数据格式，比如 Dict 或者 List。

在 pandas 中 DataFrame 对象有一个 to_dict()方法，用于将 DataFrame 对象转换成 Python 字典，该方法可以接受一些参数来控制转换的方式。

例如，如果要将一个 DataFrame 对象转换成一个字典，每行数据表示为一个字典，其中不包含行索引信息，具体代码如下。

```
    result= df.to_dict(orient='records')
```

上面代码中，指定了 orient 参数为 records，表示每行数据对应一个字典；指定了 index 参数为 False，表示不包含行索引信息，输出效果如下。

```
{'sepal length (cm)': 3.5, 'sepal width (cm)': 1.4, 'label': 'setosa'}
{'sepal length (cm)': 3.0, 'sepal width (cm)': 1.4, 'label': 'setosa'}
{'sepal length (cm)': 3.2, 'sepal width (cm)': 1.3, 'label': 'setosa'}
{'sepal length (cm)': 3.1, 'sepal width (cm)': 1.5, 'label': 'setosa'}
{'sepal length (cm)': 3.6, 'sepal width (cm)': 1.4, 'label': 'setosa'}
{'sepal length (cm)': 3.9, 'sepal width (cm)': 1.7, 'label': 'setosa'}
{'sepal length (cm)': 3.4, 'sepal width (cm)': 1.4, 'label': 'setosa'}
{'sepal length (cm)': 3.4, 'sepal width (cm)': 1.5, 'label': 'setosa'}
{'sepal length (cm)': 2.9, 'sepal width (cm)': 1.4, 'label': 'setosa'}
{'sepal length (cm)': 3.1, 'sepal width (cm)': 1.5, 'label': 'setosa'}
{'sepal length (cm)': 3.7, 'sepal width (cm)': 1.5, 'label': 'setosa'}
{'sepal length (cm)': 3.4, 'sepal width (cm)': 1.6, 'label': 'setosa'}
{'sepal length (cm)': 3.0, 'sepal width (cm)': 1.4, 'label': 'setosa'}
{'sepal length (cm)': 3.0, 'sepal width (cm)': 1.1, 'label': 'setosa'}
{'sepal length (cm)': 4.0, 'sepal width (cm)': 1.2, 'label': 'setosa'}
{'sepal length (cm)': 4.4, 'sepal width (cm)': 1.5, 'label': 'setosa'}
{'sepal length (cm)': 3.9, 'sepal width (cm)': 1.3, 'label': 'setosa'}
{'sepal length (cm)': 3.5, 'sepal width (cm)': 1.4, 'label': 'setosa'}
{'sepal length (cm)': 3.8, 'sepal width (cm)': 1.7, 'label': 'setosa'}
{'sepal length (cm)': 3.8, 'sepal width (cm)': 1.5, 'label': 'setosa'}
{'sepal length (cm)': 3.4, 'sepal width (cm)': 1.7, 'label': 'setosa'}
{'sepal length (cm)': 3.7, 'sepal width (cm)': 1.5, 'label': 'setosa'}
{'sepal length (cm)': 3.6, 'sepal width (cm)': 1.0, 'label': 'setosa'}
{'sepal length (cm)': 3.3, 'sepal width (cm)': 1.7, 'label': 'setosa'}
{'sepal length (cm)': 3.4, 'sepal width (cm)': 1.9, 'label': 'setosa'}
{'sepal length (cm)': 3.0, 'sepal width (cm)': 1.6, 'label': 'setosa'}
{'sepal length (cm)': 3.4, 'sepal width (cm)': 1.6, 'label': 'setosa'}
{'sepal length (cm)': 3.5, 'sepal width (cm)': 1.5, 'label': 'setosa'}
{'sepal length (cm)': 3.4, 'sepal width (cm)': 1.4, 'label': 'setosa'}
{'sepal length (cm)': 3.2, 'sepal width (cm)': 1.6, 'label': 'setosa'}
{'sepal length (cm)': 3.1, 'sepal width (cm)': 1.6, 'label': 'setosa'}
{'sepal length (cm)': 3.4, 'sepal width (cm)': 1.5, 'label': 'setosa'}
{'sepal length (cm)': 4.1, 'sepal width (cm)': 1.5, 'label': 'setosa'}
{'sepal length (cm)': 4.2, 'sepal width (cm)': 1.4, 'label': 'setosa'}
{'sepal length (cm)': 3.1, 'sepal width (cm)': 1.5, 'label': 'setosa'}
{'sepal length (cm)': 3.2, 'sepal width (cm)': 1.2, 'label': 'setosa'}
{'sepal length (cm)': 3.5, 'sepal width (cm)': 1.3, 'label': 'setosa'}
{'sepal length (cm)': 3.6, 'sepal width (cm)': 1.4, 'label': 'setosa'}
{'sepal length (cm)': 3.0, 'sepal width (cm)': 1.3, 'label': 'setosa'}
{'sepal length (cm)': 3.4, 'sepal width (cm)': 1.5, 'label': 'setosa'}
{'sepal length (cm)': 3.5, 'sepal width (cm)': 1.3, 'label': 'setosa'}
{'sepal length (cm)': 2.3, 'sepal width (cm)': 1.3, 'label': 'setosa'}
{'sepal length (cm)': 3.2, 'sepal width (cm)': 1.3, 'label': 'setosa'}
{'sepal length (cm)': 3.5, 'sepal width (cm)': 1.6, 'label': 'setosa'}
...
```

此外，orient 参数还有以下一些常用的参数说明。

- records：控制输出的字典的结构，默认值为 dict。可以设置为 list，表示输出的字典格式为列表，列表中的每个元素都是一行数据对应的字典；也可以设置为 records，表示输出的字典格式为列表，列表中的每个元素都是一个字典，包含所有列的数据。

- into：控制输出的字典的嵌套层数，默认值为1。如果设置为2，则会将DataFrame的列名和行索引分别作为字典的key，数据部分作为字典的value，生成一个嵌套的字典。
- index：控制是否包含行索引，默认值为True。如果设置为False，则输出的字典中不包含行索引信息。
- columns：控制是否包含列名，默认值为True。如果设置为False，则输出的字典中不包含列名信息。
- dtype：控制输出的字典中数值类型的格式，默认值为None。可以设置为一个字典，字典的key为列名，value为要将该列的数据转换成的数据类型。
- date_format：控制日期类型的格式，默认值为None。可以设置为一个字符串，表示要将日期类型的数据转换成的格式。

4.1.2 使用pandas读取CSV表格数据

与pd.read_excel()方法类似的是，pd.read_csv()方法也是pandas库中常用的读取数据的方法之一，该方法可以读取以逗号分隔的文本文件以及其他常见的数据格式。

1. 读取CSV文件

使用pandas的read_csv()函数来读取CSV文件。该函数默认使用逗号作为分隔符，但也可以指定其他分隔符。以下是一个典型的示例。

```
data= pd.read_csv('./data/iris.csv')
```

上述代码会将CSV文件加载到一个名为data的PandasDataFrame中。

2. 查看DataFrame

可以使用head()函数查看DataFrame中的前几行数据，例如查看前10行数据的具体代码如下。

```
print(data.head(10))
```

head()函数默认打印前5行数据。可以通过传递整数参数来指定要查看的行数。

3. 指定列名

如果CSV文件中包含标题行，则可以将header参数设置为0或不指定，pandas将使用文件中的第一行作为DataFrame的列名。如果CSV文件没有标题行，则需要手动指定列名，具体代码如下。

```
data= pd.read_csv('./data/iris.csv', header=None, names=['col1','col2','col3'])
```

上述代码将使用col1、col2和col3作为DataFrame的列名。

4. 数据清理

在DataFrame中读取CSV文件后，可能需要进行数据清理。例如，需要删除重复的行或处理缺失的值。

1）删除重复行，具体代码如下。

```
data.drop_duplicates(inplace=True)
```

2）删除包含空值的行，具体代码如下。

```
data.dropna(inplace=True)
```

3）替换空值，具体代码如下。

```
data.fillna(value, inplace=True)
```

5. 导出表格到 CSV 文件

可以使用 pandas 的 to_csv( ) 函数将 DataFrame 导出到 CSV 文件，具体代码如下。

```
data.to_csv('output.csv', index=False)
```

上述代码将导出 DataFrame 到名为 output.csv 的 CSV 文件中，不包括行索引。

更多参数信息可以在 pandas 官方文档中找到：https://pandas.pydata.org/docs/。

4.1.3　使用 openpyxl 读取 Excel 表格数据

openpyxl 是 Python 编程语言中的一个开源库，用于读取、操作和写入 Excel 文件。它支持 Excel 2010 及以上版本，并提供了一组强大的 API，使得操作 Excel 文件变得更加方便和高效。

使用 openpyxl 库大概可以实现以下功能。

- 读取 Excel 文件中的数据。
- 写入数据到 Excel 文件中。
- 对 Excel 文件中的单元格进行格式化和样式设置。
- 创建、删除和重命名工作表。
- 操作 Excel 文件中的行、列和区域。

1. 安装 openpyxl

首先需要安装 openpyxl 库，可以使用以下命令来进行安装。

```
pip install openpyxl
```

2. 读取 Excel 文件

可以使用 load_workbook 方法来打开一个 Excel 文件，具体代码如下。

```
from openpyxl import load_workbook

wb = load_workbook('./data/iris.xlsx')
```

上述代码将 Excel 文件 iris.xlsx 加载到变量 wb 中，接下来，可以使用以下代码获取工作表名称列表。

```
sheet_names= wb.sheetnames
```

接着，可以使用 wb［sheet_name］的方式来访问工作表对象，例如下面的代码用于访问名为 Sheet1 的工作表。

```
ws= wb['Sheet1']
```

3. 遍历表格的行和列

现在，可以使用 iter_rows( ) 方法来遍历 Excel 表格中的所有行和列，并打印它们的值，具体代码如下。

```
for row in ws.iter_rows():
    for cell in row:
        print(cell.value)
```

上述代码使用 iter_rows( ) 函数遍历 Excel 表格中的所有行，并使用嵌套循环遍历每一行中的单元格。

最后，使用 cell.value 打印单元格的值。

4. 获取表格中的列名

要使用 openpyxl 获取表格中的列名，可以使用 worksheet.iter_cols( ) 方法遍历工作表中的列，并使用 column [0].value 获取列名，具体代码如下。

```
import openpyxl

# 加载工作簿
workbook = openpyxl.load_workbook('./data/iris.xlsx')

# 选择工作表
worksheet = workbook.active

# 遍历列并打印列名
for column in worksheet.iter_cols(min_row=1, max_row=1):
    print(column[0].value)
```

在上面的代码中 iter_cols( ) 方法的参数 min_row 和 max_row 用于指定要遍历的行范围。在这种情况下，只想遍历第一行，因此将 min_row 和 max_row 都设置为 1。然后遍历每一列，并使用 column [0].value 获取列名。注意，column [0] 表示列的第一个单元格，因此它包含列的名称。

当然，如果用户可以确定表格的第一行数据就是表头的话也可以使用以下代码来获取所有的列名，具体代码如下。

```
import openpyxl

# 打开 Excel 文件
workbook = openpyxl.load_workbook('./data/iris.xlsx')

# 选择第一个工作表
sheet = workbook.active

# 获取表格中的列名
columns = [cell.value for cell in sheet[1]]
```

具体来说，sheet [1] 表示工作表中的第一行（或者想要获取的任何一行），并且返回该行中的所有单元格。然后，列表推导式 [cell.value for cell in sheet [1]] 在遍历这些单元格的同时获取它们的值，并将所有值存储在一个列表中。

5. 转换成可复用的数据格式

假如用户希望读取 Excel 文件并转存为 Python 的 Dict 格式，可以按照下面的方法实现。

```
import openpyxl

# 打开 Excel 文件
workbook = openpyxl.load_workbook('./data/iris.xlsx')
```

```
# 选择第一个工作表
sheet = workbook.active

# 获取表格中的列名
columns = [cell.value for cell in sheet[1]]

# 存储 Excel 数据的列表
data_list = []

# 遍历每一行
for row in sheet.iter_rows(min_row=2):
# 将每一行数据转换为一个字典
row_data = {columns[index]: cell.value for index, cell in enumerate(row)}
# 将每一行的数据存储为字典,并添加到列表中
data_list.append(row_data)

print(data_list)
```

在上述代码中，首先使用 sheet ［1］ 获取 Excel 表格中的第一行数据，即列名，存储在一个列表 columns 中。然后遍历每一行数据时，使用字典推导式将每一行数据转换为一个字典 row_data，字典的键名为列名称，字典的键值为该单元格的值。最后将该字典添加到一个列表 data_list 中，遍历完成后，输出 data_list 即可。这样输出的格式就是一个列表，列表中每个元素都是一个字典，字典的键名为 Excel 表格中该列的列名称。这样一来就可以把这些数据存储到其他格式的文件（比如 csv 文件）或者数据库中，方便使用。

以上就是使用 openpyxl 库读取 Excel 表格数据的典型示例。

此外，openpyxl 还提供了许多其他函数和方法，可以帮助用户更好地操作和处理 Excel 文件。更多信息可以参阅 openpyxl 官方文档 https://openpyxl.readthedocs.io。

4.2 写入 Excel 表格

使用 Python 写入 Excel 表格可以方便地将数据保存到 Excel 文件中，并进行格式化、排序和筛选等操作，广泛应用于数据管理、数据分析、数据可视化等方面。

Python 写入数据到 Excel 表格是非常常见的操作。例如开发者可以使用 Python 将爬虫抓取的数据保存到 Excel 表格中，并对数据进行清洗、分析和可视化，方便进行数据挖掘和分析。

4.2.1 使用 pandas 写入数据到 Excel 表格

pandas 支持写入多种格式的数据，包括 CSV、Excel 和 JSON 等。

1）构造一个点数据，具体代码如下。

```
#构造点数据
data1 = {'Name': ['Alice', 'Bob', 'Charlie', 'David'],
        'Age': [25, 30, 35, 40],
        'City': ['London', 'New York', 'Paris', 'Tokyo']}
data2 = {'Name': ['Emma', 'Frank', 'Grace', 'Henry'],
```

```
        'Age': [20, 28, 33, 45],
        'City': ['Berlin', 'San Francisco', 'Shanghai', 'Sydney']}
```

2）将数据转换为 pandas 的 DataFrame 类型，具体代码如下。

```
import pandas as pd

# 将数据转换为数据帧
df1 = pd.DataFrame(data1)
df2 = pd.DataFrame(data2)
```

上述代码创建了两个数据帧 df1 和 df2，并使用 sheet_name 参数将它们写入不同的工作表中。

3）创建 Excel 文件并将 DataFrame 写入 Excel 文件，具体代码如下。

```
#创建 Excel 写入器对象
writer = pd.ExcelWriter('../data/df1_df2.xlsx')

# 将数据写入不同工作表
df1.to_excel(writer, sheet_name='Sheet1', index=False)
df2.to_excel(writer, sheet_name='Sheet2', index=False)
```

其中：

- to_excel( )方法的第一个参数是写入器对象 writer。
- 第二个参数是工作表名称（子表）。
- 第三个参数是指定是否包含行索引。

4）使用 writer.save( )方法把 Excel 保存到磁盘中，具体代码如下。

```
writer.save()
```

合并以上步骤的整体代码如下。

```
import pandas as pd

# 构造点数据
data1 = {'Name': ['Alice', 'Bob', 'Charlie', 'David'],
         'Age': [25, 30, 35, 40],
         'City': ['London', 'New York', 'Paris', 'Tokyo']}
data2 = {'Name': ['Emma', 'Frank', 'Grace', 'Henry'],
         'Age': [20, 28, 33, 45],
         'City': ['Berlin', 'San Francisco', 'Shanghai', 'Sydney']}

# 将数据转换为数据帧
df1 = pd.DataFrame(data1)
df2 = pd.DataFrame(data2)

# 创建 Excel 写入器对象
writer = pd.ExcelWriter('../data/df1_df2.xlsx')

# 将数据写入不同工作表
df1.to_excel(writer, sheet_name='Sheet1', index=False)
df2.to_excel(writer, sheet_name='Sheet2', index=False)

writer.save()
```

程序运行成功后的效果如图 4-1 所示。

	A	B	C
1	Name	Age	City
2	Emma	20	Berlin
3	Frank	28	San Francisco
4	Grace	33	Shanghai
5	Henry	45	Sydney

图 4-1　使用 pandas 写入 Excel

这里需要注意的是，工作表名称不能超过 31 个字符，并且不能包含特殊字符。

4.2.2　使用 openpyxl 写入数据到 Excel 表格

在使用 openpyxl 之前需要理解 Excel 的版面设计，整个 Excel 文件可以称作工作簿，里面的每一个分页称作为工作表，默认是 Sheet 加上数字的形式，每一行每一列的交叉部分是单元格，可以填充数据也可以填充公式。

1. 创建一个新的 Excel 文件

使用 openpyxl 中的 Workbook( ) 函数创建一个新的工作簿对象，具体代码如下。

```
from openpyxl import Workbook

wb = Workbook()
ws = wb.active
```

在上面的代码中，使用了 Workbook( ) 函数创建了一个新的工作簿对象。然后使用 Workbook.active 属性获取活动工作表对象。

2. 将数据写入工作表

开始尝试填充一些数据到工作表中，具体代码如下。

```
data= [['Name', 'Age', 'City'],
       ['Alice', 25, 'London'],
       ['Bob', 30, 'New York'],
       ['Charlie', 35, 'Paris'],
       ['David', 40, 'Tokyo']]

for row in data:
    ws.append(row)
```

上述代码首先创建一个列表 data，其中包含 5 个列表，每个列表对应一行数据。第一行是表头，其他行是数据。然后，使用 for 循环遍历数据列表，通过 ws.append 方法将数据逐行写入工作表。

3. 保存工作表

使用 save 方法将 Excel 文件保存到名为 example.xlsx 的文件中。

```
wb.save('example.xlsx')
```

程序运行完成后的效果如图 4-2 所示。

	A	B	C
1	Name	Age	City
2	Alice	25	London
3	Bob	30	New York
4	Charlie	35	Paris
5	David	40	Tokyo

图 4-2　使用 openpyxl 写入 Excel

以上是使用 openpyxl 将数据写入 Excel 表格的典型示例。

4.2.3　设置 Excel 单元格样式

openpyxl 库提供了多种设置 Excel 单元格样式的方法，下面介绍一些常用的方法。

1）设置字体样式，具体代码如下。

```
from openpyxl.styles import Font

font = Font(name='Calibri', size=12, bold=True, italic=False, color='FF0000')
ws['A1'].font = font
```

上述代码创建了一个名为 font 的字体对象，并使用 Font 类的属性设置了字体的名称、大小、粗体、斜体和颜色。然后，使用 ws ['A1'].font 属性将字体应用于单元格 A1。

2）设置边框样式，具体代码如下。

```
from openpyxl.styles import Border, Side

side = Side(border_style='thin', color='000000')
border = Border(left=side, right=side, top=side, bottom=side)
ws['A1'].border = border
```

上述代码创建了一个名为 side 的边框样式对象，并使用 Side 类的属性设置了边框的样

式和颜色。然后，使用 Border 类的属性创建一个名为 border 的边框对象，并使用 left、right、top 和 bottom 属性设置边框的样式。最后，使用 ws ['A1'].border 属性将边框应用于单元格 A1。

3）设置填充样式，具体代码如下。

```
from openpyxl.styles import PatternFill

fill = PatternFill(start_color='FF0000', end_color='FF0000', fill_type='solid')
ws['A1'].fill = fill
```

上述代码创建了一个名为 fill 的填充样式对象，并使用 PatternFill 类的属性设置了填充的起始颜色、结束颜色和填充类型。然后，使用 ws ['A1'].fill 属性将填充应用于单元格 A1。

4）设置数字格式，具体代码如下。

```
from openpyxl.styles import numbers

ws['A1'].number_format = numbers.FORMAT_NUMBER_COMMA_SEPARATED1
```

上述代码使用 numbers 模块提供的格式化常量设置了单元格 A1 的数字格式。

以上是一些常用的设置 Excel 单元格样式的方法，使用这些方法可以方便地自定义 Excel 表格的外观。

4.2.4 为 Excel 设置公式

在 openpyxl 中可以使用公式在 Excel 单元格中执行计算，也就是为 Excel 设置公式。

可以使用以下代码将公式写入 Excel 单元格。

```
from openpyxl import Workbook
from openpyxl.utils import FORMULAE

wb = Workbook()
ws = wb.active

# 写入数据
ws['A1'] = 10
ws['A2'] = 20

# 设置公式
ws['A3'] = '=SUM(A1:A2)'

wb.save('example.xlsx')
```

上述代码创建了一个新的 Excel 文件，并使用 active 属性获取默认的工作表。然后，使用 ws ['A1'] 和 ws ['A2'] 将数据 10 和 20 写入单元格 A1 和 A2。接着，使用 ws ['A3'] 设置单元格 A3 的公式为=SUM(A1:A2)，表示计算 A1 和 A2 单元格中的值的和。注意，公式需要以=（等号）开头。最后，使用 wb.save 方法将 Excel 文件保存到名为example.xlsx 的文件中。

运行上述代码后，打开生成的 Excel 文件可以看到公式已经被成功设置，并且单元格 A3 中显示的结果为 30。

除了基本的公式外，openpyxl 还支持许多其他类型的公式，例如 IF、COUNTIF 和 AVERAGE 等。可以在 openpyxl 的官方文档中找到完整的公式列表和使用方法。

总之，在 openpyxl 中设置公式非常方便，只需要将公式字符串写入 Excel 单元格即可。

4.2.5 在 Excel 中生成图表

开发者可以使用 openpyxl 在 Excel 中方便地生成各种类型的图表，例如折线图、散点图、柱状图和饼图等。

在数据分析、数据可视化等方面，生成图表可以更直观地展示数据的分布、趋势和关系等信息，帮助开发者更好地理解和分析数据。

1）创建工作簿和工作表，具体代码如下。

```
from openpyxl import Workbook
from openpyxl.chart import (
    PieChart,
    Reference
)

wb = Workbook()
ws = wb.active
```

2）生成表格数据，具体代码如下。

```
#输入数据
rows = [
    ['Product', 'Sold'],
    ['Apple', 50],
    ['Banana', 25],
    ['Cherry', 20],
    ['Durian', 5],
]

for row in rows:
    ws.append(row)
```

这段代码首先创建了一个包含产品和销售量的数据表格，并将它们输入到 Excel 工作表中。然后，它创建了一个饼图对象，设置了图表的数据源和样式，并将它插入到工作表的指定位置。

3）尝试制作饼图，具体代码如下。

```
#创建饼图
chart = PieChart()

# 设置图表数据源
data = Reference(ws, min_col=2, min_row=1, max_row=5)
titles = Reference(ws, min_col=1, min_row=2, max_row=5)
chart.add_data(data, titles_from_data=True)

# 设置图表样式
chart.title = 'Excel 图表示例'
chart.style = 10
```

```
chart.width = 15
chart.height = 10

# 将图表插入工作表
ws.add_chart(chart, 'B7')

# 保存工作簿
wb.save('生成 Excel 饼图.xlsx')
```

在上述示例中，使用了 openpyxl 的 PieChart 类来创建饼图。使用其他类可以创建其他类型的图表。一旦创建了图表对象，就可以使用工作表的 add_chart( )方法将其插入到工作表中。

合并以上步骤后的整体代码如下。

```
from openpyxl import Workbook
from openpyxl.chart import (
    PieChart,
    Reference
)

wb = Workbook()
ws = wb.active

# 输入数据
rows = [
    ['Product', 'Sold'],
    ['Apple', 50],
    ['Banana', 25],
    ['Cherry', 20],
    ['Durian', 5],
]

for row in rows:
    ws.append(row)

# 创建饼图
chart = PieChart()

# 设置图表数据源
data = Reference(ws, min_col=2, min_row=1, max_row=5)
titles = Reference(ws, min_col=1, min_row=2, max_row=5)
chart.add_data(data, titles_from_data=True)

# 设置图表样式
chart.title = 'Excel 图表示例'
chart.style = 10
chart.width = 15
chart.height = 10

# 将图表插入工作表
ws.add_chart(chart, 'B7')

# 保存工作簿
wb.save('生成 Excel 饼图.xlsx')
```

程序运行完成后的效果如图 4-3 所示。

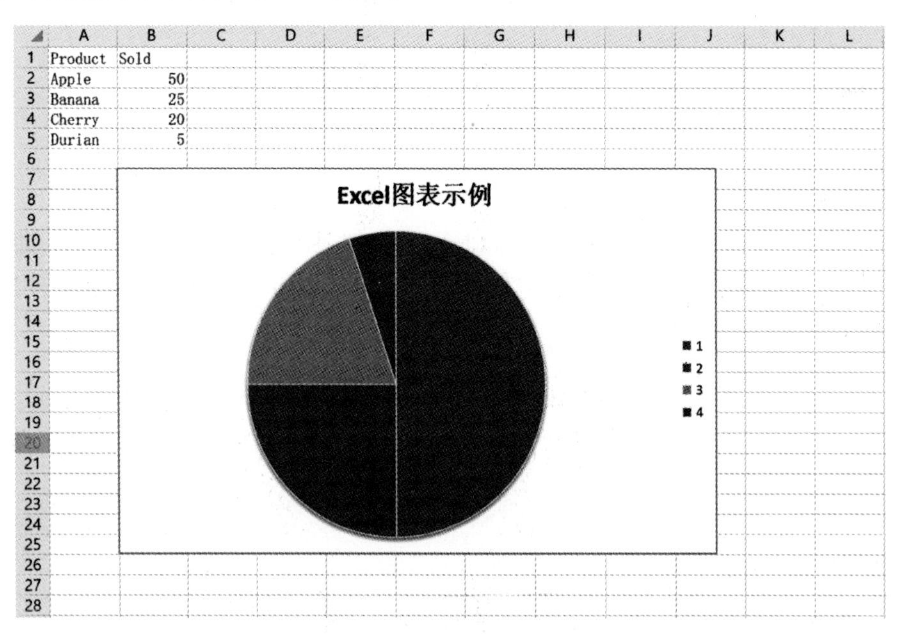

图 4-3　openpyxl 生成饼图示例

当然，用户也可以使用类似的方法来创建其他类型的图表，如折线图、柱状图等，只需要调整数据源和图表样式即可。

4.2.6 【实例】自动生成工作报告模板

开发者可以使用 openpyxl 自动生成工作报告模板，方便日常工作和管理。自动生成工作报告模板可以提高工作效率，减少手工操作的重复性，同时保证报告的规范化和一致性，具体操作步骤如下。

1）新建一个工作簿对象，具体代码如下。

```
from openpyxl import Workbook
from openpyxl.styles import Font, PatternFill, Alignment, Border, Side

# 创建工作簿
wb = Workbook()
```

2）获取当前活动的工作表。通过 wb.active 属性获取当前活动的工作表，并通过修改其 title 属性将其重命名，具体代码如下。

```
worksheet= wb.active
worksheet.title = '工作报告'
```

3）设置字体和对齐方式，具体代码如下。

```
#设置标题字体和对齐方式
title_font = Font(name='微软雅黑', size=18, bold=True)
worksheet['A1'].font = title_font
worksheet['A1'].alignment = Alignment(horizontal='center')
```

```
# 设置日期字体和对齐方式
date_font = Font(name='微软雅黑', size=12, bold=True)
worksheet['A2'].font = date_font
worksheet['A2'].alignment = Alignment(horizontal='center')
```

4）合并单元格。调用 worksheet.merge_cells（'A1:G1'）将 A1-G1 区域合并成一个单元格，使报告标题居中显示，具体代码如下。

```
#合并单元格
worksheet.merge_cells('A1:G1')
worksheet.merge_cells('A2:G2')
```

5）设置列的对齐方式、填充颜色和自适应宽度等。可以通过设置不同的填充颜色和对齐方式，使得 Excel 表格更加美观、易读、提高数据可视化效果。也使得表格更加专业，适合用于商业或者工作场景，具体代码如下。

```
#设置表头样式和对齐方式
header_fill = PatternFill(start_color='D9D9D9', end_color='D9D9D9', fill_type='solid')
header_font = Font(name='微软雅黑', size=12, bold=True)
header_alignment = Alignment(horizontal='center', vertical='center')
for col in ['A', 'B', 'C', 'D', 'E', 'F', 'G']:
    cell = worksheet[col +'6']
    cell.fill = header_fill
    cell.font = header_font
    cell.alignment = header_alignment

# 设置序号列样式和对齐方式
index_fill = PatternFill(start_color='FFFFFF', end_color='FFFFFF', fill_type='solid')
for row_num in range(7, 10):
    cell = worksheet.cell(row=row_num, column=1)
    cell.fill = index_fill
    cell.alignment = Alignment(horizontal='center', vertical='center')

# 设置备注列样式和对齐方式
remark_fill = PatternFill(start_color='FFFFFF', end_color='FFFFFF', fill_type='solid')
for row_num in range(7, 10):
    cell = worksheet.cell(row=row_num, column=7)
    cell.fill = remark_fill
    cell.alignment = Alignment(horizontal='center', vertical='center')

# 设置部门、岗位、任务名称、任务描述、完成情况列自适应列宽
worksheet.column_dimensions['B'].width = 15
worksheet.column_dimensions['C'].width = 20
worksheet.column_dimensions['D'].width = 20
worksheet.column_dimensions['E'].width = 30
worksheet.column_dimensions['F'].width = 15

# 设置合并单元格的对齐方式
for row_num in range(1, 3):
    cell = worksheet.cell(row=row_num, column=1)
    cell.alignment = Alignment(horizontal='center', vertical='center')
```

上面的代码用于设置 Excel 表格中的样式和对齐方式，其中：

- 表头的样式使用 PatternFill 对象设置填充颜色，使用 Font 对象设置字体和大小，使用 Alignment 对象设置对齐方式，然后对表头单元格进行循环设置。
- 序号列和备注列的样式使用 PatternFill 对象设置填充颜色，使用 Alignment 对象设置对齐方式，然后对序号列和备注列的单元格进行循环设置。
- 部门、岗位、任务名称、任务描述、完成情况列采用自适应列宽方式，使用 worksheet. column_ dimensions 对象设置列宽。
- 合并单元格使用 Alignment 对象设置对齐方式，然后对需要合并单元格的单元格进行循环设置。

这些设置可以使 Excel 表格更加美观和易读，提高用户的使用体验。

6）开始填充数据。尝试填充一些模板信息，写入数据到单元格中，包括汇报人、序号、部门、岗位、任务名称、任务描述、完成情况和备注，具体代码如下。

```
worksheet['A1'] = '每日工作汇报'
worksheet['A2'] = '2023 年 3 月 15 日'
worksheet['A4'] = '汇报人:'
worksheet['A6'] = '序号'
worksheet['B6'] = '部门'
worksheet['C6'] = '岗位'
worksheet['D6'] = '任务名称'
worksheet['E6'] = '任务描述'
worksheet['F6'] = '完成情况'
worksheet['G6'] = '备注'
worksheet['A7'] = 1
worksheet['B7'] = '人力资源部'
worksheet['C7'] = '招聘专员'
worksheet['D7'] = '招聘职位发布'
worksheet['E7'] = '在招聘网站发布招聘职位'
worksheet['F7'] = '已完成'
worksheet['G7'] = ''
worksheet['A8'] = 2
worksheet['B8'] = '财务部'
worksheet['C8'] = '出纳'
worksheet['D8'] = '月度工资发放'
worksheet['E8'] = '核算员工出勤和工资数据,发放工资'
worksheet['F8'] = '进行中'
worksheet['G8'] = ''
worksheet['A9'] = 3
worksheet['B9'] = '市场部'
worksheet['C9'] = '市场专员'
worksheet['D9'] = '推广活动策划'
worksheet['E9'] = '策划公司产品推广活动'
worksheet['F9'] = '未开始'
worksheet['G9'] = ''
```

具体来说，以上代码在工作表的不同单元格中填充了日期、汇报人和任务清单等信息，其中：

- 第 1 行，第 1 列（即 A1）填充了标题每日工作汇报。

- 第 2 行，第 1 列（即 A2）填充了日期 2022 年 3 月 15 日。
- 第 4 行，第 1 列（即 A4）填充了汇报人信息。
- 第 6 行至第 9 行填充了任务清单的表头和具体任务信息，包括序号、部门、岗位、任务名称、任务描述、完成情况和备注。

7）自动调整行高。对于自动调整行高的操作，这里使用了 worksheet.iter_rows( )方法来迭代行，并使用 worksheet.row_dimensions [row_num].height 设置每行的高度。

在这个例子中使用了一个嵌套循环来遍历每个单元格，并计算出每行单元格中内容的最大高度。然后将最大高度设置为该行的行高，以自动调整行高，具体代码如下。

```
#自动调整行高
for row in worksheet.iter_rows(min_row=7, max_row=9):
    max_height = 0
    for cell in row:
        lines = str(cell.value).count('\n') + 1
        height = 12.8 * lines
        if height > max_height:
            max_height = height
    worksheet.row_dimensions[cell.row].height = max_height

# 对于边框样式的设置 使用了 openpyxl.styles.Border 类来设置单元格的边框样式。
# 在这里,定义了一个名为 border 的边框样式,将其应用到表格中的每个单元格上。
thin_border = Border(left=Side(style='thin'), right=Side(style='thin'), top=Side(style='thin'),
                bottom=Side(style='thin'))
for row_num in range(6, 10):
    for col in ['A', 'B', 'C', 'D', 'E', 'F', 'G']:
        cell = worksheet[col + str(row_num)]
        cell.border = thin_border
```

其中：

- 自动调整行高：该代码使用了 worksheet.iter_rows( )方法来循环遍历特定的行（第 7 行至第 9 行），然后对于每个单元格，计算出该单元格中文本的行数，并根据行数计算出该单元格的高度。最后，将该行中所有单元格设为最大高度。
- 边框样式的设置：该代码定义了一个名为 thin_border 的边框样式，并将其应用到表格中的每个单元格上。该边框样式包括四条边的样式，即左、右、上、下边框都是细线。然后，使用嵌套的 for 循环和 worksheet.cell( )方法来访问表格中的每个单元格，并将 thin_border 样式应用到每个单元格上。

8）最后保存工作簿，使用 workbook.save( )方法将工作簿对象保存到磁盘上。

```
#保存工作簿
workbook.save('daily_report_template.xlsx')
```

以上就是通过 openpyxl 模块生成工作报告模板的所有步骤，合并后整体实现代码如下。

```
from openpyxl import Workbook
from openpyxl.styles import Font, PatternFill, Alignment, Border, Side

# 创建工作簿
wb = Workbook()
```

```
# 创建工作表
worksheet = wb.active
worksheet.title='工作报告'

# 设置标题字体和对齐方式
title_font = Font(name='微软雅黑', size=18, bold=True)
worksheet['A1'].font = title_font
worksheet['A1'].alignment = Alignment(horizontal='center')

# 设置日期字体和对齐方式
date_font = Font(name='微软雅黑', size=12, bold=True)
worksheet['A2'].font = date_font
worksheet['A2'].alignment = Alignment(horizontal='center')

# 合并单元格
worksheet.merge_cells('A1:G1')
worksheet.merge_cells('A2:G2')

# 设置表头样式和对齐方式
header_fill = PatternFill(start_color='D9D9D9', end_color='D9D9D9', fill_type='solid')
header_font = Font(name='微软雅黑', size=12, bold=True)
header_alignment = Alignment(horizontal='center', vertical='center')
for col in ['A', 'B', 'C', 'D', 'E', 'F', 'G']:
    cell = worksheet[col +'6']
    cell.fill = header_fill
    cell.font = header_font
    cell.alignment = header_alignment

# 设置序号列样式和对齐方式
index_fill = PatternFill(start_color='FFFFFF', end_color='FFFFFF', fill_type='solid')
for row_num in range(7, 10):
    cell = worksheet.cell(row=row_num, column=1)
    cell.fill = index_fill
    cell.alignment = Alignment(horizontal='center', vertical='center')

# 设置备注列样式和对齐方式
remark_fill = PatternFill(start_color='FFFFFF', end_color='FFFFFF', fill_type='solid')
for row_num in range(7, 10):
    cell = worksheet.cell(row=row_num, column=7)
    cell.fill = remark_fill
    cell.alignment = Alignment(horizontal='center', vertical='center')

# 设置部门、岗位、任务名称、任务描述、完成情况列自适应列宽
worksheet.column_dimensions['B'].width = 15
worksheet.column_dimensions['C'].width = 20
worksheet.column_dimensions['D'].width = 20
worksheet.column_dimensions['E'].width = 30
worksheet.column_dimensions['F'].width = 15

# 设置合并单元格的对齐方式
for row_num in range(1, 3):
    cell = worksheet.cell(row=row_num, column=1)
    cell.alignment = Alignment(horizontal='center', vertical='center')
```

```
# 填写数据
worksheet['A1'] = '每日工作汇报'
worksheet['A2'] = '2022年3月15日'
worksheet['A4'] = '汇报人:'
worksheet['A6'] = '序号'
worksheet['B6'] = '部门'
worksheet['C6'] = '岗位'
worksheet['D6'] = '任务名称'
worksheet['E6'] = '任务描述'
worksheet['F6'] = '完成情况'
worksheet['G6'] = '备注'
worksheet['A7'] = 1
worksheet['B7'] = '人力资源部'
worksheet['C7'] = '招聘专员'
worksheet['D7'] = '招聘职位发布'
worksheet['E7'] = '在招聘网站发布招聘职位'
worksheet['F7'] = '已完成'
worksheet['G7'] = ''
worksheet['A8'] = 2
worksheet['B8'] = '财务部'
worksheet['C8'] = '出纳'
worksheet['D8'] = '月度工资发放'
worksheet['E8'] = '核算员工出勤和工资数据,发放工资'
worksheet['F8'] = '进行中'
worksheet['G8'] = ''
worksheet['A9'] = 3
worksheet['B9'] = '市场部'
worksheet['C9'] = '市场专员'
worksheet['D9'] = '推广活动策划'
worksheet['E9'] = '策划公司产品推广活动'
worksheet['F9'] = '未开始'
worksheet['G9'] = ''

# 自动调整行高
for row in worksheet.iter_rows(min_row=7, max_row=9):
    max_height = 0
    for cell in row:
        lines = str(cell.value).count('\n') + 1
        height = 12.8 * lines
        if height > max_height:
            max_height = height
    worksheet.row_dimensions[cell.row].height = max_height

# 设置边框
thin_border = Border(left=Side(style='thin'), right=Side(style='thin'), top=Side(style='thin'),
                bottom=Side(style='thin'))
for row_num in range(6, 10):
    for col in ['A', 'B', 'C', 'D', 'E', 'F', 'G']:
        cell = worksheet[col + str(row_num)]
        cell.border = thin_border

# 保存工作簿
wb.save('工作报告.xlsx')
```

这个报告模板中，定义了一些常用的表格样式，如字体、对齐方式、填充和边框等，让表格更显美观。然后，通过填充数据的方式来展示表格的样式，并最终将数据保存到一个 Excel 文件中。

程序运行成功后的效果如图 4-4 所示。

每日工作汇报

2022年3月15日

汇报人：

序号	部门	岗位	任务名称	任务描述	完成情况	备注
1	人力资源部	招聘专员	招聘职位发布	在招聘网站发布招聘职位	已完成	
2	财务部	出纳	月度工资发放	核算员工出勤和工资数据，发放工	进行中	
3	市场部	市场专员	推广活动策划	策划公司产品推广活动	未开始	

图 4-4　生成报告模板

通过这个例子，读者即可掌握使用 Python 中的 openpyxl 库轻松自动生成漂亮 Excel 报告模板的相关方法和技巧。

4.3　合并和拆分工作表格

在写入 Excel 过程中，如果内容过多或者业务需求要将内容写到多个文件中，或者合并在同一个文件中，则涉及对内容进行拆分或者合并。同时，也难免需要将相同内容且相邻的单元格进行合并，或者将已合并的单元格进行拆分。

4.3.1　合并工作表格

有多个 Excel 文件，并且要将它们合并成一个大的数据集时，合并工作表格功能非常有用。可以帮助用户将不同的工作表格合并为一个单一的工作表格，便于进一步处理和分析数据。

首先使用 pandas 的 concat 函数将两个工作表格合并为一个 DataFrame 对象。最后，使用 to_excel 函数将合并后的 DataFrame 对象写入一个新的 Excel 文件中，具体代码如下。

```
import pandas as pd

# 读取要合并的 Excel 文件
file1 = pd.read_excel('../data/iris.xlsx')
file2 = pd.read_excel('../data/iris2.xlsx')

# 合并工作表格
merged_file = pd.concat([file1, file2])

# 将合并的工作表格写入新的 Excel 文件 并指定 index=False 参数来避免写入行索引
merged_file.to_excel('../data/merged_file.xlsx', index=False)
```

这样就将 iris.xlsx 和 iris2.xlsx 成功合并为 merged_file.xlsx。

4.3.2 拆分工作表格

有一个大的 Excel 文件，其中包含多个工作表格，拆分工作表格功能可以将它们拆分为单独的工作表格。这可以使得对于大量的数据更加容易处理，也可以使得分析过程更加灵活。可以使用 pandas 库中 DataFrame 对象的 iloc 或 loc 方法，根据行索引或列索引来选取特定的行或列，从而实现拆分工作表格的功能。

以下的示例演示如何根据行索引将一个 DataFrame 对象拆分成两个子表格，具体代码如下。

```
import pandas as pd

# 读取要拆分的 Excel 文件
df = pd.read_excel('../data/my_excel_file.xlsx')

# 拆分工作表格
df1 = df.iloc[:10, :]  # 提取前 10 行数据
df2 = df.iloc[10:, :]  # 提取剩余的数据

# 将拆分的工作表格写入新的 Excel 文件
df1.to_excel('../data/df1.xlsx', index=False)
df2.to_excel('../data/df2.xlsx', index=False)
```

其中：

- 首先，使用 pandas 的 read_ excel( ) 函数读取一个 Excel 文件中的工作表格，并将其保存为一个 DataFrame 对象 df。
- 其次，使用 iloc 方法根据行索引（行号）来选取前 10 行数据，这里用的是切片的方式，即冒号（:）前面的参数表示要选取的行的范围，后面的参数表示要选取的列的范围（这里使用: 表示选取所有列）。
- 再次，使用 iloc 方法根据行索引（行号）来选取剩余的数据，这里也用的是切片的方式。
- 最后，使用 to_excel( ) 函数将拆分后的两个 DataFrame 对象分别写入两个新的 Excel 文件（../data/df1. xlsx 和../data/df2. xlsx）中，index = False 参数表示不要写入行索引。

使用 pandas 的 groupby( ) 函数可以根据指定的列对 DataFrame 进行分组，进而对分组后的数据进行汇总、聚合等操作。

下面演示如何使用 groupby( ) 函数对一个 DataFrame 进行分组，并将分组后的数据写入不同的 Excel 工作表格，具体代码如下。

```
import pandas as pd

# 读取 Excel 文件
data = pd.read_excel('../data/iris.xlsx')

# 根据 species 列对数据进行分组
grouped_data = data.groupby('species')

# 遍历分组后的数据,将每组数据写入不同的 Excel 工作表格
```

```
for name, group in grouped_data:
    group.to_excel('../data/{}.xlsx'.format(name), index=False)
```

上述代码中，首先使用 pandas 的 read_excel( ) 函数读取了一个 Excel 文件中的工作表格，将其保存为一个 DataFrame 对象 data。然后，使用 groupby( ) 函数对 data 中的数据按照 species 列进行了分组，返回了一个 GroupBy 对象 grouped_data。接着，使用 for 循环遍历分组后的数据，对每个组的数据使用 to_excel( ) 函数将其写入一个名为 {}.xlsx 的 Excel 工作表格中，其中 {} 为组的名称（比如 setosa、versicolor 或 virginica 等），并指定 index=False 参数避免写入行索引。

如果想将分组后的数据保存到一个表格中的多个 sheet 子表，可以使用 pandas 的 ExcelWriter 对象来保存分组后的多个 sheet 工作表。

以下演示如何使用 groupby( ) 函数对一个 DataFrame 进行分组，并将分组后的数据写入同一个 Excel 文件中的不同 sheet 工作表，具体代码如下。

```
import pandas as pd

# 读取 Excel 文件
data = pd.read_excel('../data/iris.xlsx')

# 根据 species 列对数据进行分组
grouped_data = data.groupby('label')

# 创建 ExcelWriter 对象
writer = pd.ExcelWriter('../data/grouped_data.xlsx')

# 遍历分组后的数据,将每组数据写入同一个 Excel 文件中的不同 sheet 工作表
for name, group in grouped_data:
    group.to_excel(writer, sheet_name=name, index=False)

# 保存 Excel 文件
writer.save()
```

上述代码中，首先使用 pandas 的 read_excel( ) 函数读取了一个 Excel 文件中的工作表格，将其保存为一个 DataFrame 对象 data。然后，使用 groupby( ) 函数对 data 中的数据按照 label 列进行了分组，返回了一个 GroupBy 对象 grouped_data。接着，创建了一个 ExcelWriter 对象 writer，并指定要保存的 Excel 文件路径。接下来，使用 for 循环遍历分组后的数据，对每个组的数据使用 to_excel( ) 函数将其写入同一个 Excel 文件中的不同 sheet 工作表，其中 sheet_name 参数为组的名称（比如 setosa、versicolor、virginica 等），并指定 index=False 参数避免写入行索引。最后，使用 ExcelWriter 对象的 save( ) 方法保存 Excel 文件。

在实际使用中，可以根据具体需求对分组后的数据进行不同的聚合操作，然后将聚合后的结果写入不同的 Excel 工作表格，以满足不同的数据分析需求。

pandas 和 openpyxl 库无疑是操作 Excel 表格的两把利器，但值得一提的是，openpyxl 不支持对.xls 格式的 Excel 文件进行操作，因为.xls 文件使用的是旧的二进制文件格式，而 openpyxl 是基于 OfficeOpen XML 文件格式的。如果用户需要处理这类表格，通常需要先转换为.xlsx 格式再使用 openpyxl，而如果只需要里面的数据，可以考虑用 pandas 库。

4.4 polars 处理大规模数据

当数据量非常大时，pandas 可能会遇到一些性能问题，例如内存占用过高、数据读取和写入速度慢等。这是因为 pandas 通常需要将整个数据集加载到内存中进行处理，这对于大型数据集来说可能会导致内存不足。polars 是一个基于 Rust 的快速数据操作库，可以在 Python 中使用。它的设计目标是处理大规模数据，因此可以处理非常大的数据集。polars 还支持多线程和并行处理，可以利用多核 CPU 资源，进一步提高数据处理速度。因此，polars 库适合处理大型数据集，例如金融、科学、工程和医疗等领域的数据。

具体而言，polars 可以处理大小超过内存容量的数据，因为它可以将数据存储在磁盘上，并在需要时按需加载到内存中。这样可以避免内存限制，同时还可以提高数据处理的效率。

在本节中将介绍如何使用 polars 读取大规模数据的详细流程。

4.4.1 构建 DataFrame 和基本使用

1. 安装 polars

要使用 polars，首先需要安装它。可以通过 pip 命令进行安装。

```
pip install polars
```

2. 创建 DataFrame

要创建一个 DataFrame，可以使用 pl.DataFrame( ) 函数，以下是一个创建 DataFrame 的示例代码。

```
import polars as pl

data = {
    "name": ["Alice", "Bob", "Charlie", "David"],
    "age": [25, 30, 35, 40],
    "city": ["New York", "London", "Paris", "Berlin"]
}

df = pl.DataFrame(data)
```

这将创建一个包含 name、age 和 city 列的 DataFrame。要查看 DataFrame 的前几行或后几行，可以使用 head( ) 或 tail( ) 函数，具体代码如下。

```
import polars as pl

data = {
    "name": ["Alice", "Bob", "Charlie", "David"],
    "age": [25, 30, 35, 40],
    "city": ["New York", "London", "Paris", "Berlin"]
}

df = pl.DataFrame(data)

print(df.head(2))  #查看前两行
print(df.tail(2))  #查看后两行
```

3. 选择列

要选择 DataFrame 中的特定列，可以使用 select( ) 函数，具体代码如下。

```
import polars as pl

data = {
    "name": ["Alice", "Bob", "Charlie", "David"],
    "age": [25, 30, 35, 40],
    "city": ["New York", "London", "Paris", "Berlin"]
}
df = pl.DataFrame(data)

# 选择 name 和 city 列
selected = df.select(["name", "city"])
print(selected)
```

4. 过滤行

要根据条件过滤 DataFrame 中的行，可以使用 filter( ) 函数，具体代码如下。

```
import polars as pl

data = {
    "name": ["Alice", "Bob", "Charlie", "David"],
    "age": [25, 30, 35, 40],
    "city": ["New York", "London", "Paris", "Berlin"]
}
df = pl.DataFrame(data)

# 过滤年龄大于 30 的行
filtered = df.filter(pl.col("age") > 30)
print(filtered)
```

5. 数据类型转换

如果数据中包含了字符串类型的列，需要将其转换为数值类型才能进行计算。可以使用 data.select( ) 函数来选择需要转换类型的列，然后使用 to_ * ( ) 函数进行转换，例如：

```
    data= data.select([
    pl.col("col_name_1").to_int(),
    pl.col("col_name_2").to_float()
])
```

6. 数据筛选

如果只需要数据中的某些行，可以使用 data.filter( ) 函数来筛选。例如，只保留某个列中大于某个值的行。

```
data= data.filter(pl.col("col_name") > 10)
```

以上是使用 polars 库的基本用法。

4.4.2 读取表格数据

使用 pl.read_csv( ) 函数读取 CSV 格式的数据文件。在此之前，需要确保数据文件已经

存在并且可以被读取。

```
import polars as pl

df_csv = pl.read_csv("./data/iris.csv")
```

这里返回的 df 是 polars 库中的 DataFrame 一个对象，可以同上面的构建 DataFrame 小节做一些的数据操作。

对于 Excel 文件，可以使用 pl.read_excel( ) 函数来读取数据。polars 库中的 pl.read_excel( ) 函数使用了 openpyxl 库来读取 Excel 文件。openpyxl 是 Python 中用于读写 Excel 文件的第三方库，可以方便地读取和修改 Excel 文件中的数据。polars 库依赖 openpyxl 库来解析 Excel 文件，并将 Excel 中的数据转换为 DataFrame 对象。因此，在使用 polars 的 pl.read_excel( ) 函数之前，需要安装 openpyxl 库，否则会导致运行时错误。

这里假定用户已经安装好了 openpyxl 库，pl.read_excel( ) 函数读取 xlsx 表格的代码如下。

```
df_xlsx = pl.read_excel("./data/iris.xlsx")
```

在完成数据处理之后，可以将数据导出为 CSV 格式和 xlsx 格式的文件，使用 data.to_csv( ) 和 data.to_excel( ) 函数导出的代码如下。

```
df_csv.to_csv("./data/output.csv")
df_xlsx.to_excel("./data/output.xlsx")
```

polars 库和 pandas 库都是 Python 中用于数据处理的流行库，两者在语法上确实比较类似。

同时，polars 也提供了一些 pandas 没有的高级数据操作功能，例如窗口函数和并行计算等。

另外，polars 的 DataFrame 对象是基于列式存储的数据结构，与 pandas 的基于行式存储的 DataFrame 对象相比，在处理大规模数据时性能更好，但在一些场景下可能会导致内存占用较高。因此，根据实际需求和数据量大小，选择合适的库是很重要的。

在本章中，介绍了如何使用 Python 处理表格数据，包括读取、写入、过滤、排序和合并拆分表格等常见的操作，还介绍了如何使用 polars 库去访问更大规模的数据集以及一些高级功能。

希望本章可以为读者提供一个入门级的指南，帮助读者顺利学习 Python 表格处理。当然这只是一个开始，随着读者对 Python 和表格处理的深入了解，会发现这些库和工具可以做的事情还有很多，从而可以尝试更多的操作和方法来处理数据。

第5章 Word文档自动化

Python 自动操作 Word 文件是一项非常实用的技能，它可以快速生成大量的 Word 文档，而不需要手动一个一个地输入和编辑。

Python 中有许多第三方库用来操作 Word 文件，可以轻松地打开、创建、编辑和保存 Word 文档，也可以对文档进行格式化、样式修改、内容替换和批量处理等操作。

使用 Python 自动操作 Word 文件的优势如下。

- 提高工作效率：使用 Python 自动化生成 Word 文档可以节省大量时间和精力，特别是需要频繁生成、编辑和导出 Word 文件的情况。
- 精确控制文档格式：Python 可以控制 Word 文档中的字体、颜色和格式等样式，以及添加表格、图片等元素，使文档更加美观和规范。
- 大规模处理 Word 文档：对于需要处理大量 Word 文档的任务，使用 Python 可以大大提高处理效率和减少出错率。

5.1 安装 python-docx 库

python-docx 是一个用于创建和修改 Microsoft Word 文档的 Python 库。它提供了一个简单的 API 来创建和操作 Word 文档，使得在 Python 中生成复杂的文档变得更加容易。

1. 安装

想要使用 python-docx 库，可以使用 pip 命令进行安装，具体代码如下。

```
pip install python-docx
```

安装完成后，在终端或命令提示符中键入以下命令以验证是否成功安装。

```
python -c "importdocx; print(docx.__version__)"
```

成功输出 python-docx 的版本号如下。

```
0.8.11
```

2. python-docx 概述

Word 文档相较于纯文本格式文件（txt）内容更丰富，操作上也更为复杂，是一种二进制文件，通过组合使用字体格式、图片、超链接、背景布置和版面设置等可以生成非常美观、易读的文档。此外，Word 文档也支持超链接，可以连接到其他文档、网页和电子邮件地址，使文档更加互动和便于使用。其主要组成部分如下。

- 文本：Word 文档的主要内容是文本，包括标题、正文和注释等。文本可以根据需要进行格式化，包括字体、字号、颜色、对齐方式和行距等设置。
- 图像：Word 文档可以插入图像，包括照片、图标和图表等。用户可以调整图像的大小、位置和样式等属性。
- 表格：Word 文档可以创建表格，用于整理和展示数据。表格可以包括行、列、单元格和合并单元格等，可以根据需要调整表格的大小、样式和格式。
- 超链接：Word 文档可以添加超链接，用于连接到其他文档、网页或电子邮件地址。
- 段落格式：Word 文档可以对段落进行格式化，包括缩进、行距、对齐方式和编号等设置。
- 标题样式：Word 文档可以使用标题样式对标题进行格式化，用于标识文档结构和层次。
- 页面设置：Word 文档可以设置页面的大小、方向、页边距和页眉页脚等。
- 打印设置：Word 文档可以设置打印选项，包括打印范围、打印质量和打印方式等。

在 python-docx 模块中，大致可以用以下 3 种类型表示一个 Word 文件。

- Document：是整个 Word 文件的最高层，即用来表示文档（Document）。
- Paragraph：一个文档可以看成是由多个段落（Paragraph）组成，键入一个回车符，表明进入到新的段落，在 Python 里所有的段落都保存在一个列表里。
- Run：一个段落由许多个具有样式的文字构成，连续的且具有相同样式的文字被称作一个 Run 对象，一旦后续的样式不同，则生成新的 Run 对象。同样在 Python 里，都保存每一个段落的列表里。

Word 文档的组成示例如图 5-1 所示。

上面的一个段落就被分成了 5 个 run 对象，通过判断字符属性是否一致将连续的字符划分到同一个 run 对象里。

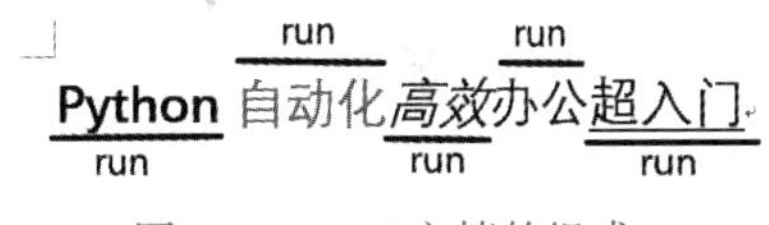

图 5-1　Word 文档的组成

每个文本运行（run）对象除了 text 保存内容外，都有一个 Font 属性，该属性是一个 Font 对象，其中包含与该运行相关的字体属性，例如字体名称、字号和颜色等，后面的内容将详细阐述其用法，具体见表 5-1。

表 5-1　Font 相关属性

属　性	描　述
bold	粗体
italic	斜体
underline	带下划线
strike	带删除线

（续）

属　性	描　述
double_strike	带双删除线
all_caps	文本大写
small_caps	将小写字母大写，字体大小比指定的小两点
shadow	阴影
outline	以轮廓形式描绘
rtl	书写方式从右至左
imprint	文本压入式显示
emboss	文本凸出式显示

5.2 创建 Word 文档

当使用 python-docx 库时，创建 Word 文档的基本步骤如下：1）创建一个 Document 对象，表示新文档；2）使用 add_heading()方法添加标题；3）使用 add_paragraph()方法添加段落；4）使用 save()方法保存文档。

5.2.1 给 Word 文档添加标题和段落

标题可以让读者更快速地了解文档的主题和内容，而段落可以将文档内容划分为更小的部分，让读者更容易理解和吸收。

1. 创建 Document 对象

使用 python-docx 创建新的 Word 文档很简单，Document 对象不用传入参数就能创建，具体代码如下。

```
from docx import Document
doc = Document()
```

2. 添加标题

在书写文档时，正文通常会分为几部分，每个部分都会以标题开头，在 python-docx 添加标题的具体代码如下。

```
doc.add_heading('标题', level=0)
doc.add_heading('标题 2', level=2)
```

level 默认值是 1，显示的是 标题 1，接受的范围为 0~9，超出范围值会引发报错，当设置为 0 时，设置的标题样式为标题。一个文档有很多个段落组成，可以运用在正文、标题以及列表项。

3. 添加段落

添加一个段落也很简单，在文档的最后添加一个新的段落，具体代码如下。

```
paragraph= doc.add_paragraph('在文档最后添加一个新的段落。')
```

以一个段落作为插入位置，在这个段落上方添加一个新段落，这样可以在修改文档时从

中间插入文档，而不是从开始生成文档，具体代码如下。

```
prior_p= paragraph.insert_paragraph_before('在一个段落上方插入新段落')
```

如果一个段落设置好了，希望在其后面在增加一点文字，可以在对应段落上使用 add_run()，具体代码如下。

```
paragraph.add_run('增加一个 run 内容')
```

在书写的过程中，会希望下一段文字出现在单独页面上，即使这一页没有写满。这里可以强制结束本页并将后面的内容写入到下一页中去，具体代码如下。

```
doc.add_page_break()
doc.add_paragraph('强制分页后的新段落')
```

当然，需要合理使用分页符才能让 Word 文档的结构更紧凑，更容易阅读。

最后保存到文件。

```
doc.save('5.2 创建 Word 文档.docx')
```

最终效果如图 5-2 所示。

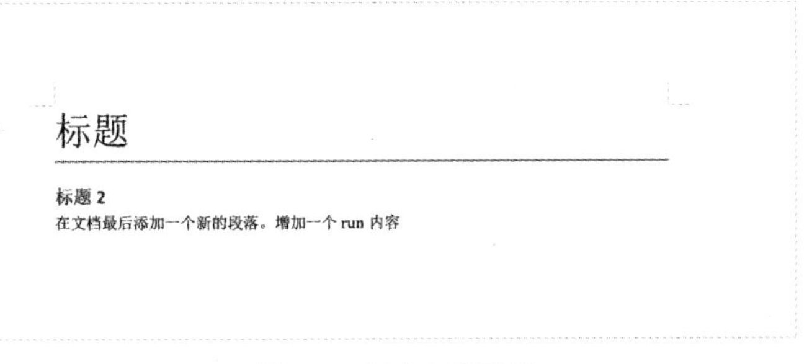

图 5-2　创建文档示例

5.2.2　给 Word 文档添加图片和表格

在 Word 中通过单击菜单项里的插入选项来插入图片和表格，在 python-docx 里仅需要一行代码就能插入一张图片或者表格。

1. 添加图片

要在 Word 文档中添加图片，请使用 add_picture()方法。

例如插入一张名为 sky.jpg 的图片到 word 文档中，具体代码如下。

```
from docx.shared import Inches

doc.add_picture('D:/Code/GitHub/office-automation-book/source/docs/第 5 章  Word 文档自动化/images/sky.jpg', width=Inches(4.0), height=None)
```

这样就完成了往文档插入图片的操作，其中 width 和 height 默认都是 None，会以图片的原始大小插入，通常会占据整页，也可以像示例一样只设置一个参数值，另一个值会根据图片的纵横比自行调整，效果如图 5-3 所示。

2. 添加表格

添加表格也能通过一行代码进行添加，设定行和列的数量，而整个表格的内容添加类似

图 5-3　给 Word 文档添加图片

于利用 openpyxl 进行操作，会逐个单元格的访问并设定值和样式。

要在 Word 文档中添加表格，请使用 add_table( )方法。例如在文档中添加一个 1 行 3 列的表格，具体代码如下。

```
table= doc.add_table(1, 3)

row1 = table.rows[0]
row1.cells[0].text = 'Python'
row1.cells[1].text = '办公自动化'
row1.cells[2].text = '超入门'

# 可通过迭代.rows 或.columns 输出每个单元格的值
for row in table.rows:
    for cell in row.cells:
        print(cell.text)
```

如果要统计表格的行数或者列数，可以使用 len( )方法计算其长度。

```
print('当前表格行数:', len(table.rows))
print('当前表格列数:', len(table.columns))
```

在 table 对象中使用.add_row( )或.add_column( )方法会在该 table 后新增一行或者一列，见图 5-4。

下面尝试添加几组数据到表格，具体代码如下。

```
table= doc.add_table(1, 3)
# 增加表头
row1 = table.rows[0]
row1.cells[0].text = '序号'
row1.cells[1].text = '代码'
row1.cells[2].text = '等级'

items = (
```

```
    (1, '1024', '初级'),
    (2, '2048', '中级'),
    (3, '4096', '高级'),
)

# 为每一组新增一行
for item in items:
    cells = table.add_row().cells
    cells[0].text = str(item[0])
    cells[1].text = item[1]
    cells[2].text = item[2]
```

使用.save()方法保存后，可以发现“5.2 创建 Word 文档.docx”文件中的原有内容发生了改变，新增的表格内容已经被成功写入，保存文档的具体代码如下。

```
doc.add_page_break()
doc.save('5.2 创建 Word 文档.docx')
```

序号	代码	等级
1	1024	初级
2	2048	中级
3	4096	高级

图 5-4　添加表格

5.2.3　给 Word 文档添加样式

要添加样式和格式，请使用 add_paragraph() 方法的可选参数，这样插入时就能指定样式。

1. 字体样式

在下面的示例中创建了一个名为 CustomStyle 的字符样式，并将其应用于文本段落中的一部分文本。该样式使用了 Arial 字体、12 磅的字号、加粗、斜体、下划线和红色字体颜色，具体代码如下。

```
#创建样式对象
style = doc.styles.add_style('CustomStyle', WD_STYLE_TYPE.CHARACTER)

# 定义字体样式属性
font = style.font
font.name = 'Arial'
font.size = Pt(12)
font.bold = True
font.italic = True
font.underline = True
font.color.rgb = RGBColor(255, 0, 0)

# 应用样式
paragraph = doc.add_paragraph('Hello, World! ')
run = paragraph.add_run(' This text has a custom style.')
run.style = style
```

2. 段落样式

代码定义了一个样式属性 style，其中定义了一个名为 font 的字体样式属性，包括字体名称、大小、加粗、倾斜、下划线和颜色等。然后应用这个样式到一个段落中，其中包含了 Hello，World！和 Custom Heading Run 两个文本内容。在第二个文本内容的 run 对象中设置了 style 属性为之前定义的 style 样式，从而应用了字体样式属性，具体代码如下。

```
# 定义字体样式属性
font = style.font
font.name = 'Arial'
font.size = Pt(12)
font.bold = True
font.italic = True
font.underline = True
font.color.rgb = RGBColor(255, 0, 0)

# 应用样式
paragraph = doc.add_paragraph('Hello, World! ')
run = paragraph.add_run('Custom Heading Run')
run.style = style
```

3. 标题样式

在下面的示例中创建了一个名为 CustomStyle 的段落样式，并将其应用于一个新的标题段落。该样式继承了 Word 的标题 1 样式，使用了 Arial 字体、16 磅的字号，具体代码如下。

```
#创建样式对象
style = doc.styles.add_style('CustomStyle', WD_STYLE_TYPE.PARAGRAPH)

# 定义标题样式属性
style.base_style = doc.styles['Heading 1']
font = style.font
font.name = 'Arial'
font.size = Pt(16)

# 应用样式
paragraph = doc.add_heading('Custom Heading', level=1)
paragraph.style = style
```

4. 表格样式

创建一个名为 CustomStyle 的表格样式，并将其应用于一个新的 3×3 表格。该样式使用了居中对齐的表，具体代码如下。

```
#创建表格
table = doc.add_table(rows=3, cols=3)

# 设置表格对齐方式
table.alignment = WD_TABLE_ALIGNMENT.CENTER

# 设置表格宽度
table.autofit = False
table.width = Cm(12)

# 设置表格样式
table.style = 'Table Grid'
```

```
# 设置第一行单元格样式
heading_cells = table.rows[0].cells
for cell in heading_cells:
    cell.paragraphs[0].style = 'Heading 1'

# 添加数据到表格中
cell = table.cell(1, 0)
cell.text = 'John'
cell = table.cell(1, 1)
cell.text = 'Doe'
cell = table.cell(1, 2)
cell.text = '35'

# 添加数据到表格中
cell = table.cell(2, 0)
cell.text = 'John1111'
cell = table.cell(2, 1)
cell.text = 'Doe1111'
cell = table.cell(2, 2)
cell.text = '351111'
```

5. 保存文档

保存文档的具体代码如下。

```
doc.save('Word 文档样式.docx')
```

5.2.4 【实例】自动编写离职报告

接下来将使用 python-docx 生成一个实用的离职申请模板的代码示例，具体操作步骤如下。

1. 创建文档对象

首先创建一个文档对象。文档对象是用于创建文档的主要对象，可以用于添加段落、表格等操作，具体代码如下。

```
import docx
from docx.shared import Pt
doc = docx.Document()
```

2. 添加标题

接下来需要添加标题。标题通常是文档中最重要的部分，应该放在文档的最前面，具体代码如下。

```
title= doc.add_heading('离职申请', level=0)
title.alignment = WD_ALIGN_PARAGRAPH.CENTER
```

3. 添加正文

正文通常包含了申请人的基本信息、离职原因和离职日期等，可以自己编写一段文字模板，具体文本如下。

```
content= """
尊敬的领导:

您好! 我是公司财务部门的员工,我非常感谢公司在过去的时间里给予我的支持和帮助。

经过深思熟虑,我决定向公司提出离职申请。我已经认真考虑过自己的职业发展,认为现在是一个适合离开的时间点。

我会在接下来的一个月内完成交接工作,并尽我所能协助公司做好人员调配工作。同时,我希望公司能够给予我一个充分的离职待遇,以便我能够顺利转换工作。

再次感谢公司的支持和关怀!

此致
敬礼!

您的员工
"""
```

在这里甚至可以使用 input( )方法让用户输入申请人的基本信息、离职原因和离职日期。然后直接使用字符串格式化的方法创建了正文。

```
name= input('请输入您的姓名:')
company = input('请输入您所在公司名称:')
date = input('请输入离职日期(格式:YYYY 年 MM 月 DD 日):')

content = f"""
尊敬的领导:

您好! 我是{company}公司财务部门的{name},我非常感谢公司在过去的时间里给予我的支持和帮助。

经过深思熟虑,我决定向公司提出离职申请。我已经认真考虑过自己的职业发展,认为现在是一个适合离开的时间点。

我会在接下来的一个月内完成交接工作,并尽我所能协助公司做好人员调配工作。同时,我希望公司能够给予我一个充分的离职待遇,以便我能够顺利转换工作。

再次感谢公司的支持和关怀!

此致
敬礼!

name {date}
"""
```

4. 添加样式

使用 add_paragraph( ) 方法将正文添加到文档对象中，并设置了段落的对齐方式、字体大小和前后间距等，具体代码如下。

```
paragraph= document.add_paragraph()
paragraph.alignment = 0
run = paragraph.add_run(content)
run.font.size = Pt(12)
```

5. 保存文档

```
doc.save('离职申请.docx')
```

合并以上步骤后的整体代码如下。

```
from docx import Document
from docx.shared import Pt

# 创建一个新文档
document = Document()

# 添加标题
document.add_heading('离职申请', level=0)

# 添加日期
date_str = '2023年3月22日'
paragraph = document.add_paragraph()
paragraph.alignment = 2
run = paragraph.add_run('日期:')
run.font.size = Pt(12)
run.bold = True
run = paragraph.add_run(date_str)
run.font.size = Pt(12)

# 添加正文
content = """
尊敬的领导:

您好!我是公司财务部门的员工,我非常感谢公司在过去的时间里给予我的支持和帮助。

经过深思熟虑,我决定向公司提出离职申请。我已经认真考虑过自己的职业发展,认为现在是一个适合离开的时间点。

我会在接下来的一个月内完成交接工作,并尽我所能协助公司做好人员调配工作。同时,我希望公司能够给予我一个充分的离职待遇,以便我能够顺利转换工作。

再次感谢公司的支持和关怀!

此致
敬礼!

您的员工
"""

paragraph = document.add_paragraph()
paragraph.alignment = 0
run = paragraph.add_run(content)
run.font.size = Pt(12)

# 保存文档
document.save('离职申请.docx')
```

成功运行程序后的效果如图 5-5 所示。

离职申请

日期：2023 年 3 月 22 日

尊敬的领导：

您好！我是公司财务部门的员工，我非常感谢公司在过去的时间里给予我的支持和帮助。

经过深思熟虑，我决定向公司提出离职申请。我已经认真考虑过自己的职业发展，认为现在是一个适合离开的时间点。

我会在接下来的一个月内完成交接工作，并尽我所能协助公司做好人员调配工作。同时，我希望公司能够给予我一个充分的离职待遇，以便我能够顺利转换工作。

再次感谢公司的支持和关怀！

此致
敬礼！

您的员工

图 5-5　编写离职申请文档

5.3　读取 Word 文档

Python 读取 Word 文档的意义在于可以使程序能够处理和分析 Word 文档中的内容。这对于需要自动化处理大量 Word 文档的任务非常有用，例如下面这些功能。

- 数据抽取：如果用户需要从一大批 Word 文档中提取某些数据，例如人名、地址和电话号码等，使用 Python 可以快速自动化处理这个过程，而不需要手动逐个文档查找。
- 文本分析：如果用户需要对大量文本进行分析，例如文本挖掘、自然语言处理和情感分析等，使用 Python 可以方便地读取 Word 文档中的内容，进而进行分析。
- 格式转换：如果用户需要将 Word 文档转换为其他格式，例如 HTML、PDF 和 Markdown 等，使用 Python 可以快速地识别 Word 文档的格式，再进行格式转换。

这些功能可以帮助用户自动化处理和分析大量的 Word 文档，从而提高工作效率和准确性。

1. 打开 Word 文档

使用 docx.Document 类打开 Word 文档，具体代码如下。

```
from docx import Document
doc = Document('file_name.docx')
```

其中，file_name.docx 是要读取的 Word 文档的文件名（传入本地文件的路径）。

2. 读取段落

使用 doc.paragraphs 属性可以获取 Word 文档中的所有段落。可以使用 for 循环遍历所有段落，并使用 paragraph.text 属性获取每个段落的文本内容，具体代码如下。

```
for paragraph in doc.paragraphs:
print(paragraph.text)
```

3. 读取表格

使用 doc.tables 属性可以获取 Word 文档中的所有表格。可以使用 for 循环遍历所有表格，并使用表格对象的 cell（row，column）方法获取表格单元格的文本内容，具体代码如下。

```
for table in doc.tables:
    for row in table.rows:
        for cell in row.cells:
            print(cell.text)
```

其中，row 和 column 分别是表格单元格的行号和列号。

4. 保存修改后的文档

如果用户需要修改文档并将其保存到磁盘上，请使用以下代码。

```
doc.save('example_modified.docx')
```

5. 关闭 Word 文档

使用 doc.close( )方法关闭 Word 文档的具体代码如下。

```
doc.close()
```

完整读取 Word 文档的具体代码如下。

```
import docx

doc = docx.Document('file_name.docx')

for paragraph in doc.paragraphs:
    print(paragraph.text)

for table in doc.tables:
    for row in table.rows:
        for cell in row.cells:
            print(cell.text)

doc.close()
```

以上就是使用 python-docx 读取 Word 文档的基本步骤，用户还可以在 python-docx 的官方文档中找到更详细的信息和示例：https://python-docx.readthedocs.io/en/latest。

5.4 批量生成和转换 Word 文档

批量生成和转换 Word 文档可以帮助人们自动化执行重复的任务，从而节省时间和减少错误。

5.4.1 【实例】一键生成 100 个 Word 文档

情形一：文档格式一致，内容几乎不同，可以在遍历过程中重复新建 Document 对象，下面是一个生成了 100 份不同的销售统计报表 Word 文档示例，具体代码如下。

```
from random import randint
from docx import Document

for i in range(1, 101):
```

```
doc = Document()
paragraph = doc.add_paragraph(f'No.{i}:')
table = doc.add_table(1, 2, style='LightShading-Accent1')
row1 = table.rows[0]
row1.cells[0].text = '品类'
row1.cells[1].text = '销售数量'

items = (
    ('苹果', randint(10, 80)),
    ('香蕉', randint(10, 100)),
    ('梨', randint(10, 50)),
)

# 为每一组新增一行
for item in items:
    cells = table.add_row().cells
    cells[0].text = item[0]
    cells[1].text = str(item[1])
# 文件保存
doc.save(f'/No.{i}.docx')
```

这段代码使用 Python 的 python-docx 库生成 100 个 Word 文档，每个 Word 文档包含一个编号、一张包含三个品类及其销售数量的表格。

具体的实现过程如下。

- 导入必要的模块：从 random 模块导入 randint 函数，从 docx 模块导入 Document 类。
- 通过 for 循环生成 100 个 Word 文档，循环变量 i 从 1～100。
- 创建一个 Document 实例 doc，表示新建一个空白的 Word 文档。
- 使用 doc.add_paragraph( ) 方法添加一个段落，其中包含了编号 i。
- 使用 doc.add_table( ) 方法添加一张表格，其中有 1 行 2 列，使用样式 LightShading-Accent1。
- 使用 table.rows ［0］ 获取表格的第一行，然后设置第一行的两个单元格的文本内容为“品类”和“销售数量”。
- 使用一个元组 items 表示三个品类及其销售数量，其中每个元组包含品类名称和一个在指定范围内随机生成的销售数量。
- 使用 for 循环为每一个品类新增一行，将品类名称和销售数量写入表格的两个单元格。
- 使用 doc.save( ) 方法将文档保存到本地磁盘上，文件名为“/No.i.docx”，其中 i 为当前循环的变量。

总体来说，这段代码使用 Python 的 docx 库快速生成了大量的 Word 文档，具有一定的实用性和应用价值。

情形二：格式相同，内容仅部分不同，可以只新建一个 Document 对象，在遍历过程中修改 run 文本，下面是一个生成了多份 Word 邀请函的示例，具体代码如下。

```
from docx import Document
from docx.shared import Pt
from docx.enum.text import WD_ALIGN_PARAGRAPH
```

```
from docx.oxml.ns import qn

# 创建一个新的 Word 文档
doc = Document()

# 设置文档的字体
doc.styles['Normal'].font.name = 'Times New Roman'
doc.styles['Normal']._element.rPr.rFonts.set(qn('w:eastAsia'), '微软雅黑')

# 添加标题
title = doc.add_paragraph()
title.alignment = WD_ALIGN_PARAGRAPH.CENTER
title_run = title.add_run('邀请函')
title_run.font.size = Pt(12)
title_run.bold = True

# 添加日期
date = doc.add_paragraph()
date.alignment = WD_ALIGN_PARAGRAPH.RIGHT
date_run = date.add_run('2023 年 4 月 30 日')
date_run.font.size = Pt(10)

# 添加正文内容
content1 = doc.add_paragraph()
content1.alignment = WD_ALIGN_PARAGRAPH.CENTER
content1_run = content1.add_run('')
content1_run.font.size = Pt(10)

content2 = doc.add_paragraph()
content2_run = content2.add_run('您好！我司将于 4 月 15 日举行产品发布会,特邀请您参加。届时我们将
为您展示我们的最新产品,并有机会与业界专家进行深入交流。希望您能抽出时间出席。')
content2_run.font.size = Pt(10)

# 添加联系人信息
person = doc.add_paragraph()
person.alignment = WD_ALIGN_PARAGRAPH.CENTER
person_run = person.add_run('联系人:钱多多\t 联系电话:18888888888')
person_run.font.size = Pt(8)

for i in ["吴桐", "钱多多","谈一谈"]:
    content1_run.text = f"尊敬的{i} 先生/女士:"
    doc.save(f'./批量生成 2/邀请函_{i}.docx')
```

具体来说，以上代码实现了以下操作。

- 创建一个新的 Word 文档对象，即 doc = Document( )。
- 设置文档的字体，将默认字体设置为 Times New Roman，将中文字体设置为“微软雅黑”。
- 添加标题部分：设置标题对齐方式为居中对齐，标题内容为“邀请函”，字体大小为 12 号，加粗。
- 添加日期部分：设置日期对齐方式为右对齐，日期为“2023 年 4 月 30 日”，字体大小为 10 号。

- 添加正文内容 1 部分：设置内容对齐方式为居中对齐，内容为空，字体大小为 10 号。
- 添加正文内容 2 部分：设置内容对齐方式为左对齐，内容为邀请函的具体内容，字体大小为 10 号。
- 添加联系人信息部分：设置联系人对齐方式为居中对齐，联系人信息为“联系人：钱多多 联系电话：18888888888”，字体大小为 8 号。
- 遍历名单列表，生成对应的邀请函文件：将每个邀请函的收件人名字填入正文部分，将文档保存到对应的文件名下。

通过这段代码，用户可以批量生成多份邀请函文件，并且文件内容大致相同，只是收件人名字不同而已。

5.4.2 Word 文档转换为 PDF 文件

关于 Word 文档转换为 PDF 文件的操作，可以用 docx2pdf 库进行转换。

1. 安装 docx2pdf

要安装 docx2pdf 库，用户可以在终端或命令提示符中使用以下命令。

```
pip install docx2pdf
```

2. 转换为 pdf 文件

将 Word 文档转换为 PDF 的操作非常简单，具体代码如下。

```
import docx2pdf
docx2pdf.convert("path/to/document.docx", "path/to/document.pdf")
```

其中，将 path/to/document.docx 替换为用户要转换的 Word 文档的路径，并将 path/to/document.pdf 替换为用户要保存的 PDF 文件的路径。

docx2pdf.convert( ) 函数还有以下可选参数。

- output_file：指定输出 PDF 文件的路径。
- keep_active：如果设置为 True，则保持 Microsoft Word 应用程序在后台运行，直到转换完成。
- timeout：设置转换超时时间（以秒为单位）。

例如，如果要将 Word 文档转换为 PDF 并在转换过程中保持 Word 应用程序运行，则可以使用以下代码实现。

```
docx2pdf.convert("path/to/document.docx", "path/to/document.pdf", keep_active=True)
```

3. 转换文件夹下的所有 docx 类型文件到指定目录

将当前文件夹下的所有 docx 类型文件转换到其他文件夹下，具体代码如下。

```
docx2pdf.convert('input/', 'output/')
```

可以发现，如果第一个参数是指定 docx 文件所在的文件夹路径，默认是将该文件夹下的所有 docx 格式转换为 pdf 格式。

5.4.3 【实例】自动编写邀请函并转换为 PDF 文件

接下来编写 Python 代码来自动编写 Word 邀请函并将其转换为 PDF 文件，以下是一个示

例代码。

```
import docx
from docx.shared import Inches
from docx2pdf import convert

# 创建 Word 文档
doc = docx.Document()

# 添加标题
doc.add_heading('邀请函', 0)

# 添加正文
doc.add_paragraph('尊敬的梧桐先生/女士:')
doc.add_paragraph('我们诚挚地邀请您参加我们的活动。')
doc.add_paragraph('时间:2023 年 4 月 16 日')
doc.add_paragraph('地点:保利大厦会议中心')
doc.add_paragraph('请您准时参加。')

# 保存 Word 文档
doc.save(r'./邀请函.docx')

# 将 Word 文档转换为 PDF
convert(r'./邀请函.docx', r'./邀请函.pdf')
```

具体来说，上面的代码实现了以下操作。

- 首先，代码导入了需要使用的 docx 和 convert 库。
- 然后，它创建了一个名为 doc 的 Word 文档对象。
- 接下来，代码使用 add_heading 方法向文档添加了一个标题，使用 add_paragraph 方法向文档添加了一些正文内容。
- 最后，代码使用 save 方法将 Word 文档保存到指定的路径，并使用 convert 方法将 Word 文档转换为 PDF 文件。

程序运行完成后，生成的 pdf 文件效果如图 5-6 所示。

邀请函

尊敬的梧桐先生/女士：

我们诚挚地邀请您参加我们的活动。

时间：2023 年 4 月 16 日

地点：保利大厦会议中心

请您准时参加。

图 5-6　邀请函转换为 PDF 文件示例

5.4.4 差异性

注意，与上一章的 openpyxl 库类似，python-docx 库不适用于 03 及以下版本的.doc 格式文档，可通过以下方式进行转换，同时需要确保模块及 Word 软件已经安装。

如果未安装 pywin32 模块，可以使用 pip 命令进行安装。

```
pip install pywin32
import os
import pythoncom
from win32com.client import DispatchEx

def doc2docx(doc_path):
    """
    转换 doc 格式为 docx 格式
    :params doc_path: str 文件路径,如: "C:/Users/admin/Desktop/test.doc"
    """
    filename, suffix = os.path.splitext(doc_path)
    if suffix not in ['.doc', '.docx']:
        raise Exception('传入的文件不是 word 文件')

    pythoncom.CoInitialize()
    word = DispatchEx('Word.Application')
    try:
        doc = word.Documents.Open(doc_path)
        doc.SaveAs2(filename, 12)  # 12 表示 docx
        doc.Close()
    except Exception as e:
        pass
    finally:
        word.Quit()
        del word
        pythoncom.CoUninitialize()
```

这段代码定义了一个名为 doc2docx 的函数，它的作用是将 MicrosoftWord 的.doc 文件转换为.docx 文件。

函数的实现过程如下。首先，函数接收一个参数 doc_path，表示需要转换的文件路径。接着，函数会通过 os.path.splitext 方法获取文件名和文件扩展名，如果扩展名不是.doc 或者.docx，就会抛出一个异常。然后，函数会初始化 COM 系统，创建一个名为 word 的 Word 应用程序对象，并打开指定路径的 Word 文档。接着，函数调用 SaveAs2 方法将打开的文档以.docx格式保存到相同的文件名。随后关闭文档。如果在转换过程中出现了异常，就会被捕获，但不做任何处理。最后，函数会关闭 Word 应用程序对象，释放 COM 资源。

总体来说，这段代码的功能是将 Word 的.doc 文件转换为.docx 文件，需要安装Microsoft Word 并配置好 COM 环境才能正常运行。

阅读至此，相信读者已经了解了如何使用 Python 处理 Word 文档的相关方法技巧，包括读取、编辑和生成文档。使用 Python 处理 Word 文档可以帮助读者自动化完成许多重复性的任务，从而提高个人的工作效率。希望本章内容能够对读者有所帮助，并能够激发个人对 Python 编程的学习兴趣和拓展功能的热情。

第6章 PDF文件自动化

PDF是一种广泛使用的文档格式，它在企业和个人中都有广泛的应用。Python提供了许多库，可以轻松地处理PDF文件，这些库可以用于创建、读取、编辑和转换PDF文件。

使用Python可以定制化PDF报表，实现自动化报表生成的需求；也可以提取文本、图像和元数据，并将其转换为其他格式（如CSV、Excel等）进行处理和分析；还可以自动从PDF文件中提取数据并进行分析，例如生成报表、可视化数据和进行数据挖掘等；以及可以自动对PDF文件进行加密和解密，以保护文件的安全性。

Python处理PDF文件在于提供了一种方便、灵活和高效的方式，使得开发人员可以轻松地处理PDF文件，实现各种需求。

6.1 安装PyMuPDF库

Python提供了多个库用于操作PDF文件。以下是一些常用的库及其功能。

- PyPDF2：PyPDF2是一个用于处理PDF文件的Python库，可用于分割、合并、旋转和加密PDF文件，以及从PDF文件中提取文本和元数据。
- pdfrw：pdfrw是一个轻量级的Python库，可以读取和写入PDF文件。它的特点是速度快、内存占用低，可以处理大型PDF文件。它还可以从PDF文件中提取文本和元数据。
- ReportLab：ReportLab是一个用于创建PDF文件的Python库。它提供了丰富的图形和文字工具，可用于创建自定义报表和文档。它还可以在PDF中添加超链接、书签和其他元素。
- FPDF：FPDF是一个用于创建PDF文件的Python库。它提供了基本的图形和文字工具，可以用于创建基本的文档和报表。它还可以在PDF中添加链接、图像和其他元素。

- PyMuPDF：PyMuPDF是一个用于处理PDF文件的Python库，它基于MuPDF开源PDF渲染引擎，可以用于提取PDF中的文本、图像和元数据，还可以用于创建PDF文件。

本章将使用PyMuPDF库进行示例讲解。可以使用pip安装PyMuPDF库。在命令行中输入以下命令。

```
pip install PyMuPDF
```

等待安装完成即可。

6.2 合并和拆分PDF文件

合并PDF文件可以将多个PDF文件整合成一个单一的文件，提高工作效率、方便管理和分享。而拆分PDF文件则可以将一个大的PDF文件拆分成多个单独的页面或章节，提高可读性、方便传输和归档。这两种操作都非常常见，可以帮助用户更轻松地处理和管理PDF文件。

6.2.1 将多个PDF文件合并成单个PDF文件

使用PyMuPDF库合并PDF文件的具体操作步骤如下。

1）导入PyMuPDF模块，注意使用PyMuPDF库时应该导入fitz而不是PyMuPDF，具体代码如下。

```
import fitz
```

2）创建一个空白的PDF文档，使用fitz的open方法来创建一个空白的pdf文档，具体代码如下。

```
pdf= fitz.open()
```

3）循环读取每个要合并的PDF文件，将它们添加到新文档中，具体代码如下。

```
file1= "./file1.pdf"
file2 = "./file2.pdf"

for file in [file1, file2]:
    with fitz.Document(file) as doc:
        for page in doc:
            pdf.insert_pdf(doc, from_page=page.number, to_page=page.number)
```

在上面的代码中，使用了with语句打开要合并的PDF文件，以确保文件在使用完后能够正确地关闭。然后使用insert_pdf()方法将每个PDF文件的每一页添加到Fitz文档对象中。

4）将合并后的文档保存为一个新的PDF文件，具体代码如下。

```
pdf.save("./output.pdf")
```

在上面的代码中，使用save()方法将Fitz文档对象保存为一个新的PDF文件。合并以上步骤后的完整示例代码如下。

```
import fitz
```

```
file1 = "./pdf_/一种基于前端字节码技术的 JavaScript 虚拟化保护方法.pdf"
file2 = "./pdf_/元宇宙的现状_挑战与发展.pdf"

pdf = fitz.Document()

for file in [file1, file2]:
    with fitz.Document(file) as doc:
        for page in doc:
            pdf.insert_pdf(doc, from_page=page.number, to_page=page.number)

pdf.save("./pdf_/合并 pdf 文件.pdf")
```

这样就可以将指定的两个 PDF 文件合并为一个文件了。

6.2.2 将 PDF 文件拆分为多页 PDF 文件

有时候用户只需要查看或处理 PDF 文件中的某一页或者某几页，此时如果对整个 PDF 文件都进行加载会比较浪费资源，因此将 PDF 文件拆分成多个单页 PDF 文件可以更方便地进行查看和处理，也可以更加方便地进行分享和传输。

1. 打开要拆分的 PDF 文件

例如打开一个文件路径为“./pdf_/元宇宙的现状_挑战与发展.pdf”的 pdf 文件，具体代码如下。

```
import fitz
pdf_file = "example.pdf"
doc = fitz.open(pdf_file)
```

2. 拆分 PDF 文件

下面的示例将一个 PDF 文件拆分成多个单页 PDF 文件，并将每一页保存为一个单独的 PDF 文件，以便用户可以更方便地处理和管理每一页的内容，具体代码如下。

```
for i in range(doc.page_count):
output_file = f"page_{i+1}.pdf"
page = doc.load_page(i)
pdf_bytes = page.get_contents()
new_doc = fitz.open()
new_page = new_doc.new_page(width=page.width, height=page.height)
new_page.insert_image(page.rect, stream=pdf_bytes)
new_doc.save(output_file)
new_doc.close()
```

上面的代码会循环遍历 PDF 文件的所有页面，并使用每个页面创建一个新的 PDF 文件。在循环内部，用户将当前页面的内容获取为字节数组，然后使用 new_doc 创建一个新的 PDF 文档，并使用 new_page 在该文档中创建一个新页面，将当前页面的内容插入到新页面中。最后，使用 new_doc.save( )将新文档保存为 PDF 文件，并使用 new_doc.close( )关闭新文档。

3. 关闭 PDF 文件

完成文件操作后需要关闭 PDF 文件以释放资源，具体代码如下。

```
doc.close()
```

合并以上步骤后的完整示例代码如下。

```
import fitz

pdf_file = "./pdf_/一种基于前端字节码技术的 JavaScript 虚拟化保护方法.pdf"
doc = fitz.open(pdf_file)

for i in range(doc.page_count):
    output_file = f"./pdf_/一种基于前端字节码技术的 JavaScript 虚拟化保护方法_{i+1}.pdf"
    page = doc.load_page(i)

    # 获取第一个图像对象
    pix = page.get_pixmap()
    # 将图像转换为字节数组
    pdf_bytes = pix.tobytes()

    new_doc = fitz.open()
    new_page = new_doc.new_page(width=page.rect.width, height=page.rect.height)
    new_page.insert_image(page.rect, stream=pdf_bytes)
    new_doc.save(output_file)
    new_doc.close()

doc.close()
```

6.2.3 【实例】将多本电子书合并成一个 PDF 文件

以下是使用 PyMuPDF 将几本电子书合并成一个 PDF 文件的示例代码。

```
import fitz

pdf_files = [ "./pdf_/一种基于前端字节码技术的 JavaScript 虚拟化保护方法.pdf", "./pdf_/元宇宙的
现状_挑战与发展.pdf",  "./pdf_/元宇宙的现状_挑战与发展.pdf"]
output_file = "./pdf_/merged_books.pdf"

pdf = fitz.Document()

for file in pdf_files:
    with fitz.Document(file) as doc:
        for page in doc:
            pdf.insert_pdf(doc, from_page=page.number, to_page=page.number)

pdf.save(output_file)
```

上述代码会将指定的几本电子书合并成一个 PDF 文件，并将其保存为 merged_books.pdf。

具体来说，首先导入 PyMuPDF 库，然后指定要合并的多个 PDF 文件的文件路径，并指定合并后的输出文件路径。然后，创建一个新的 PyMuPDF 文档对象 pdf，遍历每个 PDF 文件，打开并将其每一页插入到 pdf 对象中。最后，将 pdf 对象保存到输出文件中。这样，就实现了将多个 PDF 文件合并为一个 PDF 文件的操作。最后，使用 save( ) 方法将新文档保存为 PDF 文件。

注意，上述代码假设每个输入 PDF 文件的页面大小和方向都相同。如果不同，用户需要在代码中进行相应的调整。

6.2.4 【实例】将 PDF 电子书一分为三

下面是使用 PyMuPDF 库将 PDF 电子书分为三段 PDF 的代码示例。

```
import fitz

# 打开原始 PDF 文件
doc = fitz.open('original.pdf')

# 获取原始 PDF 文件中所有页面
pages = doc.pages()

# 计算每段 PDF 中应包含的页面数
n = len(pages) // 3

# 将原始 PDF 文件拆分为三个 PDF 文件
for i in range(3):
    # 创建新的 PDF 文件
    new_doc = fitz.open()

    # 将一定数量的页面添加到新的 PDF 文件中
    for page in pages[i* n:(i+1)* n]:
        new_page = new_doc.new_page(width=page.rect.width, height=page.rect.height)
        new_page.insert_page(-1, page)

    # 保存新的 PDF 文件
    new_doc.save(f'part{i+1}.pdf')

    # 关闭新的 PDF 文件
    new_doc.close()

# 关闭原始 PDF 文件
doc.close()
```

以上代码将原始 PDF 文件拆分为 3 个 PDF 文件，每个 PDF 文件包含原始 PDF 文件中的三分之一页面。如果原始 PDF 文件中的页面数量不是 3 的倍数，则最后一个 PDF 文件中的页面数量会多一些。

6.3 读取 PDF 文件内容

读取 PDF 文件内容能够对其中的文本信息进行处理和分析，从而实现自动化处理。比如，将 PDF 文件中的文本提取出来，进行关键词匹配、语义分析和数据统计等操作，可以帮助用户自动化地完成一些工作。

6.3.1 读取 PDF 图像

使用 fitz 库读取 PDF 图像可以分为以下几个步骤：1）使用 fitz.open( ) 函数打开 PDF 文件，得到一个 Document 对象；2）遍历每一页，使用 page.get_pixmap( ) 方法获取每一页的图像；3）对每一页的图像进行处理，比如保存为文件或者显示在窗口中。

以下是一个读取 PDF 文件中所有图像的示例，具体代码如下。

```
import fitz

# 打开 PDF 文件
doc = fitz.open("./pdf_/merged_books.pdf")

# 遍历每一页
for page_num, page in enumerate(doc):
    # 获取页面图像
    pix = page.get_pixmap()

    # 构造输出文件名
    output_file = f"page_{page_num+1}.png"

    # 保存图像
    pix.save(output_file)

# 关闭 PDF 文件
doc.close()
```

在这个示例中，使用 get_pixmap()方法获取了每一页的图像，并使用 save()方法将图像保存到本地文件中。

读者可以根据自己的需要对图像进行处理，比如进行图像分析、OCR 识别等。

6.3.2 【实例】将 PDF 文件转换为 Word 文档

要想将 PDF 文件转换为 Word 文档，可以使用 Python 中的 pdf2docx 库。这个库可以将 PDF 文件转换为 Word 文档，并且可以保留文本、表格和图片等元素的格式。

使用 pdf2docx 库需要先安装 pypandoc 和 pywin32 两个依赖库，可以使用 pip 命令来安装。

```
pip install pypandoc
pip install pywin32
pip install pdf2docx
```

下面是一个将 PDF 文件转换为 Word 文档的示例，具体代码如下。

```
import pdf2docx

# 将 PDF 文件转换为 Word 文档
pdf_file = "./pdf_/merged_books.pdf"
docx_file = "./pdf_/merged_books.docx"
pdf2docx.parse(pdf_file, docx_file)
```

在上面的代码中，首先导入了 pdf2docx 库，然后使用 pdf2docx.parse()函数将 PDF 文件./pdf_/merged_books.pdf 转换为 Word 文档./pdf_/merged_books.docx。

6.3.3 【实例】将 PDF 文件转换为图像文件

下面的代码将 PDF 文件转换为了多个 JPEG 图像文件。

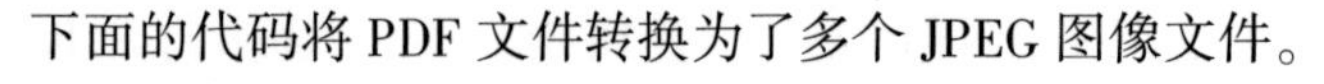

```
pdf_file= "./pdf_/merged_books.pdf"

import fitz
```

```
# 打开 PDF 文件
doc = fitz.open(pdf_file)

# 遍历 PDF 文件中的每一页
for page_idx in range(doc.page_count):
    # 获取当前页对象
    page = doc[page_idx]
    # 转换为图像
    pix = page.get_pixmap()
    # 保存为 JPEG 文件
    pix.save(f'./pdf_/page{page_idx}.jpg')
```

在这个示例中，首先使用 fitz.open 函数打开一个 PDF 文件。然后，使用 for 循环遍历 PDF 文件中的每一页，对于每一页，使用 page.get_pixmap( ) 函数将其转换为图像，并使用 pix.save( ) 函数将其保存为 JPEG 文件。在本示例中将每一页保存为名为 page0.jpg，page1.jpg，page2.jpg，……以此类推的图像文件。

6.4 保护 PDF 文件

在实际应用中，通常需要对一些敏感信息或者重要文档进行保护，以防止被非法复制、修改或者篡改。因此，对于这类敏感信息或重要文档，用户通常需要对其进行保护，以确保其安全性。PyMuPDF 库可以帮助用户对 PDF 文件进行加密，以保护 PDF 文件内容的安全性。

6.4.1 【实例】为 PDF 文件添加安全密码

使用 PyMuPDF 库为 PDF 文件添加安全密码是非常简单的。下面是一个示例，具体代码如下。

```
import fitz

# 定义要加密的 PDF 文件路径
input_file = "./pdf_/元宇宙的现状_挑战与发展.pdf"

# 定义要保存加密 PDF 的文件路径
output_file = "./pdf_/元宇宙的现状_挑战与发展_加密.pdf"

perm = int(
    fitz.PDF_PERM_ACCESSIBILITY  # 总是使用此项
    | fitz.PDF_PERM_PRINT  # 允许打印
    | fitz.PDF_PERM_COPY  # 允许复制
    | fitz.PDF_PERM_ANNOTATE  # 允许注释
)
owner_pass = "owner"  # 所有者密码
user_pass = "user"  # 用户密码
encrypt_meth = fitz.PDF_ENCRYPT_AES_256  # 强加密算法
doc = fitz.open(input_file)  # 空 PDF 文档
doc.save(
```

```
    output_file,
    encryption=encrypt_meth,  #设置加密方式
    owner_pw=owner_pass,  #设置所有者用户密码
    user_pw=user_pass,  #设置使用用户密码
    permissions=perm,  #设置使用用户的权限
)
```

这段代码使用了 Python 的 fitz 库来加密一个已有的 PDF 文件，并将其保存到另一个文件中。具体来说，它执行了以下操作。

1）定义了两个变量 input_file 和 output_file，分别表示要加密的原始 PDF 文件的路径和加密后保存的文件路径。

2）定义了一个字符串变量 text，其中包含了一些秘密信息。

3）定义了一个变量 perm，用于设置文件权限。在这个例子中，它设置了权限以允许打印、复制和注释。

4）定义了两个密码变量：owner_pass 和 user_pass。其中，owner_pass 是文件的所有者密码，user_pass 是文件的用户密码。

5）定义了一个变量 encrypt_meth，用于设置加密算法。在这个例子中，它使用的是最强的 AES-256 加密算法。

6）使用 fitz.open（input_file）方法打开原始 PDF 文件，返回一个 fitz.Document 对象。

7）使用 doc.save( ) 方法将加密后的 PDF 文件保存到磁盘上。在保存文件的同时，使用了 encryption 参数来设置加密算法、使用 owner_pw 和 user_pw 参数来设置所有者密码和用户密码、使用 permissions 参数来设置权限。最终生成的 PDF 文件名为 output_file。

需要注意的是，这段代码并没有在 PDF 文件中插入任何文本信息，所以 text 变量定义没有实际用处。这个示例给出了一种加密 PDF 文件的方式，读者也可以使用其他密码和权限组合，根据实际需要进行设置。同时，加密后的 PDF 文件需要密码才能打开，如果忘记了密码，将无法访问 PDF 文件中的内容，加密效果如图 6-1 所示。

图 6-1　加密的 PDF 文件

6.4.2 【实例】为 PDF 文件添加水印

为 PDF 文件添加水印的主要目的是为了保护文档的版权和机密性。通过添加水印，可以防止他人将自己的文档复制或修改并进行恶意使用，同时还可以更好地识别和跟踪文档的来源。在商业领域，经常需要在公司机密文档或合同中添加水印来保护公司的权益。而在学术领域，为学术论文添加水印则可以保护作者的权益和知识产权。此外，为 PDF 文件添加水印还可以提高文档的专业性和品质，增加文档的可信度和认可度。

下面是一个示例教程，演示如何在 PDF 文件的每一页中添加一个文本水印，具体代码如下。

```
import fitz

#打开 PDF 文件
```

```
doc = fitz.open("./pdf_/元宇宙的现状_挑战与发展.pdf")

ffile ="C:/WINDOWS/Fonts/MSYHBD.TTC"
font ='F0'

#添加水印
watermark_text = "机密文件"
for page in doc:
    width, height = page.rect.width,page.rect.height
    page.insert_text([10, 30],
                    watermark_text,
                    fontname=font,
                    fontfile=ffile,
                    fontsize=20,
                    render_mode=1,
                    #rotate=-90,
                    color= (0, 0, 0),
                    fill_opacity=0.35)

#保存修改后的 PDF 文件
doc.save("./pdf_/元宇宙的现状_挑战与发展_水印.pdf")
doc.close()
```

这段代码使用了 Python 的 fitz 模块来对一个 PDF 文件进行处理，具体处理流程如下。

1）使用 fitz.open( )方法打开名为“元宇宙的现状_挑战与发展.pdf”的 PDF 文件。

2）指定水印字体文件路径为 C：/WINDOWS/Fonts/MSYHBD.TTC，字体名称为 F0。

3）在每一页的左上角插入文本水印“机密文件”，字体大小为 20，渲染模式为实心，颜色为黑色，填充透明度为 0.35。

4）将修改后的 PDF 文件保存为“元宇宙的现状_挑战与发展_水印.pdf”，并关闭原始 PDF 文件。

因此，该代码实现了在指定 PDF 文件的每一页左上角添加一个“机密文件”的文本水印，最终效果如图 6-2 所示。

机密文件

人工智能 | 综述分析 AI-VIEW 2022 年第 5 期

2.2 元宇宙元年

尽管概念出现很久，但是在2021年，“元宇宙”却突然火爆起来。首先是2021年3月，罗布乐思（Roblox）第一个将“元宇宙”概念写入招股书，上市首日股价涨幅54.4%，市值突破400亿美元，该事件引起了科技和资本圈的极大关注。随后在8月，英伟达（NVIDIA）宣布推出全球首个元宇宙基础模拟和协作平台；10月，Facebook宣布重大战略转型，将公司更名为Meta，全面转向元宇宙。此外，还有谷歌、苹果、Epic Games、阿迪达斯、耐克、迪士尼、腾讯、百度、阿里巴巴、字节跳动、网易等国内外知名企业，有的高调宣布进军元宇宙，有的通过收购企业等方式开展产业布局。部分重大的元宇宙事件如表1所示。

图 6-2　为 PDF 文件添加水印

需要注意的是，如果希望水印可以是中文，用户需要选择一个包含中文字形的 TrueType

字体文件（.ttf 格式），然后使用 fitz.Font( )方法加载字体文件，用法如上所示。另外，文本水印在页面上的位置保持均匀分布，可以使水印更难以被删除或覆盖。因此，通过添加多个水印来增加文档的保护强度和可靠性是有意义的。

下面的代码实现了在指定 PDF 文件的每一页上添加名为“机密文件”的文本水印，水印位置均匀分布在每 100 像素的网格点上，具体代码如下。

```
import fitz

doc = fitz.open("./pdf_/元宇宙的现状_挑战与发展.pdf")
# 设置字体文件,防止写入中文不显示
ffile = "C:/WINDOWS/Fonts/MSYHBD.TTC"
font = 'F0'

# 为每一页添加水印
text1 = "机密文件"
black = (0, 0, 0)
for page in doc:
    width, height = int(page.rect.width), int(page.rect.height)
    shape = page.new_shape()
    for w in range(100, width, 100):
        for h in range(100, height, 100):
            p1 = fitz.Point(w, h)
             shape.insert_text(p1, text1, fontsize=16, fontname=font, fontfile=ffile,
color=black, fill_opacity=0.35)
    shape.commit()

doc.save(
    "./pdf_/密码和水印.pdf"
)
```

具体处理流程如下。

1）使用 fitz.open( )方法打开名为“元宇宙的现状_挑战与发展.pdf”的 PDF 文件。

2）指定水印字体文件路径为 C：/WINDOWS/Fonts/MSYHBD.TTC，字体名称为 F0。

3）针对每一页，通过循环在页面上添加一个名为“我的水印”的文本水印。

4）每 100 像素在水平和垂直方向上创建一个文本水印，通过 shape.insert_text( )方法在每个位置添加文本。

5）设置文本水印的字体大小为 16，字体名称为 F0，颜色为黑色，填充透明度为 0.35。

6）使用 shape.commit( )方法提交对该页面的修改。

7）将修改后的 PDF 文件保存为“密码和水印.pdf”。

最终效果如图 6-3 所示。

使用密码和页面水印来保护用户的 PDF 文件可以增强其安全性和版权保护，防止他人复制、编辑或重复使用用户的创作成果，这对于个人和企业而言都是非常重要的。如果读者需要更详细的 PyMuPDF 模块内容和文档，可以访问官方网站：https://pymupdf.readthedocs.io，在这里可以找到更多模块的详细文档和示例。

至此，读者已经完成了本章的学习，学习了包括 PDF 文件的合并、拆分、加密、读取内容、转换为图像或 Word 文档等操作。这些技能在许多场景下都非常实用，例如日常办

人工智能 | 综述分析 AI-VIEW 2022 年第 5 期

2.2 元宇宙元年

尽管概念出现很久，但是在2021年，“元宇宙”却突然火爆起来。首先是2021年3月，[illegible]（Roblox）[illegible]“[illegible]宙”概念[illegible]上市首日[illegible]%，市值突破400亿美元，该事件引起了科技和资本圈的极大关注。随后在8月，英伟达（NVIDIA）宣布推出全球首个元宇宙基础模拟和协作平台；10月，Facebook宣布重大战略转型，将公司更名为Meta，全面转向元宇宙。此外，还有谷歌、苹果、Epic Games、阿迪达斯、耐克、迪士尼、腾讯、百度、阿里巴巴、字节跳动、网易等国内外知名企业，有的高调宣布进军元宇宙，有的通过收购企业等方式开展产业布局。部分重[illegible]件如表1[illegible]。

表1 2021年元宇宙相关重大事件

企业	元宇宙事件	企业	元宇宙事件
Roblox	第一个将“元宇宙”概念写入招股书	百度	发布元宇宙“希壤”，打造跨越虚拟与现实的互动虚拟空间
[illegible]	公司更名为meta，并声称五年内从社交媒体[illegible]元宇宙公司	[illegible]	利用XR布局“全真互联网”，实现[illegible]下一体化[illegible]
NVIDIA	推出虚拟协作平台Omniverse，助力工业应用场景	阿里巴巴	成立XR实验室开展AR、VR研究；申请“阿里元宇宙”“淘宝元宇宙”等商标
微软	将利用自动的AI和MR工具帮助企业开发元宇宙应用	字节跳动	投资了数个国内元宇宙相关公司；收购VR硬件厂商Pico
Epic Games	宣布获得10亿美元融资，主要用于开发元宇宙业务	网易	推出沉浸式云端会议系统“瑶台”
[illegible]	称元宇宙[illegible]，通过Disney+[illegible]元宇宙	[illegible]	[illegible]携手Rob[illegible]界NIKELAND

图 6-3　为 PDF 文件添加多处水印

公、数据分析、文献阅读和文档处理等。这些将对大家今后的 Python 拓展学习和办公应用都有很大帮助，希望能够将所学知识应用到实际工作和生活中。

第7章 PPT文件自动化

PPT（Microsoft PowerPoint）是一种用于制作演示文稿和幻灯片的电子表现形式。通过PPT软件，用户可以创建包含文字、图片、音频和视频等多种元素的幻灯片，并且可以添加各种过渡效果和动画效果，以及设计自己的主题风格。PPT已经成为商业、教育、科研等领域中常用的一种沟通工具，用于展示、宣传、报告和教学等场合。

使用Python可以实现一些高级功能来让幻灯片更加生动、有趣和具有吸引力。例如，可以使用Python脚本批量创建和修改幻灯片，实现幻灯片中图片、文本和表格等元素的自动化处理，从而省去手动操作的时间和精力；还可以使用Python来生成动画、音频和视频等特效，从而增加幻灯片的互动性和视觉效果，提升演示效果。

因此，Python自动化操作PPT在实际应用中具有非常重要的意义，可以提高工作效率、提升演示效果，并为用户带来更好的使用体验。

7.1 安装pptx库

python-pptx是一个用于创建、更新和读取MicrosoftPowerPoint（.pptx）文件（以下简称PPT）的Python库。通过python-pptx用户可以使用Python编写代码，快速地创建具有多种样式和布局的PowerPoint幻灯片，并在其中添加图像、表格、图表和文字等内容，同时还可以使用该库更新和读取现有的PowerPoint文件。

安装python-pptx库只需要使用pip包管理器执行以下命令即可。

```
pip install python-pptx
```

安装完成后，用户就可以在Python中导入并开始使用python-pptx库了。

7.2 写入PPT文件

使用Python自动化写入PPT文件可以帮助用户更高效地创建和编辑幻灯片，减少手动

操作的时间和错误率。通过程序控制幻灯片的排版、样式和内容，可以提高制作幻灯片的效率和质量，使得幻灯片的制作具有标准化、可靠性和可重复等优点。

同时，Python 的自动化写入 PPT 文件功能还可以实现更复杂的功能，比如数据可视化和报告自动生成等，这些在企业和科研领域中都具有很高的实用价值。

7.2.1 创建一个 PPT 文件

使用 Presentation 类可以创建一个 PPT 文件对象，具体代码如下。

```
from pptx import Presentation

#创建 PPT 文件对象
ppt = Presentation()
```

7.2.2 为 PPT 文件添加内容

1. 添加幻灯片

使用 ppt.slides.add( ) 方法可以向 PPT 文件中添加一个新幻灯片，具体代码如下。

```
from pptx import Presentation

#创建 PPT 文件对象
ppt = Presentation()
#添加一个新幻灯片
slide = ppt.slides.add_slide(ppt.slide_layouts[0])
```

这里的 ppt.slide_layouts［0］表示 PowerPoint 文档中第一个幻灯片的布局，这是默认的标题幻灯片布局。用户也可以通过更改索引值来访问其他幻灯片布局。

例如，如果用户想使用第二种幻灯片布局，可以使用 ppt.slide_layouts［1］。

以下代码用于查看每个布局的名称和索引值，具体代码如下。

```
from pptx import Presentation

#创建 PPT 文件对象
ppt = Presentation()

for i, layout in enumerate(ppt.slide_layouts):
print(f"Layout {i}: {layout.name}")
```

运行后可以得到以下输出。

```
Layout 0: Title Slide
Layout 1: Title and Content
Layout 2: Section Header
Layout 3: Two Content
Layout 4: Comparison
Layout 5: Title Only
Layout 6: Blank
Layout 7: Content with Caption
Layout 8: Picture with Caption
Layout 9: Title and Vertical Text
Layout 10: Vertical Title and Text
```

以上是 python-pptx 库中默认的 11 种幻灯片布局，中文解释如下。

- 标题幻灯片布局（Title Slide）
- 标题和内容幻灯片布局（Title and Content）
- 小节标题幻灯片布局（Section Header）
- 两列内容幻灯片布局（Two Content）
- 比较幻灯片布局（Comparison）
- 只有标题的幻灯片布局（Title Only）
- 空白幻灯片布局（Blank）
- 带标题的内容幻灯片布局（Content with Caption）
- 带标题的图片幻灯片布局（Picture with Caption）
- 标题和竖排文本幻灯片布局（Title and Vertical Text）
- 垂直标题和文本幻灯片布局（Vertical Title and Text）

这些布局名称和索引值对于使用 python-pptx 库来创建 PowerPoint 文档的用户来说非常有用，可以帮助用户了解 PowerPoint 文档中的不同幻灯片布局，以便选择适当的布局并创建需要的幻灯片。

此外，使用布局名称和索引值，用户可以直接访问特定幻灯片布局，并在代码中对其进行操作，例如向幻灯片中添加标题、文本框、图片和表格等元素。

2. 添加标题和文本框

在新幻灯片中添加标题和文本框，具体代码如下。

```
from pptx import Presentation

#创建 PPT 文件对象
ppt= Presentation()

#添加一个新幻灯片
slide= ppt.slides.add_slide(ppt.slide_layouts[0])

#添加标题
title= slide.shapes.title
title.text= "标题"

#添加文本框
body= slide.shapes.placeholders[1]
body.text= "正文"

#保存 PPT 文件
ppt.save('example.pptx')
```

上述代码用于向 PowerPoint 文档的幻灯片中添加标题和文本框，具体操作步骤如下。

1）通过 slide.shapes.title 获取幻灯片上的标题占位符对象，并将其赋值给 title 变量。

2）使用 title.text 属性设置标题的文本内容为“标题”。

3）通过 slide.shapes.placeholders［1］获取幻灯片上的文本框占位符对象，并将其赋值给 body 变量。注意，这里假设文本框占位符是幻灯片上的第二个占位符对象。如果用户的幻灯片布局不同，可能需要根据实际情况更改索引值。

4）使用 body.text 属性设置文本框的文本内容为“正文”。

5）最后使用 save 方法保存文件到本地磁盘。

最终效果如图 7-1 所示。

图 7-1　添加标题和正文

3. 添加图片

使用 slide.shapes.add_picture( ) 方法可以向幻灯片中添加图片，具体代码如下。

```
from pptx import Presentation
from pptx.util import Inches

#创建 PPT 文件对象
ppt= Presentation()

#获取空白幻灯片模板
blank_slide_layout= ppt.slide_layouts[6]

#在 PowerPoint 文件中添加一个空白幻灯片
slide= ppt.slides.add_slide(blank_slide_layout)

#定义图片路径
img_path = '.D:/Code/GitHub/office-automation-book/source/docs/第 7 章  PPT 文件自动化/ima-
ges/cat.jpg'

#在幻灯片中添加图片
left= top = Inches(1)
slide.shapes.add_picture(img_path, left, top, width=None, height=None)

#保存 PPT 文件
ppt.save('example.pptx')
```

上述代码用于向 PowerPoint 文档中添加一个空白幻灯片，并在该幻灯片中添加一张图片，具体操作步骤如下。

1）通过 ppt.slide_layouts ［6］ 获取空白幻灯片模板布局，并将其赋值给 blank_slide_layout 变量。这里假设 ppt 是一个已经打开的 PowerPoint 文档对象。

2）使用 ppt.slides.add_slide( ) 方法在 PowerPoint 文件中添加一个空白幻灯片，并将其赋值给 slide 变量。在此方法中，用户将 blank_slide_layout 作为参数传递，以指定添加的幻灯片布局类型。

3）定义一个图片路径 img_path 变量，以指定要添加的图片的路径。这里假设图片位于当前工作目录的“.D：/Code/GitHub/office-automation-book/source/docs/第 7 章　PPT 文件自动化/images/cat.jpg”路径下。用户需要根据实际情况更改图片路径。

4）使用 slide.shapes.add_picture( )方法在幻灯片中添加图片。在此方法中，用户将 img_path、图片的左上角坐标 left 和 top，以及图片的宽度和高度作为参数传递。在这个例子中，用户将图片的左上角坐标设置为（1 英寸，1 英寸），并将图片的宽度和高度设置为默认值 None。

5）最后使用 save 方法保存文件到本地磁盘。

4. 添加 shape

使用 slide.shapes.add_shape( )方法可以向幻灯片中添加形状（shape），具体代码如下。

```
from pptx import Presentation
from pptx.util import Inches
from pptx.enum.shapes import MSO_SHAPE

#创建 PPT 文件对象
ppt= Presentation()

title_only_slide_layout= ppt.slide_layouts[5]
slide= ppt.slides.add_slide(title_only_slide_layout)
shapes= slide.shapes

shapes.title.text= 'Adding an AutoShape'

left= Inches(0.93)   # 页面左上角的水平距离为 0.93 英寸
top= Inches(3.0)
width= Inches(1.75)
height= Inches(1.0)

shape= shapes.add_shape(MSO_SHAPE.PENTAGON, left, top, width, height)
shape.text= 'Step 1'

left= left + width - Inches(0.4)
width= Inches(2.0)   # 宽度参数为 2.0 英寸

for n in range(2, 6):
    shape= shapes.add_shape(MSO_SHAPE.CHEVRON, left, top, width, height)
    shape.text= 'Step %d' % n
    left= left + width - Inches(0.4)

#保存 PPT 文件
ppt.save('example.pptx')
```

上述代码的具体操作步骤如下。

1）首先，用户创建了一个只有标题的幻灯片，使用 ppt.slide_layouts［5］来获取对应的布局。

2）接着，用户通过 slide.shapes 来获取幻灯片中的所有形状，并设置标题的文本为 Adding an AutoShape。

3）接下来定义了一个基本的形状，并将其添加到幻灯片中。用户使用 add_shape( )方法来添加形状，传入的参数包括形状类型（MSO_SHAPE.PENTAGON）、左上角坐标、宽度和高度等。用户将形状的位置设置为（0.93 英寸，3.0 英寸），宽度为 1.75 英寸，高度为 1.0 英寸。接着，用户设置了该形状的文本内容为 Step1。

4）然后，用户定义了一个循环来添加更多的形状。用户将左上角坐标设置为 left 和 top，宽度和高度保持不变，不断改变 left 的值，以便在幻灯片中添加多个形状。在循环中，用户使用 MSO_SHAPE.CHEVRON 来添加多个箭头形状，每个形状的文本内容为 Step n，其中 n 从 2 变化到 6。

5）最后使用 save 方法保存文件到本地磁盘。

运行上述代码，用户可以看到 PowerPoint 文档中添加了一个标题为 Adding an AutoShape 的幻灯片，该幻灯片中包含了一个五角星形状和四个箭头形状，效果如图 7-2 所示。

Adding an AutoShape

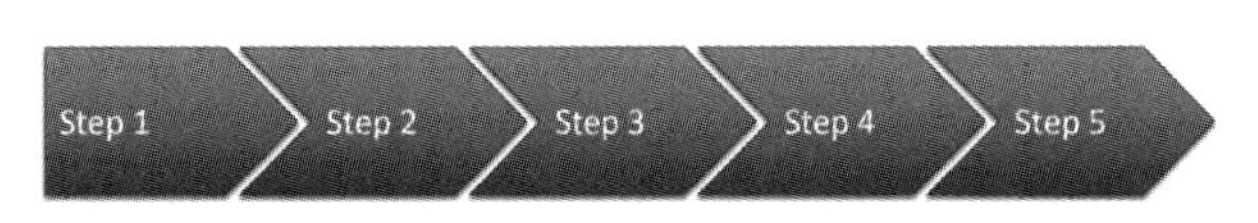

图 7-2　向幻灯片中添加形状

5. 添加表格

使用 slide.shapes.add_table( ) 方法可以向幻灯片中添加表格数据，具体代码如下。

```
from pptx import Presentation
from pptx.util import Inches

#创建 PPT 文件对象
ppt= Presentation()

title_only_slide_layout= ppt.slide_layouts[5]
slide= ppt.slides.add_slide(title_only_slide_layout)
shapes= slide.shapes

shapes.title.text= 'Adding a Table'

rows= cols = 2
left= top = Inches(2.0)
width= Inches(6.0)
height= Inches(0.8)

table= shapes.add_table(rows, cols, left, top, width, height).table

# 设置列宽
table.columns[0].width = Inches(2.0)
table.columns[1].width = Inches(4.0)

# 表格加内容
table.cell(0, 0).text = 'Foo'
table.cell(0, 1).text = 'Bar'

# 在单元格中写入文本
table.cell(1, 0).text = 'Baz'
table.cell(1, 1).text = 'Qux'
```

```
#保存 PPT 文件
ppt.save('example.pptx')
```

上述代码在 PowerPoint 文件中添加一个表格，具体操作步骤如下。

1）导入 Presentation 和 Inches 类，并创建一个 Presentation 实例。

2）选择一个幻灯片布局，这里使用的是标题幻灯片布局。

3）在幻灯片上添加一个表格，并获取该表格对象。

4）设置表格的行数和列数。

5）设置表格的位置和大小。

6）设置表格的列宽。

7）填写表格的列标题和单元格内容。

8）保存 PowerPoint 文件。

运行上述代码，用户可以看到 PowerPoint 文档中添加了一个标题为 Adding a Table 的幻灯片，该幻灯片中包含了一个 2 行 2 列的表格，效果如图 7-3 所示。

Adding a Table

Foo	Bar
Baz	Qux

图 7-3 向幻灯片中添加表格

6. 添加图表

使用 slide.shapes.add_chart( )方法可以向幻灯片中添加样式图表，具体代码如下。

```
from pptx import Presentation
from pptx.chart.data import CategoryChartData
from pptx.enum.chart import XL_CHART_TYPE
from pptx.util import Inches

# 创建一个空白演示文稿对象
prs= Presentation()
slide= prs.slides.add_slide(prs.slide_layouts[5])

shapes= slide.shapes
shapes.title.text= 'Adding a Chart'

# define chart data --------------------
chart_data= CategoryChartData()
chart_data.categories= ['East', 'West', 'Midwest']
chart_data.add_series('Series 1', (19.2, 21.4, 16.7))

# add chart to slide --------------------
x, y, cx, cy= Inches(2), Inches(2), Inches(6), Inches(4.5)
slide.shapes.add_chart(
    XL_CHART_TYPE.COLUMN_CLUSTERED, x, y, cx, cy, chart_data
)

prs.save('chart-01.pptx')
```

上述代码在一个 PowerPoint 文档中添加了一个柱状图，具体操作步骤如下。

1）导入 Presentation 类、CategoryChartData 类、XL_CHART_TYPE 枚举和 Inches 工具函数。

2）创建一个 Presentation 实例，表示一个 PowerPoint 文档。

3）使用 add_slide 方法创建一张幻灯片，使用 prs.slide_layouts［5］表示使用标题幻灯片布局。

4）创建一个 CategoryChartData 实例，表示图表的数据，包括类别和值。

5）使用 add_series( ) 方法添加一个系列到 chart_data 中。

6）使用 slide.shapes.add_chart( ) 方法在幻灯片中添加一个图表，指定图表类型为 XL_CHART_TYPE.COLUMN_CLUSTERED，指定图表的位置和大小，以及图表的数据（chart_data）。

7）保存文件到本地磁盘。

运行上述代码，用户可以看到 PowerPoint 文档中添加了一个标题为 Adding a Chart 的幻灯片，该幻灯片中包含了一个柱状图，效果如图 7-4 所示。

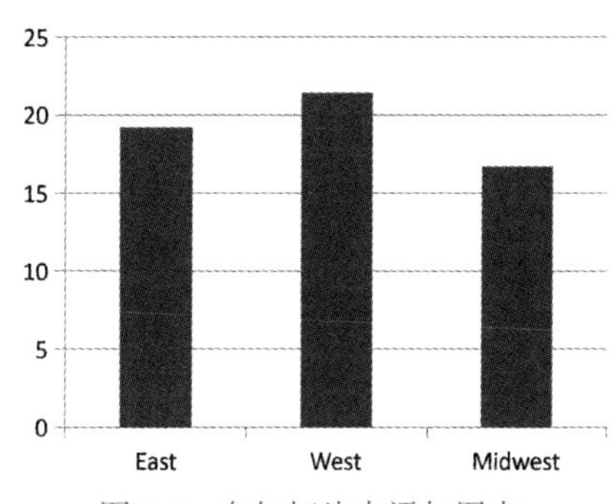

图 7-4　向幻灯片中添加图表

7. 添加底部页码

添加页码是非常常见的一项任务，在演示文稿中添加页码可以帮助观众了解演示的进度和总页面数，同时也可以使演示文稿更具专业性。

下面是一个生成样式页码的典型示例，具体代码如下。

```
from pptx import Presentation
    from pptx.util import Inches, Pt
    from pptx.enum.text import PP_ALIGN

    #打开演示文稿
    ppt = Presentation('example.pptx')

    #遍历每个幻灯片
    for slide in ppt.slides:
    # 在底部添加文本框
        footer = slide.shapes.add_textbox(left = Inches(0.5), top = Inches(7.5), width = Inches
(9), height = Inches(0.5))

    # 添加页码到文本框
        slide_number = ppt.slides.index(slide) + 1
        num_slides = len(ppt.slides)
        footer.text = f'Slide {slide_number} of {num_slides}'

    # 设置文本框格式
        text_frame = footer.text_frame
        text_frame.paragraphs[0].font.size = Pt(12)
        text_frame.paragraphs[0].font.rgb = (0, 0, 0)
        text_frame.paragraphs[0].alignment = PP_ALIGN.CENTER

    #保存 PPT 文件
    ppt.save('example.pptx')
```

在上述代码中，用户遍历了每个幻灯片并在底部添加了一个文本框。还通过 index 方法获取幻灯片的索引，并将其用于显示幻灯片的页码。最后，用户设置了文本框的格式，使其在中心对齐，并使用指定的字体大小和颜色。

请注意，此示例代码假设演示文稿已存在，并使用名称 presentation.pptx。如果用户要创建新的演示文稿，请使用 Presentation( ) 函数创建一个新的 Presentation 对象，然后将幻灯片添加到该对象中。

运行上述代码，用户可以看到 PowerPoint 文档的幻灯片中添加了一个页码，效果如图 7-5 所示。

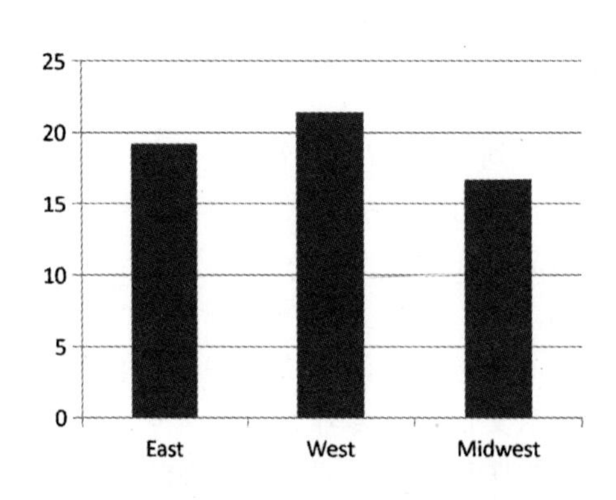

图 7-5　向幻灯片中添加页码

7.2.3 【实例】制作一个 12 星座简介 PPT 文件

下面是一个制作 12 星座简介 PPT 文件的示例，让每个星座间接生成一个独立的 PPT 幻灯片，具体代码如下。

```
from pptx import Presentation
from pptx.util import Inches, Pt
from pptx.enum.text import PP_ALIGN

#创建新演示文稿
prs= Presentation()

#设置演示文稿页面大小和幻灯片布局
prs.slide_width= Inches(10)
prs.slide_height= Inches(7.5)
title_layout= prs.slide_masters[0].slide_layouts[0]
body_layout= prs.slide_masters[0].slide_layouts[1]

#12 星座名称和简介
constellations= {
```

```
    '星座简介': '12 星座简介,你是属于哪个星座。',
    '白羊座': '白羊座是黄道第一宫,属于火象星座。',
    '金牛座': '金牛座是黄道第二宫,属于土象星座。',
    '双子座': '双子座是黄道第三宫,属于风象星座。',
    '巨蟹座': '巨蟹座是黄道第四宫,属于水象星座。',
    '狮子座': '狮子座是黄道第五宫,属于火象星座。',
    '处女座': '处女座是黄道第六宫,属于土象星座。',
    '天秤座': '天秤座是黄道第七宫,属于风象星座。',
    '天蝎座': '天蝎座是黄道第八宫,属于水象星座。',
    '射手座': '射手座是黄道第九宫,属于火象星座。',
    '摩羯座': '摩羯座是黄道第十宫,属于土象星座。',
    '水瓶座': '水瓶座是黄道第十一宫,属于风象星座。',
    '双鱼座': '双鱼座是黄道第十二宫,属于水象星座。'
}

#遍历每个星座
for i, (name, description) in enumerate(constellations.items()):

# 新建幻灯片
if i == 0:
        slide= prs.slides.add_slide(title_layout)
else:
        slide= prs.slides.add_slide(body_layout)

# 添加标题和正文
    title= slide.shapes.title
    title.text= name
    body= slide.placeholders[1].text_frame
    body.text= description

# 添加页码到底部
    footer= slide.shapes.add_textbox(left=Inches(0.5), top=Inches(6.5), width=Inches
(9), height=Inches(0.5))
    footer.text= f'Slide {i + 1} of {len(constellations)}'
    text_frame= footer.text_frame
    text_frame.paragraphs[0].font.size = Pt(12)
    text_frame.paragraphs[0].font.rgb = (0, 0, 0)
    text_frame.paragraphs[0].alignment = PP_ALIGN.CENTER

#保存演示文稿
prs.save('12 星座.pptx')
```

上述代码使用了 Python 的 pptx 库来生成一个具有底部居中页码的 12 页 PPT 文件，每一页都是一个星座的简介，具体操作步骤如下。

1）创建一个新的演示文稿对象（prs）。

2）设置演示文稿页面大小和幻灯片布局。这里将页面大小设置为 10 英寸×7.5 英寸

3）定义一个包含 12 个键值对的字典 constellations，每个键值对分别表示一个星座的名称和简介。

4）遍历字典 constellations 中的每个键值对，对于每个键值对需要进行以下设置。

① 新建一个幻灯片对象 slide，如果是第一页，则使用标题页的布局，否则使用正文页

的布局。

② 在幻灯片对象 slide 中添加一个标题文本框和一个正文文本框，分别用星座的名称和简介填充。

③ 在幻灯片对象 slide 的底部添加一个文本框 footer，用来显示页码信息。

④ 设置页码文本框 footer 的位置、大小、字体大小、字体颜色和对齐方式。

5）将生成的演示文稿对象 prs 保存到文件“12 星座.pptx”中。

运行上述代码，效果如图 7-6 所示。

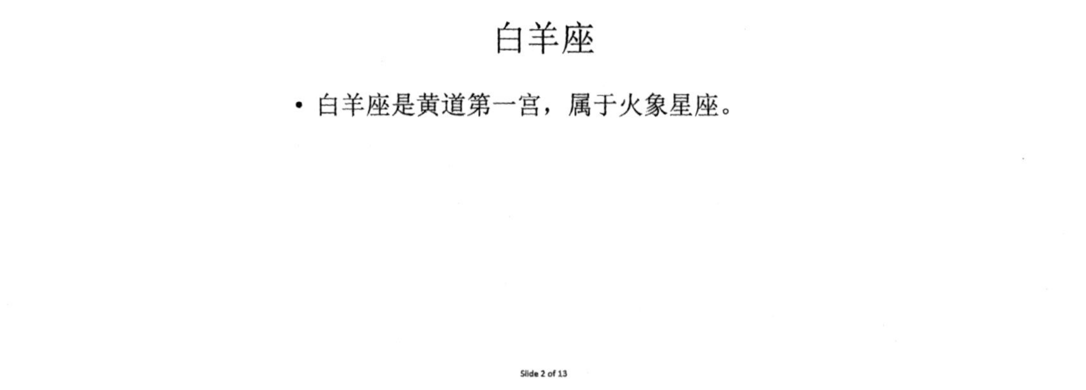

图 7-6　制作 12 星座幻灯片

7.2.4 【实例】生成一个关于 Python 发展史的 PPT 文档

这是一个关于 Python 编程语言的历史介绍，包括 Python 的起源、发展、重要版本发布时间、特点和应用领域等。接下来用户将使用 Python 的 pptx 库来生成一个关于 Python 发展史的 PPT 文档，具体代码如下。

```
from pptx import Presentation
from pptx.util import Inches, Pt
from pptx.enum.text import PP_ALIGN

prs= Presentation()
prs.slide_width= Inches(10)
prs.slide_height= Inches(7.5)
prs.slide_layouts[0].orientation = 1  #1 为横向,0 为纵向
title_slide_layout= prs.slide_layouts[0]
slide= prs.slides.add_slide(title_slide_layout)

title= slide.shapes.title
title.text= "Python 的发展史"
subtitle= slide.placeholders[1]
subtitle.text= "By Python"
bullet_slide_layout= prs.slide_layouts[1]

history= [
    "Python 是一门由 Guido van Rossum 在 1989 年圣诞节期间编写的编程语言。",
```

```
        "Python 最初的设计目的是作为一门可读性强的脚本语言,支持面向对象、结构化和函数式编程。",
        "Python 2.x 系列是 Python 最初的版本,于 2000 年 10 月 16 日发布。",
        "Python 2.x 系列最后一个版本是 Python 2.7,于 2010 年 7 月 4 日发布。",
        "Python 3.x 系列是 Python 的下一代版本,于 2008 年 12 月 3 日发布。",
        "Python 3.x 系列相对于 Python 2.x 系列进行了许多重大的语法和库变化,因此不兼容。",
        "Python 3.x 系列最初的版本是 Python 3.0,于 2008 年 12 月 3 日发布。",
        "Python 3.x 系列中,最常用的版本是 Python 3.6,于 2016 年 12 月 23 日发布。",
        "Python 3.7 于 2018 年 6 月 27 日发布,是目前最新的稳定版本。",
        "Python 具有简单、易读、易学的特点,因此被广泛用于科学计算、数据分析、Web 开发、人工智能等领域。",
        "Python 有大量的第三方库,如 NumPy、Pandas、Matplotlib、TensorFlow 等,能够满足各种需求。",
        "Python 的生态系统非常活跃,拥有强大的社区支持和广泛的应用场景。",
        "Python 的发展离不开开源社区的贡献,如 Python Software Foundation、PyCon、SciPy 等。",
        "Python 的运行速度相对于 C++等语言可能会慢一些,但可以通过 JIT 编译器、Cython、PyPy 等方式进行
优化。",
        "Python 的设计理念之一是"自由而不是空洞",强调代码的简洁和可读性,以及使用"Pythonic"方式编写
代码。",
        "Python 的发展史是一个不断创新、不断突破的过程,未来 Python 的应用领域还将不断扩展。",
        "Python 在近年来被广泛用于数据科学领域,如机器学习、深度学习、自然语言处理等。",
        "Python 也被广泛应用于 Web 开发领域,如 Django、Flask 等 Web 框架。",
        "Python 在网络爬虫、数据可视化、自动化测试等领域也具有广泛应用。",
        "Python 未来的发展方向包括更好的并行计算、更好的性能优化、更多的应用场景等。"
    ]
    for index, item in enumerate(history):
        slide= prs.slides.add_slide(bullet_slide_layout)
        shapes= slide.shapes

        title_shape= shapes.title
        title_shape.text= "Python 的发展史 - 第%d 页" % (index + 2)

        body_shape= shapes.placeholders[1]
        tf= body_shape.text_frame
        tf.text= item

        # 添加页码到底部
        footer= slide.shapes.add_textbox(left=Inches(0.5), top=Inches(6.5), width=Inches
(9), height=Inches(0.5))
        footer.text= f'Slide {index + 1} of {len(history)}'
        text_frame= footer.text_frame
        text_frame.paragraphs[0].font.size = Pt(12)
        text_frame.paragraphs[0].font.rgb = (0, 0, 0)
        text_frame.paragraphs[0].alignment = PP_ALIGN.CENTER
    prs.save("Python 的发展史.pptx")
```

上述代码使用 Python 的 pptx 模块生成一个关于 Python 发展史的 PPT 文档，包括一个标题页和多个带有项目符号的文本页，每一页都有页码。代码中的 history 列表包含了 Python 发展史的多个重要节点，每个节点都被添加到新的一页中，并使用 bullet_slide_layout 布局进行格式化。在每一页的底部添加了页码。最后，将生成的 PPT 保存到本地文件系统中。

运行代码后可以看到生成的 PPT 文档如图 7-7 所示。

在实际应用中，用户可以根据需要进一步探索 Python-pptx 库的各种功能，实现更加丰富的 PPT 文件自动化操作。

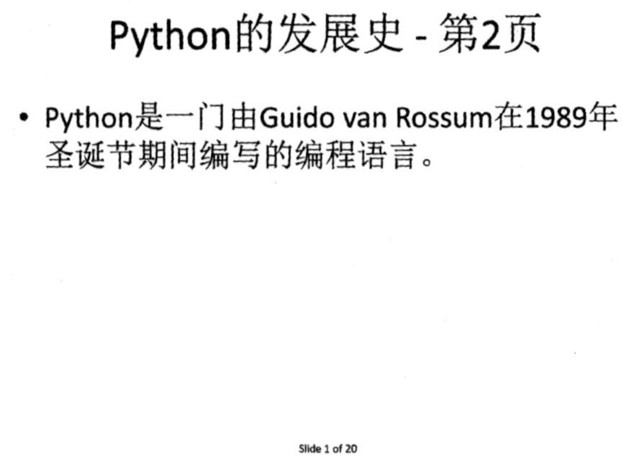

Python的发展史 - 第2页

- Python是一门由Guido van Rossum在1989年圣诞节期间编写的编程语言。

Slide 1 of 20

图 7-7　制作 Python 的发展史幻灯片

7.3　提取 PPT 文稿

提取 PPT 文稿可以让用户更方便地查看和编辑 PPT 的文字内容。在实际工作中，有时用户需要对 PPT 中的文字进行修改、整理或者翻译，如果直接在 PPT 中操作比较麻烦，而将 PPT 中的文字内容提取出来后，用户就可以借助 Python 的文本处理工具对其进行批量操作，从而提高工作效率。

7.3.1　提取 PPT 文本内容

以下是一个典型的示例代码，演示如何使用 python-pptx 提取 PPT 文件中所有幻灯片的文本内容，具体代码如下。

```
import pptx

#打开 PPT 文件
ppt = pptx.Presentation('Python 的发展史.pptx')

#遍历所有幻灯片
for slide in ppt.slides:
    # 遍历当前幻灯片中所有文本框
    for shape in slide.shapes:
        if not shape.has_text_frame:
            continue
        # 遍历当前文本框中所有段落
        for paragraph in shape.text_frame.paragraphs:
            # 遍历当前段落中所有文本行
            for run in paragraph.runs:
                # 输出当前文本行的内容
                print(run.text)
```

上述代码会逐个输出 PPT 中每个幻灯片中的所有文本内容。用户可以根据自己的需要修改代码，只提取需要的文本内容。

运行代码后可以看到输出的文本内容如下。

```
Python 的发展史
By Python
Python 的发展史 - 第 2 页
Python 是一门由 Guido van Rossum 在 1989 年圣诞节期间编写的编程语言。
Slide 1 of 20
Python 的发展史 - 第 3 页
```

Python 最初的设计目的是作为一门可读性强的脚本语言，支持面向对象、结构化和函数式编程。

```
Slide 2 of 20
Python 的发展史 - 第 4 页
Python 2.x 系列是 Python 最初的版本,于 2000 年 10 月 16 日发布。
Slide 3 of 20
Python 的发展史 - 第 5 页
Python 2.x 系列最后一个版本是 Python 2.7,于 2010 年 7 月 4 日发布。
Slide 4 of 20
Python 的发展史 - 第 6 页
Python 3.x 系列是 Python 的下一代版本,于 2008 年 12 月 3 日发布。
Slide 5 of 20
Python 的发展史 - 第 7 页
Python 3.x 系列相对于 Python 2.x 系列进行了许多重大的语法和库变化,因此不兼容。
Slide 6 of 20
Python 的发展史 - 第 8 页
Python 3.x 系列最初的版本是 Python 3.0,于 2008 年 12 月 3 日发布。
Slide 7 of 20
Python 的发展史 - 第 9 页
```

Python 3.x 系列中，最常用的版本是 Python 3.6，于 2016 年 12 月 23 日发布。

```
Slide 8 of 20
Python 的发展史 - 第 10 页
Python 3.7 于 2018 年 6 月 27 日发布,是目前最新的稳定版本。
Slide 9 of 20
Python 的发展史 - 第 11 页
```

Python 具有简单、易读、易学的特点，因此被广泛用于科学计算、数据分析、Web 开发、人工智能等领域。

```
Slide 10 of 20
Python 的发展史 - 第 12 页
Python 有大量的第三方库,如 NumPy、Pandas、Matplotlib、TensorFlow 等,能够满足各种需求。
Slide 11 of 20
Python 的发展史 - 第 13 页
Python 的生态系统非常活跃,拥有强大的社区支持和广泛的应用场景。
Slide 12 of 20
Python 的发展史 - 第 14 页
```

Python 的发展离不开开源社区的贡献，如 Python Software Foundation、PyCon、SciPy 等。

```
Slide 13 of 20
Python 的发展史 - 第 15 页
```

Python 的运行速度相对于 C++等语言可能会慢一些，但可以通过 JIT 编译器、Cython、PyPy 等方式进行优化。

```
Slide 14 of 20
Python 的发展史 - 第 16 页
```

Python 的设计理念之一是“自由而不是空洞”，强调代码的简洁和可读性，以及使用“Pythonic”方式编写代码。

```
Slide 15 of 20
Python 的发展史 - 第 17 页
```

Python 的发展史是一个不断创新、不断突破的过程，未来 Python 的应用领域还将不断扩展。

```
Slide 16 of 20
Python 的发展史 - 第 18 页
```

Python 在近年来被广泛用于数据科学领域，如机器学习、深度学习、自然语言处理等。

```
Slide 17 of 20
Python 的发展史 - 第 19 页
```

Python 也被广泛应用于 Web 开发领域，如 Django、Flask 等 Web 框架。

```
Slide 18 of 20
Python 的发展史 - 第 20 页
```

Python 在网络爬虫、数据可视化、自动化测试等领域也具有广泛应用。

```
Slide 19 of 20
Python 的发展史 - 第 21 页
```

Python 未来的发展方向包括更好的并行计算、更好的性能优化、更多的应用场景等。

```
Slide 20 of 20
```

7.3.2　提取 PPT 媒体文件

用户可以很方便地提取 PPT 中的媒体文件，包括图片、音频和视频等。下面是一个典型的示例，演示如何提取当前 PPT 中所有的图片和音频文件，具体代码如下。

```
import os
from pptx import Presentation

#打开 PPT 文件
prs= Presentation('example.pptx')

#提取所有的图片
for slide in prs.slides:
    for shape in slide.shapes:
        if shape.has_image:
            image= shape.image
            image_file= os.path.basename(image.filename)
            image.save(image_file)

#提取所有的音频文件
```

```
for slide in prs.slides:
    for shape in slide.shapes:
        if shape.has_media:
            media= shape.media
            media_file= os.path.basename(media.filename)
            media.save(media_file)
```

在这个示例中，首先使用 Presentation( )函数打开了一个 PPT 文件，并通过遍历每一页的形状对象来查找所有的图片和音频文件。如果形状对象是一个图片，则通过 image.save( )函数将其保存为一个本地文件；如果形状对象是一个音频，则通过 media.save( )函数将其保存为一个本地文件。

需要注意的是，为了将文件保存到当前工作目录中，代码中使用了 os.path.basename( )函数提取了文件名，并将其作为保存文件的名称。如果需要保存到其他目录，可以修改保存路径。

7.3.3 【实例】导出 PPT 文稿为 PDF 文件

要将 Python 生成的 PPT 文档导出为 PDF 文档，笔者推荐使用 Python 的 comtypes 库和 win32com 库来实现，以下是一个典型的示例，具体代码如下。

```
import os
import comtypes.client
import win32com.client

    def ppt_to_pdf(ppt_file, pdf_file):
    # 创建 PowerPoint 对象
    powerpoint= win32com.client.Dispatch("PowerPoint.Application")
    powerpoint.Visible= True

    # 打开 PPT 文件
    ppt= powerpoint.Presentations.Open(ppt_file)

    # 将 PPT 文件另存为 PDF 文件
    ppt.SaveAs(pdf_file, 32)

    # 关闭 PPT 文件和 PowerPoint 对象
    ppt.Close()
    powerpoint.Quit()

    if __name__ =='__main__':
    ppt_file='./Python 的发展史.pptx'
    pdf_file= os.path.splitext(ppt_file)[0] +'.pdf'
    ppt_to_pdf(ppt_file, pdf_file)
```

在上述示例代码中，用户使用 win32com 库创建 PowerPoint 对象，并使用 comtypes 库将 PPT 文件另存为 PDF 文件。要使用 comtypes 库，需要先安装它，并执行以下命令。

```
pip install comtypes
```

具体来说，它使用了 os 和 win32com.client 两个库，以及 comtypes.client 库中的 Dispatch 函数。

该代码的主要功能如下。

- 使用 win32com.client 库中的 Dispatch 函数创建一个 PowerPoint 应用程序实例。
- 打开指定的 PPT 文件并将其保存为 PDF 文件。
- 关闭 PPT 文件和 PowerPoint 应用程序实例。

运行该示例代码后，可以在当前工作目录中看到生成的 PDF 文件，效果如图 7-8 所示。

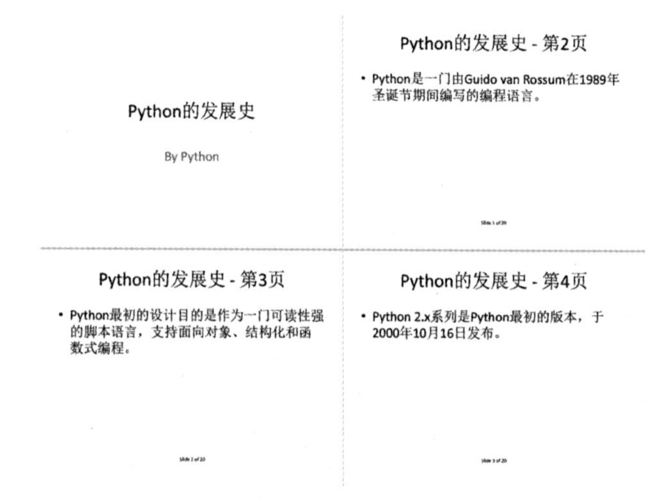

图 7-8　将 PPT 转换为 PDF 文档

需要注意的是，该示例代码仅适用于 Windows 操作系统。如果用户在 mac 或 Linux 上运行 Python，则需要使用不同的库和方法来将 PPT 导出为 PDF。更多详细信息可以参考 python-pptx 快速入门指南文档：https://python-pptx.readthedocs.io/en/latest/user/quickstart.html。

通过本章的学习，读者应该已经学会了使用 Python 操作 PPT 文件的基本方法，包括打开、创建、编辑、保存和导出等。这些自动化生成 PPT 文件的相关方法技巧可以极大地提高工作效率和减少重复性工作，特别是对于需要频繁更新 PPT 内容的场合更是如此。

正因为使用 Python 自动化生成 PPT 文件可以减少烦琐的操作和降低错误的风险，所以也可以让读者更专注于思考 PPT 的内容和设计，从而提高 PPT 的质量和效果。

当然，本章中介绍的内容只是 Python 操作 PPT 的冰山一角，读者还可以通过阅读官方文档和其他教程来深入了解更多高级功能和技巧。希望本章的学习可以对读者今后的工作和学习有所帮助！

第3篇 数据自动化篇

在当今信息爆炸的时代，处理和分析数据变得尤为重要。Python 作为一款强大的数据处理工具，提供了各种库和技术来帮助大家自动化数据处理的过程。

本篇共 5 章，介绍了如何使用 Python 对数据库进行操作（包括 MySQL、SQLite 和 MongoDB 等数据库），以及进行 GUI 编程（包括 GUI 库的使用）。

读者将学会如何使用 Python 对数据库进行增删改查等操作，以及开发桌面应用程序，从而方便自动化办公和应用开发。

第8章

数据采集

数据采集是通过各种手段和技术收集特定领域的数据信息的过程。数据采集可以帮助用户更好地了解用户行为、市场趋势、产品性能和竞争对手等情况，为决策提供依据和支持。同时，数据采集也是人工智能、机器学习和数据挖掘等技术的基础，这些技术都需要使用大量的数据。数据采集可以通过爬虫、问卷调查、实验和监测等手段来实现，不同的采集手段可以获取不同类型和层次的数据信息。其在数据分析和数据驱动的决策中具有重要的作用，是信息化和数字化时代不可或缺的一环。

8.1 爬虫

网络爬虫本质上也是数据自动化的一种，只不过爬虫是一种更高效和快速的抓取手段，已然成为信息技术领域中非常重要的一个分支，在很多方面都有广泛的应用。例如，在搜索引擎中，爬虫被用来收集和索引网页内容，以便用户可以方便地进行搜索。在电商网站中，爬虫可以被用来抓取竞争对手的商品信息，以便公司可以做出更好的定价策略。在社交媒体分析中，爬虫可以被用来抓取用户的帖子和评论，以便进行情感分析和统计。通过 Python 爬虫脚本，可以很快速地从目标站点获取到一些有意义，有价值的数据。

然而，爬虫技术也面临着一些挑战和限制，例如反爬虫技术、网站数据隐私保护等问题。因此，在使用爬虫技术时，需要遵守法律法规和伦理准则，确保不侵犯他人的合法权益。而对于本书来说，笔者希望将数据爬虫作为 Python 自动化办公的知识拓展，希望在数据抓取方面能够对读者产生帮助。当然，这里不会涉及一些晦涩难懂的技术，读者不必担心学习效果不佳的问题。

8.1.1 提取结构化数据和非结构化数据（JSON）

一般来说结构化数据就是数据库，而非结构化数据是指数据结构不规则或不完整，没有

预定义的数据模型。包括所有格式的办公文档、文本、图片、HTML、各类报表、图像和音频/视频信息等。也就是日常碰到的以 HTML/XML 或者 JSON 格式返回的数据形式。

- HTML 可以描述一个网页的结构信息。HTML 与 CSS（CascadingStyleSheets，层叠样式表）、JavaScript 一起构成了现代互联网的基石。
- XML 是一种用于描述数据的标记语言，与 HTML 类似，但主要用于数据传输和存储。XML 的设计目标是传输数据，并且易于处理和创建，同时具有良好的可扩展性和互操作性。
- JSON（JavaScriptObjectNotation）是一种轻量级的数据交换格式。简洁和清晰的层次结构使得 JSON 成为理想的数据交换语言，易于人阅读和编写。同时也易于机器解析和生成，并有效地提升网络传输效率。

现在越来越多的数据服务网站使用 ajax 技术进行前后端分离，在加载的过程中，对于爬虫工程师而言，需要提取网络接口返回的 JSON 格式数据并加以解析。

更严谨来说，还应该有一种半结构化数据结构，这里不做赘述。

8.1.2　安装 requests

本书使用 requests 库进行网络请求的演示。requests 是 Python 中一个用于发起 HTTP 请求的库，它可以帮助用户完成 HTTP 请求的各种操作，比如 GET、POST、PUT 和 DELETE 等。它是网络爬虫中的一把利器，如果用户不是选择诸如 Scrapy 这样的爬虫框架的话，那么 requests 可能是用户最好的选择，当然还有其他优秀的扩展库，比如 urllib 和 httpx 等。

可以在命令行中使用以下命令进行 requests 库的安装。

```
pip install requests
```

8.1.3　发送 HTTP 请求

作为本章的开始，用户可以使用 requests 库的 get 方法来访问一个目标网站并得到请求的状态和返回，具体代码如下。

```
import requests

url='https://httpbin.org/get'
response= requests.get(url)

print("Status Code:", response.status_code)  #打印响应状态码
print("Response Content:", response.text)  #打印响应内容
```

在这个示例中使用了 requests.get()方法发起了一个 GET 请求，请求的地址是 https://httpbin.org/get。请求成功后，通过 response.status_code 获取了响应的状态码，通过 response.text 获取了响应的内容。而使用 requests 库进行 POST 请求也非常简单，只需要调用 requests.post()方法即可。下面是一个示例，展示如何使用 requests 库发送一个简单的 POST 请求，具体代码如下。

```
import requests

url='https://httpbin.org/post'
data={'key1':'value1','key2':'value2'}
```

```
response= requests.post(url, data=data)

print("Status Code:", response.status_code)  # 打印响应状态码
print("Response Content:", response.text)  # 打印响应内容
```

在这个示例中用户向 https://httpbin.org/post 发送了一个 POST 请求，并且使用 data 参数来传递数据。data 参数是一个字典，其中包含要发送的数据。

请求发送后，用户使用 response.status_code 属性来获取响应的状态码，使用 response.text 属性来获取响应的内容。

需要注意的是，如果需要发送的数据是 JSON 格式的，应该使用 json 参数来传递数据，具体代码如下。

```
import requests

url='https://httpbin.org/post'
data = {'key1':'value1','key2':'value2'}

response = requests.post(url, json=data)

print(response.status_code)  # 打印响应状态码
print(response.text)  # 打印响应内容
```

在这个示例中，用户使用 json 参数来传递 JSON 格式的数据。

当使用 json 参数时，Requests 库会自动将数据编码为 JSON 格式，并且设置请求头中的 Content-Type 字段为 application/json。

除了上面这些示例之外，requests 还支持其他类型的请求方式，比如 PUT、DELETE 等。这些方法与使用 GET 和 POST 方法非常相似，同样可以用一句话来完成网络请求，只需更改方法名称即可。但是需要注意的是，不是所有的 API 都支持所有的 HTTP 请求方法，所以在使用时需要仔细查看 API 文档，以保证使用正确的请求方法。在实际应用中，进行网络请求可能还需要设置请求头、代理 IP 和传递参数等操作。这样可以帮助用户绕过一些限制，以此来提高请求的成功率，同时也可以更好地保护用户的隐私。

8.1.4 添加 headers

在上面的示例代码中，实际上用户是没有设置 headers 信息的。如果不设置 headers 信息，某些网站会发现这不是一个正常的浏览器发起的请求，网站可能会返回异常的结果，导致网页抓取失败。要添加 headers 信息，比如这里想要添加一个 User-Agent 字段，可以通过以下的方式实现，具体代码如下。

```
import requests

url='https://www.example.com/api'
headers={
    'User-Agent':'Mozilla/5.0 (Windows NT 10.0; Win64; x64) AppleWebKit/537.36 (KHTML, like Gecko) Chrome/58.0.3029.110 Safari/537.36'}
data={'param1':'value1','param2':'value2'}

response= requests.post(url, headers=headers, data=data)
print(response.text)
```

在上面的代码中，用户通过 headers 参数设置了请求头信息，User-Agent 字段指定了客户端的类型，这是非常常见的一个请求头字段。

当然，开发者可以在 headers 这个参数中任意添加其他的字段信息。

以下是一些其他常见的请求头部字段，可以根据需要添加到 headers 参数中。

- Accept：告诉服务器可以接受的内容类型。
- Accept-Encoding：告诉服务器可以接受的内容编码方式，例如 gzip 或 deflate。
- Accept-Language：告诉服务器可以接受的自然语言。
- Cache-Control：指定请求和响应遵循的缓存机制。
- Connection：控制是否保持连接打开或关闭。
- Content-Type：指定请求或响应中的内容类型。
- Referer：告诉服务器请求的来源页面。

注意，不同的服务器和 API 可能需要不同的头部字段。可以查看相关服务器站点或 API 以确定所需的头部字段。

8.1.5　抓取二进制数据

在上面的例子中，抓取的目标对象是网站的一个页面，实际上它返回的是一个 HTML 文档或者一个 JSON 对象。而图片、音频、视频这些文件本质上都是由二进制码组成的，由于有特定的保存格式和对应的解析方式，用户才可以看到这些形形色色的多媒体文件。所以，想要抓取它们，就要拿到其二进制数据。此时用户需要使用 requests 库的二进制数据处理方法来获取这些资源的数据，具体代码如下。

```
import requests

url='https://example.com/image.jpg'
response=requests.get(url)

#确认请求成功
if response.status_code == 200:
    #获取图片二进制数据
    image_data=response.content

    #保存图片到本地
    with open('image.jpg','wb') as f:
        f.write(image_data)
        print('保存成功')
else:
    print('请求失败')
```

在这个示例中，用户首先使用 requests 库的 get()方法发起一个 GET 请求，并获取响应对象 response。然后，用户通过 response.content 属性获取到了这个图片的二进制数据。最后，用户将这个二进制数据保存到本地文件中，其中参数 wb 代表以二进制格式写入文件。

需要注意的是，在 requests 库中，如果用户使用 response.text 属性获取响应内容，那么数据是以字符串格式返回的。而如果用户使用 response.content 属性获取响应内容，那么数据是以二进制格式返回的。因此，在抓取二进制数据时，需要使用 response.content 属性。

8.1.6 使用网络代理

使用网络代理是一个常见的网络请求场景，可以帮助用户实现以下几点目的。

1）隐藏真实 IP 地址：网络代理可以替代用户的真实 IP 地址，让用户在互联网上保持匿名。这对于需要保护隐私的用户或需要访问一些需要访问受限网站的用户非常有用。

2）访问受限网站：一些国家或组织可能对某些网站进行限制，使用网络代理可以帮助用户绕过这些限制，从而访问被封锁的网站。

3）加速访问速度：有些网络代理可以帮助用户缓存一些常用的网站数据，从而减少了用户从源服务器获取数据的时间，提高了访问速度。

4）防止网络攻击：有些网络代理可以帮助用户检测并防止一些网络攻击，如 DDoS 攻击等。

总之，网络代理可以帮助用户更加安全和便捷地使用互联网。

requests 库支持通过 proxies 参数轻松添加代理服务器。以下是一个使用 requests 库和代理服务器进行网络请求的示例教程，具体代码如下。

```
import requests

proxies= {
    'http':'http://127.0.0.1:1080',
    'https':'http://127.0.0.1:1080',
}
```

这里用户定义了一个代理地址为 http：//127.0.0.1：1080，其中 http 和 https 分别对应了 HTTP 和 HTTPS 协议。

接下来，用户就可以使用 proxies 参数来设置代理了，具体代码如下。

```
requests.get('https://httpbin.org/get', proxies=proxies)
```

这样用户就可以通过代理访问网站了，当然需要注意代理的可用性以及网站是否允许使用代理访问。当然，直接运行这个实例可能不行，因为这个网络代理可能是无效的，可以直接搜索寻找有效的代理并替换试验一下。

若网络代理需要使用上文所述的身份认证，可以使用类似 http：//user：password@ host：port 这样的语法来进行设置，例如用户的代码服务器认证账号是：admin，密码为：123456，则具体代码如下。

```
import requests

proxies= {'https':'http://admin:123456@127.0.0.1:1080', }
requests.get('https://httpbin.org/get', proxies=proxies)
```

总体来说，requests 库具有简单易用、功能丰富、性能高效等优点，是进行 HTTP 请求处理的首选库之一。更具体的参数用法可以参考 requests 官方文档 https://docs.python-requests.org/en/latest。

8.1.7 安装 xpath

做数据采集时需要用到诸如 xpath、bs4、pyquery、CSS 选择器甚至是 re 等库来解析网页

源码，以此来提取有价值的数据。xpath 的全称是 XMLPathLanguage，即 XML 路径语言，它是一门在 XML 文档中查找信息的语言。有兴趣的读者可以自行搜索并比较以上几种解析规则，目前 xpath 是解析速度最快的之一，这里以 xpath 为例进行以下内容的讲解。

lxml 库提供了一个非常方便的方式来解析 XML 和 HTML 文件。通过 xpath 表达式来定位元素，可以像操作文档树一样来处理 XML 和 HTML 文档，所以使用 xpath 需要先安装 lxml 库。

打开终端或命令提示符，输入以下命令进行安装。

```
pip install lxml
```

8.1.8　xpath 基本使用

xpath 是一种用于在 XML 文档中定位元素和属性的语言。它使用路径表达式来描述 XML 文档中的元素和属性，并提供了一组函数来处理这些元素和属性。

1. xpath 常用规则

xpath 常用规则如下。

1）选取节点：xpath 使用路径表达式来选取 XML 文档中的节点，可以通过节点名称、属性、位置等来选择节点。例如：

- 选取所有的 book 元素：//book。
- 选取所有具有 category 属性为 web 的 book 元素：//book [@ category =' web ']。
- 选取所有的 book 元素中的第一个 title 元素：//book/title [1]。

2）谓语：用于查找某个特定的节点或者包含特定值的节点。例如：

- 选取所有价格大于 10 的 book 元素：//book [price>10]。
- 选取第一个 book 元素中的第一个 author 元素：//book [1] /author [1]。

3）选取元素的属性：可以使用@ 符号选取元素的属性。例如：

- 选取所有具有 category 属性的 book 元素的 category 属性：//book/@ category。
- 选取所有的 book 元素中的第一个 title 元素的 lang 属性：//book/title [1] /@ lang。

4）通配符：用于匹配某个元素或者属性节点。例如：

- 选取所有元素：// * 。
- 选取所有具有 lang 属性的元素的 lang 属性：//@ lang。

5）逻辑运算符：xpath 支持多种逻辑运算符，如 and、or、not 等。例如：

- 选取所有价格大于 10 且分类为 web 的 book 元素：//book[price>10 and @ category = ' web ']。
- 选取所有价格小于 10 或分类为 web 的 book 元素：//book[price<10 or @ category = ' web ']。

2. xpath 语句格式

写 xpath 语句事实上就是在写网页中的元素标签地址。

1）获取文本时的语句格式如下。

//标签 1[@ 属性 1 = " 属性值 1"]/标签 2[@ 属性 2 = " 属性值 2"]/…./text()。

2）获取属性值时的语句格式如下。

//标签 1[@属性 1="属性值 1"]/标签 2[@属性 2="属性值 2"]/..../@属性 n。

指定属性值是为了更加准确的定位到文本标签的地址、一般选择网页中唯一的 class 或者唯一 id 进行定位。

当然如果出现同属性名的标签，解析结果就是一个包含多元素对象的列表。

3. 典型示例

这里准备一份简单的 HTML 源码并命名为 test.html，可以尝试使用 xpath 语法进行解析，具体的文件内容如下。

```
<! DOCTYPEhtml>
<html lang="zh-CN">
<head>
    <meta charset="utf-8">
</head>
<body>
<div class="A_">
    <ul class="U_">
        <li class="item-0">饿了<a href="link1.html">好些天都没吃饭了,看什么都像烙饼。</a></li>
        <li class="item-1"><a href="link2.html">从今儿起,我吃龙虾再也不就饼了。</a></li>
        <li class="inactive"><a href="link3.html">善良就是别人挨饿时,我吃肉不吧唧嘴。</a></li>
        <li class="item-3"><a href="link4.html">上次喝多了,拿筷子当鸡爪子,吃了一根半。</a></li>
         <li class="item-4"><a href="link5.html">高兴你就笑笑,不高兴你就待会再笑。</a>
         </li>
    </ul>
    <ul>
         <li class="item-0"><a href="link1.html">人这一辈子,不怕路途遥远,就怕鞋里有钉子。</a></li>
         <li class="item-1"><a href="link2.html">欲为大树,何与草争。心若不动,风又奈何。</a></li>
         <li class="inactive"><a href="link3.html">静坐思过观花谢,三省吾身饮清泉。留得五湖明月
在,不愁偷笑钓鱼船。</a></li>
         <li class="item-3"><a
                 href="link4.html">泰坦尼克号沉了,对人类来说是一场巨大的灾难,但对船上餐厅里活着的
海鲜来说就是生命的奇迹。</a>
         </li>
         <li class="item-4"><a href="link5.html">与其说是别人让你痛苦,不如说自己的修养不够。</a>
         </li>
    </ul>
</div>
</body>
</html>
```

这里要选取所有 li 节点，从源码中可以看到有一个唯一 class 属性的 ul 标签、所以这里可以从此开始来编写解析语句，具体代码如下。

```
from lxml import etree

html= etree.parse('./test.html', etree.HTMLParser())
# 使用 etree.parse 句柄解析一个 html 文件
result= html.xpath("//ul[@class='U_']/li")
print(result)
```

事实上，更为准确解析 li 标签列表的语句路径应该如下。

```
/html/body/div[@class="A_"]/ul[@class='U_']/li
```

在 xpath 中，这里使用//标识符可以省略掉 ul 标签前面的路径，然后直接加上节点名称即可，是一种便捷式的写法。

需要注意的是./是从当前节点开始解析，.//则表示从当前节点下面的子节点开始解析，输出结果如下。

```
[<Element li at 0x1deebc59880>, <Element li at 0x1deebc598c0>, <Element li at 0x1deebc59900>,
<Element li at 0x1deebc59940>, <Element li at 0x1deebc59980>]
```

这样就成功获取到一个包含 li 元素对象的列表。

（1）获取标签文本

想要获取到 li 标签中的文本内容，可以使用 text( )方法，具体代码如下。

```
from lxml import etree

html=etree.parse('./test.html', etree.HTMLParser())
#使用 etree.parse 句柄解析一个 html 文件
li_list_=html.xpath("//ul[@class='U_']/li")
for li_ in li_list_:
    text_=li_.xpath("./a/text()")
    print(text_)
```

（2）获取标签属性值

想要获取 li 标签的 class 属性值，可以使用@ class 属性方法，具体代码如下。

```
from lxml import etree

html=etree.parse('./test.html', etree.HTMLParser())
#使用 etree.parse 句柄解析一个 html 文件
li_list_=html.xpath("//ul[@class='U_']/li")
for li_ in li_list_:
    text_=li_.xpath("./@class")
    print(text_)
```

（3）获取属性值包含某些字符的标签

1）被包含的开头部分语法糖。

```
//标签[starts-with(@属性名,"包含的开头部分")]
```

比如获取 li 标签 class 属性中开头为 item 的元素对象的文本数据，具体代码如下。

```
from lxml import etree

html=etree.parse('./xpath_.html', etree.HTMLParser())
text_=html.xpath("//ul[@class='U_']/li[starts-with(@class,'inactive')]//text()")
print(text_)
```

输出结果如下所示。

```
['善良就是别人挨饿时,我吃肉不吧唧嘴。']
```

2）被包含的部分语法糖。

```
//标签[contains(@属性名,"包含的部分")]
```

比如获取 li 标签 class 属性中包含 item 的元素对象的文本数据，具体代码如下。

```
from lxml import etree

html = etree.parse('./xpath_.html', etree.HTMLParser())
text_ = html.xpath("//ul[@class='U_']/li[contains(@class, 'item')]//text()")
print(text_)
```

（4）获取多层标签下的文本

从上面构造的网页源码可以发现 li 标签中包含了 a 标签。

```
<li class="item-0">饿了<a href="link1.html">好些天都没吃饭了,看什么都像烙饼。</a></li>
```

假如现在想要获取纯文本的数据，那理想的结果当然是：饿了好些天都没吃饭了，看什么都像烙饼。所以想要获取 li 标签以下的所有文本数据，需要多再加上/来获取所有的元素文本，而后进行文本拼接，具体代码如下。

```
from lxml import etree

html = etree.parse('./xpath_.html', etree.HTMLParser())
li_list_ = html.xpath("//ul[@class='U_']/li")
for li_ in li_list_:
    text_ = li_.xpath(".//text()")
    print("".join(text_))
```

运行输出结果如下所示。

```
饿了好些天都没吃饭了,看什么都像烙饼。
从今儿起,我吃龙虾再也不就饼了。
善良就是别人挨饿时,我吃肉不吧唧嘴。
上次喝多了,拿筷子当鸡爪子,吃了一根半。
高兴你就笑笑,不高兴你就待会再笑。
```

8.1.9 【实例】抓取当当图书数据

首先，用户需要确定抓取的目标网页。这里以当当网站的图书搜索页为例，比如用户要搜索“点云”的关键字，那么搜索页的 URL 应该为：https://search.dangdang.com/? key=点云 &act=input&page_index=1

搜索结果页面如图 8-1 所示。

接下来打开浏览器开发者工具（通常通过按下 F12 键）并使用抓包拦截功能，效果如图 8-2 所示。

这个示例代码将通过当前页面提取到图书名称、作者、评分、价格，以及出版时间。

首先可以发现这个页面返回的就是 HTML 源文件（非 AJAX 加载）。

下面定义一下具体的步骤，可以按以下流程来进行数据抓取。

- 获取网页源码。
- 解析网页源码。
- 存为 CSV 文件。
- 翻页加载。

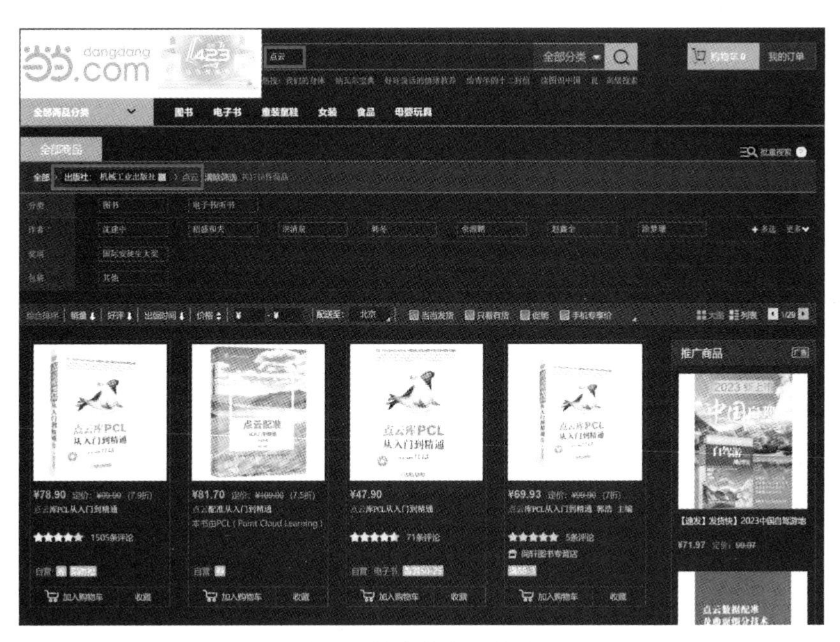

图 8-1　搜索当当图片页面

图 8-2　使用开发者工具抓包拦截功能

接下来新建 dangdang.py 文件并写入以下示例代码。

1. 获取网页源码

使用 requests 库发起 GET 请求，获取搜索结果页面的 HTML 内容，具体代码如下。

```
import requests

def get_response():
    headers= {
```

```
            "User-Agent": "Mozilla/5.0 (Windows NT 10.0; Win64; x64) AppleWebKit/537.36 (KHTML, like Gecko) Chrome/101.0.4951.67 Safari/537.36"
        }
        try:
            req = requests.get(
                url="https://search.dangdang.com/? key=点云 &act=input&att=s8589934592%3A8589934622&page_index=1",
                headers=headers, timeout=120)
            req.encoding = "GB2312"
            if req.status_code == 200:
                return req.text
                return None
            except ConnectionError:
                return None
```

可以看到这里利用 requests 库编写了一个获取网页源码的方法，具体地：

- 使用 get 方法访问既定 url 链接。
- headers 是浏览器请求头，用于伪装爬虫程序。
- param 是需要提交的参数（本段代码未展示，见本案例代码文件）。
- verify 忽略证书（本段代码未展示，见本案例代码文件）。
- timeout 指定超时时间、超过这个时间则抛出超时异常。

如果请求成功，就可以获取到搜索结果页面的 HTML 内容。

2. 解析网页源码

接下来，用户需要使用 XPath 从 HTML 内容中提取出需要的数据。以获取图书价格信息为例，假设用户要提取每本书的价格和折扣信息，那么可以使用 XPath 来编写一个解析函数，具体代码如下。

```
from lxml import etree

def parse_response(response):
    doc= etree.HTML(response)
    for li in doc.xpath("//ul[@class='bigimg']/li"):
        item= {}
        item["title"] = li.xpath("./p[@class='name']/a/@title")[0].replace(" ", "")
        try:

            item["price"] = li.xpath("./p[@class='price']/span[@class='search_now_price']/text()")[0].replace("  ", "")
        except:
...
        item["sku"] = li.xpath("./@id")[0].replace("p", "")
        item["search_comment_num"] = li.xpath("./p[@class='search_star_line']/a[@class='search_comment_num']/text()")[0] if li.xpath("./p[@class='search_star_line']/a[@class='search_comment_num']/text()") != [] else "暂无评论"
        item["search_book_author"] = li.xpath("./p[@class='search_book_author']/span[1]/a[@name='itemlist-author']/text()")[0] if li.xpath("./p[@class='search_book_author']/span[1]/a[@name='itemlist-author']/text()") != [] else "暂无作者"
```

```
            item["出版时间"] = li.xpath("./p[@class='search_book_author']/span[2]/text()")
[0].replace(" /", "") if li.xpath("./p[@class='search_book_author']/span[2]/text()") != []
else "无出版时间"
            print(item)
```

这段代码定义了一个名为 parse_response 的函数，它接受一个 response 参数并使用 lxml 库对其进行解析，以从特定网站中提取关于书籍的信息。然后函数循环遍历提取的信息，并为每本书打印它的信息。

提取的信息包括书籍的标题、价格、SKU、评论数量、作者和出版时间。

可以看到经过 parse_response 方法的解析之后，提取的数据变得更加清晰有结构，只提取保留有用的信息。

尝试运行这个 Python 程序。

```
response= get_response()
parse_response(response)
```

输出效果如下（为节省读者购书成本，此处仅展示核心代码，完整代码请参看本案例配套代码文件）。

```
    'title':'点云库 PCL 从入门到精通','price':'78.90','sku':'26513928','search_comment_num':
'1505条评论','search_book_author':'郭浩','出版时间':'2019-02-01'}
    {'title':'点云配准从入门到精通本书由 PCL(PointCloudLearning)中国创始人团队及测绘、三维视觉领域多位科研专家合作编写,系统性地对已经成熟并广泛应用的算法和技术进行了深度解析和总结。','price':'81.70',
'sku':'29552876','search_comment_num':'暂无评论','search_book_author':'郭浩','出版时间':'2023-03-29'}
    {'title':'点云库 PCL 从入门到精通','sku':'1901215058','search_comment_num':'71 条评论',
'search_book_author':'郭浩','出版时间':'2020-02-28'}
    {'title':'点云库 PCL 从入门到精通郭浩主编苏伟朱德海王可副主编测绘无人驾驶机器人人机交互逆向工程工业自动化','price':'69.93','sku':'600201884','search_comment_num':'5 条评论','search_book_author':'暂无作者','出版时间':'无出版时间'}
    {'title':'点云配准从入门到精通全彩印刷教学视频逆向工程 3C 机器人测绘遥感机器视觉虚拟现实人机交互无人驾驶元宇 100% 正版保证,提供正规发票,下单填写正确开票信息即可','price':'76.00','sku':'11388910186
','search_comment_num':'1 条评论','search_book_author':'暂无作者','出版时间':'2023-03-01'}
    {'title':'点云库 PCL 从入门到精通郭浩苏伟朱德海王可测绘无人驾驶机器人人机交互逆向工程工业自动化
BIMPC','price':'69.93','sku':'11204425716','search_comment_num':'暂无评论','search_book_author':'暂无作者','出版时间':'无出版时间'}
    {'title':'点云库 PCL 从入门到精通 9787111615521','price':'74.00','sku':'11301404999',
'search_comment_num':'暂无评论','search_book_author':'郭浩','出版时间':'2019-02-01'}
    {'title':'【正版秒发】点云库 PCL 从入门到精通郭浩,苏伟,朱德海等机械工业出版社可开发票！优惠多多！支持 7 天无理由！','price':'82.60','sku':'11228182904','search_comment_num':'暂无评论','search_book_author':'郭浩','出版时间':'2019-02-01'}
    ...
```

3. 存储表格文件

既然已经有数据输出、接下来就需要将数据存入 CSV 文件，可以使用 Python 内置的 csv 模块来将结果写入 CSV 文件中，将 parse_response 方法改为以下代码。

```
from lxml import etree
import csv

def parse_response(response):
```

```
        doc= etree.HTML(response)
        with open('1_.csv', 'w', newline="", encoding="utf-8") as f:
            writer= csv.DictWriter(f, fieldnames=["price", "sku", "search_comment_num", "
search_book_author", "出版时间"])
            writer.writeheader()
            for li in doc.xpath("//ul[@class='bigimg']/li"):
                item={}
                item["title"] = li.xpath("./p[@class='name']/a/@title")[0].replace(" ", "")
                try:
                    item["price"] = li.xpath("./p[@class='price']/span[@class='search_now_
price']/text()")[0].replace("  ","")
                except:
    ...
                item["sku"] = li.xpath("./@id")[0].replace("p", "")
                item["search_comment_num"] = li.xpath("./p[@class='search_star_line']/a
[@class='search_comment_num']/text()")[0] if li.xpath("./p[@class='search_star_line']/a
[@class='search_comment_num']/text()") != [] else "暂无评论"
                item["search_book_author"] =li.xpath("./p[@class='search_book_author']/span
[1]/a[@name='itemlist-author']/text()")[0] if li.xpath(
    "./p[@class='search_book_author']/span[1]/a[@name='itemlist-author']/text()") != [] else
"暂无作者"
                item["出版时间"] = li.xpath("./p[@class='search_book_author']/span[2]/text
()")[0].replace(" /", "") if li.xpath("./p[@class='search_book_author']/span[2]/text()") !=
[] else "无出版时间"
                writer.writerow(item)  #将列表的每个元素写到 CSV 文件的一行
```

这段代码将返回的书籍数据写入到一个名为 books.csv 的 CSV 文件中，包括书名、作者和价格三个字段。在写入 CSV 文件时，需要使用 csv.writer( )方法创建一个写入器对象，并使用 writerow( )方法写入表头和行数据。运行后在同目录下查看 1_.csv 文件，可以发现数据已经成功插入至 CSV 文件。

至此，数据写入文件的操作就已经完成了。

4. 翻页加载

通过对网页结构的剖析和判断，可以发现其 url 的构造过程如下。

```
    https://search.dangdang.com/? key=点云 &act=input&att=s8589934592% 3A8589934622&page_
index=2
```

其中 page_index 为页数（这里上限 100 页）。

这里假设只需要遍历前个网页链接，当然更加高效的方法是使用多线程或者异步协程进行并发操作（这里不做赘述），具体代码如下。

```
    for page_index in range(1, 5):
        response= get_response(url=f"https://search.dangdang.com/? key=点云 &act=input&att
=s8589934592%3A8589934622&page_index={page_index}")
        parse_response(response)
```

5. 整体代码

最后编写一个 DangDangSpider 类，封装一下整体功能实现，具体代码如下。

```
    import requests
    from lxml import etree
```

```
class DangDangSpider:
    def __init__(self):
        self.r = requests.session()

    def get_response(self, url):
        headers= {
            "User-Agent": "Mozilla/5.0 (Windows NT 10.0; Win64; x64) AppleWebKit/537.36
(KHTML, like Gecko) Chrome/101.0.4951.67 Safari/537.36"
        }
        try:
            req = self.r.get(
                url=url,
                headers=headers, timeout=120)
            req.encoding = "GB2312"
            if req.status_code == 200:
                return req.text
            return None
        except ConnectionError:
            return None

    def parse_response(self, response):
        doc= etree.HTML(response)
        import csv
        with open('1_.csv', 'w', newline="", encoding="utf-8") as f:
            writer= csv.DictWriter(f,
            fieldnames=["price", "sku", "search_comment_num", "search_book_author", "出版时间"])
            writer.writeheader()
            # writer.writerows(items)
            # writer.writerow({'name': 'lhh', 'score': '100', 'age': '24', 'sex': '男'})
            for li in doc.xpath("//ul[@class='bigimg']/li"):
                item= {}
                item["title"] = li.xpath("./p[@class='name']/a/@title")[0].replace(" ", "")

                try:
                    item["price"] = li.xpath("./p[@class='price']/span[@class='search_now
_price']/text()")[0].replace("  ",
    "")
                except:
                    ...
                item["sku"] = li.xpath("./@id")[0].replace("p", "")
                item["search_comment_num"] = li.xpath("./p[@class='search_star_line']/a
[@class='search_comment_num']/text()")[0] if li.xpath(
    "./p[@class='search_star_line']/a[@class='search_comment_num']/text()") != [] else "暂无
评论"
            item["search_book_author"] = li.xpath("./p[@class='search_book_author']/span
[1]/a[@name='itemlist-author']/text()")[
    0] if li.xpath(
                "./p[@class='search_book_author']/span[1]/a[@name='itemlist-author']/
text()") != [] else "暂无作者"
```

```
            item["出版时间"] = li.xpath("./p[@class='search_book_author']/span[2]/text()")
[0].replace(" /",
    "") if li.xpath(
    "./p[@class='search_book_author']/span[2]/text()") != [] else "无出版时间"
            print(item)
            writer.writerow(item)  #将列表的每个元素写到 CSV 文件的一行

        def run(self):
            for page_index in range(1, 5):
                response= self.get_response(url=f"http://search.dangdang.com/? key=点云
&act=input&att=s8589934592% 3A8589934622&page_index={page_index}")
                self.parse_response(response)

        if __name__ == '__main__':
            S= DangDangSpider()
            S.run()
```

至此用户就完成了网页请求、源码解析、翻页操作以及写入本地文件的流程。

8.2 定时任务

定时任务是指在预定的时间或间隔内自动执行特定的操作或程序。在实际应用中，定时任务有着广泛的应用场景，其意义体现在以下几个方面。

- 自动化操作：定时任务可以自动化执行一些重复性的操作，如定时备份数据、定时清理文件和定时发送邮件等，减少了人工操作的工作量，提高了工作效率。
- 精细化管理：定时任务可以帮助用户监控系统运行状态，如定时检测服务器性能、定时更新软件程序以及定时检查网站访问情况等，提高了系统的稳定性和安全性。
- 数据处理：定时任务可以帮助用户对数据进行自动化处理，如定时从网站抓取数据、定时对数据进行清洗和分析等，提高了数据处理的效率和准确性。
- 节省成本：定时任务可以帮助用户节省人力、物力和时间成本，减少了企业的运营成本，提高了企业的竞争力。

总之，定时任务可以帮助用户自动化执行一些简单的或重复性的操作，提高工作效率和系统稳定性，并且节省成本，是企业和个人工作中不可或缺的一部分。

8.2.1 安装 schedule 库

常见的 Python 定时任务库包括但不限于 schedule、apscheduler（支持异步操作的定时任务）、celery 队列等。

本书以 schedule 库为例来实现定时任务。schedule 是一个轻量级的任务库，没有外部依赖，可以直接上手，基本不需要做什么配置就能直接。它在 Python3.6、3.7、3.8 和 3.9 等版本上均可测试通过。

可以使用 pip 安装 schedule 库。在终端或命令行中输入以下命令。

```
pip install schedule
```

8.2.2　常用操作

schedule 库中最常用的函数是 schedule.every( )，它用于指定要运行的任务和执行的时间。下面是一些常见的任务和时间设定的典型案例。

1. 每隔一段时间运行任务

每隔一段时间运行任务的具体代码如下。

```
import schedule
import time

def job():
    print("我开始工作啦 ...")

schedule.every(10).seconds.do(job)

while True:
    schedule.run_pending()
    time.sleep(1)
```

上面的代码将每 10 秒运行一次 job 函数，并在控制台输出“我开始工作啦...”。

2. 在指定的时间运行任务

在指定的时间运行任务的具体代码如下。

```
import schedule
import time

def job():
    print("我开始工作啦 ...")

schedule.every().day.at("10:30").do(job)

while True:
    schedule.run_pending()
    time.sleep(1)
```

上面的代码将在每天的 10：30 运行 job 函数，同样在控制台输出“我开始工作啦...”。

3. 在指定的日期和时间运行任务

在指定的日期和时间运行任务的具体代码如下。

```
import schedule
import time

def job():
    print("我开始工作啦 ...")

schedule.every().day.at("10:30").do(job)
schedule.every().monday.at("12:00").do(job)
schedule.every().wednesday.at("15:30").do(job)

while True:
    schedule.run_pending()
    time.sleep(1)
```

上面的代码将在每天的 10：30 运行 job 函数，并在每周一的 12：00 和每周三的 15：30 运行一次。

4. 取消任务

取消任务的具体代码如下。

```
import schedule
import time

def job():
    print("我开始工作啦 ...")

job_event= schedule.every(10).seconds.do(job)


while True:
    schedule.run_pending()
    time.sleep(1)
if some_condition:
        job_event.cancel()
```

上面的代码将每 10 秒运行一次 job 函数，并在满足某些条件时取消这个任务。schedule.every( ) 函数返回一个 Job 对象，用户可以使用该对象来取消或修改任务。

Schedule 库常见的定时调度格式还有如下类型。

```
schedule.every(10).minutes.do(job)   # 每 10 分钟调用一次 job 方法
schedule.every().hour.do(job) # 每小时调用一次 job 方法
schedule.every().day.at("10:30").do(job) # 每天 10:30 调用一次 job 方法
schedule.every(5).to(10).days.do(job) # 每 5 到 10 天调用一次 job 方法
schedule.every().monday.do(job) # 每周一调用一次 job 方法
schedule.every().wednesday.at("13:15").do(job) # 每周三 13:15 调用一次 job 方法
```

需要注意的是 schedule 并不是线程安全的、如果对并发执行有要求的话、请选择如 celery 或 apscheduler 这类的任务库。以上就是 Schedule 库的详细使用方法。希望本节内容能够帮助用户更好地了解和使用 schedule 库。

用户还可以在 schedule 的官方文档中找到更详细的信息和示例：https://schedule.readthedocs.io/en/stable

8.2.3 【实例】定时推荐狗狗图片

接下来进入实战开发环节，这里有一个获取狗狗图片的 API 接口：https://dog.ceo/api/breeds/image/random，它随机返回一张狗的图片，如果直接使用浏览器打开，则结果如图 8-3 所示。

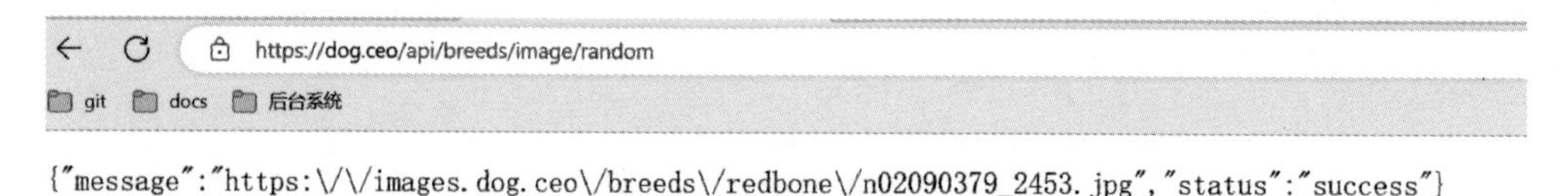

{"message":"https:\/\/images.dog.ceo\/breeds\/redbone\/n02090379_2453.jpg","status":"success"}

图 8-3　返回狗狗图片地址

这里接口返回的 message 字段是一张狗狗的图片地址。

假设用户的需求每 2 分钟访问一次该接口并将图片储存于本地，下面是具体的实现流程。

首先需要编写一个获取响应的方法，具体代码如下。

```
import requests

url= "https://dog.ceo/api/breeds/image/random"

def get_response():
    headers= {
        "User-Agent": "Mozilla/5.0 (Windows NT 10.0; Win64; x64) AppleWebKit/537.36 (KHTML, 
like Gecko) Chrome/101.0.4951.67 Safari/537.36"
    }
    try:
        req = requests.get(url=url, headers=headers, timeout=30)
        if req.status_code == 200:
            return req.json()
        return None
    except ConnectionError:
        return None
```

运行后成功得到返回的 json 数据，具体代码如下。

```
{'message':'https://images.dog.ceo/breeds/terrier-dandie/n02096437_3982.jpg','status':'
success'}
```

然后还需要编写一个储存图片资源的方法，具体代码如下。

```
import requests, uuid

def save_dog_pic(pic_url):
    req = requests.get(url=pic_url, headers=headers, timeout=30)
    filename= f"dog_{str(uuid.uuid4())}.jpg"  # 随机给狗狗取了个唯一编号
    with open(filename, 'wb') as f:
        f.write(req.content)
```

编写定时 job 方法并启动定时器，具体代码如下。

```
def job():
    response= get_response()
    pic_url= response.get("message")
    save_dog_pic(pic_url)
    print("储存图片完成")

schedule.every(4).seconds.do(job)

while True:
    schedule.run_pending()
    time.sleep(1)
```

这样每过 2 分钟程序就会自动抓取一张图片并保存到本地。

8.2.4 【实例】定时推荐书籍

下面的例子会在每天晚上 12 点给用户推荐一本书籍，当然这里的书籍信息是接口随机

虚拟生成的，具体的 API 地址如下。

```
https://fakerapi.it/api/v1/books? _quantity=1
```

可以发现，这个 api 需要传递一个参数_quantity，它指定了需要获取的 book 的数量。

1）实现一个获取网络响应的方法，具体代码如下。

```
import requests

url= "https://fakerapi.it/api/v1/books? _quantity=1"

def get_response():
    headers= {
        "User-Agent": "Mozilla/5.0 (Windows NT 10.0; Win64; x64) AppleWebKit/537.36 (KHTML,
like Gecko) Chrome/101.0.4951.67 Safari/537.36"
    }
    try:
        req = requests.get(url=url, headers=headers, timeout=30)
        if req.status_code == 200:
            return req.json()
        return None
    except ConnectionError:
        return None
```

返回的数据格式如下。

```
{
    "status": "OK",
    "code": 200,
    "total": 1,
    "data": [
        {
            "id": 1,
            "title": "But her sister was.",
            "author": "Emily Purdy",
            "genre": "Dolor",
            "description": "Alice hastily replied; 'at least--at least I know I do! ' said
Alice in a thick wood.'The first thing I've got to the jury, in a moment: she looked down at her
rather inquisitively, and seemed to.",
            "isbn": "9781620906163",
            "image": "http://placeimg.com/480/640/any",
            "published": "1994-09-15",
            "publisher": "Inventore Amet"
        }
    ]
}
```

2）开始实现一个发送邮箱的方法，具体代码如下。

```
import yagmail

def send_mail(contents):
    from_addr = "wutong8773@163.com"  # 发送邮箱地址
    password= ""                      # 邮箱授权码
```

```
    to_addr = "341796767@qq.com"  # 接收邮箱地址
    smtp_server= "smtp.163.com"   # 邮箱服务器

    # 链接邮箱服务器
    yag = yagmail.SMTP(user=from_addr, password=password, host=smtp_server)

    # 发送邮件
    yag.send(to_addr, '书籍推荐', contents)
```

这是一个使用 yagmail 库发送邮件的 Python 函数。

如果用户尚未安装 yagmail 库，可以使用以下命令在命令行中进行安装。

```
pip install yagmail
```

邮件将从 wutong8773@ 163.com 发送到 341796767@ qq.com，主题为“书籍推荐”，邮件内容由参数 contents 指定。在函数中，SMTP 服务器地址为 smtp.163.com，同时需要提供发件人的邮箱授权码。具体邮件推送内容详见于本书第 10 章自动推送通知的相关内容。

3）编写 job 方法并启动定时器，具体代码如下。

```
def job():
    response= get_response()
    data= response.get("data")
    send_mail(data)

schedule.every().day.at("23:59").do(job)

while True:
    schedule.run_pending()
```

合并以上步骤后的最终代码如下所示。

```
import requests
import yagmail
import schedule

url= "https://fakerapi.it/api/v1/books? _quantity=1"

def get_response():
    headers= {
        "User-Agent": "Mozilla/5.0 (Windows NT 10.0; Win64; x64) AppleWebKit/537.36 (KHTML, 
like Gecko) Chrome/101.0.4951.67 Safari/537.36"
    }
    try:
        req = requests.get(url=url, headers=headers, timeout=30)
        if req.status_code == 200:
            return req.json()
        return None
    except ConnectionError:
        return None

def send_mail(contents):
    from_addr = "wutong8773@163.com"  # 发送邮箱地址
    password= ""  # 邮箱授权码
```

```
    to_addr = "341796767@qq.com"  # 接收邮箱地址
    smtp_server= "smtp.163.com"   # 邮箱服务器

    # 链接邮箱服务器
    yag = yagmail.SMTP(user=from_addr, password=password, host=smtp_server)

    # 发送邮件
    yag.send(to_addr, '书籍推荐', contents)

def job():
    response= get_response()
    data= response.get("data")
    send_mail(data)

schedule.every().day.at("23:59").do(job)

while True:
    schedule.run_pending()
```

这样每天固定12点就可以收到一封有关书籍推荐的邮件。

8.3 selenium 火速上手

selenium 是一个用于 Web 应用程序测试的工具。本质上它是一款自动化测试工具。官方给出的宣传语是“selenium 测试直接运行在浏览器中，就像真正的用户在操作一样”。其特性如下。

- 跨平台，适用于 Windows、Linux 和 mac。
- 支持多语言，如 C、Java、Ruby、Python 和 C#，用户都可以通过 selenium 完成自动化测试任务。
- 支持多浏览器，如 Firefox、Safari、Opera 和 Chrome。
- 支持分布式，可以把测试用例分布到不同的测试机器的执行，相当于分发机的功能。

8.3.1 selenium 安装和初始化

安装和初始化 selenium 的相关内容如下。

1. 安装

可以使用 pip 安装 selenium（这里指定版本号为4.3.0），在终端或命令行中输入以下命令。

```
pip install selenium==4.3.0
```

输入以下代码验证其是否安装成功：

```
$python
>>> import selenium
```

如果没有报错，则证明已安装成功。

2. 初始化浏览器和 Chromedriver 驱动

安装成功后，用户还需要下载并安装一个浏览器驱动程序。驱动程序的版本应该与用户

的浏览器版本相匹配。selenium 支持多种浏览器版本，这里作者推荐使用 Chrome 或火狐浏览器，这里以 Chrome 浏览器为例。用户需要打开 Chrome 浏览器查看用户的浏览器版本下载对应版本的 Chromedriver 驱动，Chrome 浏览器版本如图 8-4 所示。

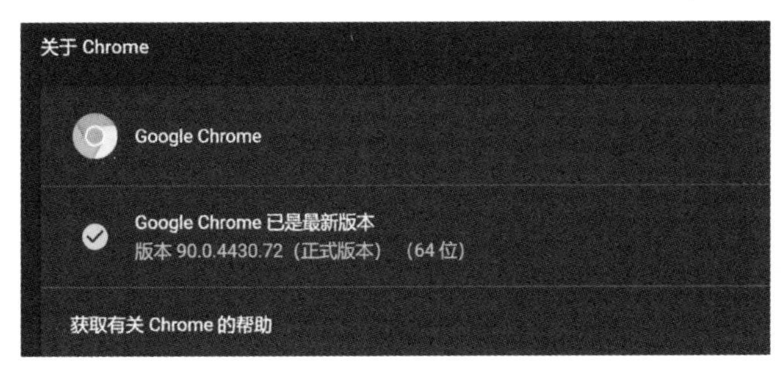

图 8-4　查看 Chrome 浏览器版本

以下是一些常用浏览器的驱动程序下载链接。

- Chrome：https://registry.npmmirror.com/binary.html？path=chromedriver。
- Firefox：https://github.com/mozilla/geckodriver/releases。
- Edge：https://developer.microsoft.com/en-us/microsoft-edge/tools/webdriver。

根据浏览器版本下载对应的版本号，这里假设用户已经下载成功并保存至 D：/chrome/chromedriver/chromedriver.exe。

3. 测试启动 selenium

下面用户来测试一下 selenium 是否能够正常启动浏览器，具体代码如下。

```
import time
from selenium import webdriver

from selenium.webdriver.chrome.service import Service

executable_path= r"D:\Downloads\chromedriver_win32\chromedriver.exe"
service= Service(executable_path)

browser= webdriver.Chrome(service=service)   # 指定浏览器驱动路径

time.sleep(3)                                # 停留三秒
browser.quit()                               # 关闭浏览器
```

这段代码使用 selenium 库打开一个 Chrome 浏览器窗口，停留三秒钟后关闭浏览器。

具体来说，这段代码的执行过程如下。

- 指定 ChromeDriver 的路径为 D：_win32.exe。
- 创建一个 Service 对象，将 ChromeDriver 的路径传递给它。
- 使用 webdriver.Chrome( ) 函数创建一个 Chrome 浏览器实例，并将 Service 对象传递给它，以指定浏览器驱动程序路径。
- 使用 time.sleep（3）函数暂停三秒钟，等待浏览器加载网页。
- 使用 browser.quit( ) 函数关闭浏览器。

在这段代码中，通过使用 Service 对象来指定浏览器驱动程序路径，避免了使用 executable_path 参数所产生的警告。同时，使用 time.sleep( ) 函数可以让浏览器有足够的时间加载网页，以避免后续操作出现错误。执行完成后，Chrome 浏览器将被打开，证明 selenium 安装配置完成。

8.3.2 selenium 模块的基本使用

1. 声明浏览器对象

selenium 支持非常多的浏览器，如 Chrome、Firefox 和 Edge 等，还有 Android、BlackBerry 等手机端的浏览器。

在使用 selenium 之前，需要先创建一个浏览器对象。可以使用 webdriver 模块来创建浏览器对象，具体代码如下。

```
from selenium import webdriver

from selenium.webdriver.chrome.service import Service

executable_path= r"D:\Downloads\chromedriver_win32\chromedriver.exe"
service= Service(executable_path)

browser= webdriver.Chrome(service=service)  # 指定浏览器驱动路径
```

这样就完成了浏览器对象的初始化并将其赋值为 browser 对象。这里指定了浏览器驱动路径为 D：/chrome/chromedriver/chromedriver.exe，如果没有指定，那么就需要将驱动程序放在 Python 的安装目录下。接下来，就是要通过调用 browser 对象，让其执行各个动作以模拟浏览器操作。

2. 打开网页

使用 selenium 打开网页的方法是调用浏览器对象的 get()方法，具体代码如下。

```
import time

from selenium import webdriver
from selenium.webdriver.common.by import By
from selenium.webdriver.chrome.service import Service

executable_path= r"D:\Downloads\chromedriver_win32\chromedriver.exe"
service= Service(executable_path)

browser= webdriver.Chrome(service=service)                    # 指定浏览器驱动路径

url= "https://www.baidu.com/"

browser.set_window_size(900, 700)                             # 控制浏览器窗口大小

browser.get(url)                                              # 打开网页

browser.find_element(By.ID,"kw").clear()                      # 清除文本
browser.find_element(By.ID,"kw").send_keys("Python")          # 模拟按键输入
browser.find_element(By.ID,"su").click()                      # 单击元素

time.sleep(3)
                                                              #关闭浏览器
browser.quit()
```

在上面的代码中：创建了一个 Chrome 浏览器对象，并指定了 Chrome 浏览器驱动程序的路径；使用 get( )方法打开了 baidu 的首页；定位搜索框、输入文本并单击搜索按钮；使用 quit( )方法关闭了浏览器，释放计算机资源。

3. 元素定位

- find_element（By.ID，'Python'）根据元素的 id 属性值定位。
- find_element（By.NAME，'Python'），根据元素的 name 属性值定位。
- find_element（By.CLASS_NAME，'Python'）通过标签 class 属性定位。
- find_element（By.TAG_NAME，"Python"）通过标签 tag 定位。
- find_element（By.LINK_TEXT，"Python"）通过 link 定位。
- ind_element（By.XPATH，'Python'）通过元素的 xpath 定位。
- ind_element（By.CSS_SELECTOR，'Python'）通过 css 选择器定位。

几种元素定位方式区别如表 8-1 所示。

表 8-1　几种主要元素定位方式的区别

定位方式	定位是否唯一	返回值类型	备　注
id 属性定位	唯一	element	只有当标签有 id 属性时才能使用
name 属性定位	可能不唯一	element 或 elements 列表	只有当标签有 name 属性时才能使用
class 属性定位	可能不唯一	element 或 elements 列表	只有当标签有 class 属性时才能使用
tag 定位	可能不唯一	element 或 elements 列表	通常得到的都是一组列表
xpath 定位	可能不唯一	element 或 elements 列表	
css 选择器定位	可能不唯一	element 或 elements 列表	

4. 文本输入、清除与提交

在 selenium 中，对于文本输入、清除和提交等操作，通常使用以下 3 种方法。

- send_keys( )：向文本框或其他可输入的元素中输入文本或键盘按键。
- clear( )：清除文本框或其他可编辑元素中的文本。
- submit( )：提交表单或者执行某些动作，例如在搜索框中输入关键词后提交搜索请求。

下面演示了如何使用 send_keys( )方法向文本框中输入文本，具体代码如下。

```
import time

from selenium import webdriver
from selenium.webdriver.common.by import By
from selenium.webdriver.chrome.service import Service

executable_path= r"D:\Downloads\chromedriver_win32\chromedriver.exe"
service= Service(executable_path)

browser= webdriver.Chrome(service=service)  #指定浏览器驱动路径
#打开网页
browser.get("http://www.csdn.net")

#定位搜索框并输入文本
```

```
search_box= browser.find_element(By.CSS_SELECTOR, '#toolbar-search-input')
search_box.send_keys('Python')  # 向搜索框中输入文本

#清除搜索框中的文本
search_box.clear()

#再次向搜索框中输入文本
search_box.send_keys('JavaScript')

#提交搜索
search_button= browser.find_element(By.CSS_SELECTOR, '#toolbar-search-button')
search_button.click()

time.sleep(3)

browser.quit()
```

在上面的代码中，先使用 send_keys( )方法向搜索框中输入 Python 文本，然后使用 clear( )方法清除搜索框中的文本，再次使用 send_keys( )方法向搜索框中输入 JavaScript 文本，最后使用 submit( )方法提交搜索请求。

需要注意的是，clear( )方法只能用于文本框或其他可编辑元素，如果应用于不可编辑的元素，将会抛出 InvalidElementStateException 异常。同时，在某些情况下，提交表单时可能需要使用 submit( )方法而不是 click( )方法，因为 click( )方法可能会触发 JavaScript 表单验证而导致提交失败。也就是说，click( )可以代替 submit( )使用，但 click( )与 submit( )方法不同。

5. 获取页面内容

获取页面内容、页面标题、页面源码、页面链接和标签内文本等信息通常使用的方法如下。

- page_source：获取当前页面的源代码。
- title：获取当前页面的标题。
- current_url：获取当前页面的 URL
- text：获取元素的文本内容。

下面将演示如何使用这些方法获取页面内容、页面标题、页面源码、页面链接，具体代码如下。

```
from selenium import webdriver
from selenium.webdriver.chrome.service import Service
from selenium.webdriver.common.by import By

executable_path= r"D:\Downloads\chromedriver_win32\chromedriver.exe"
service= Service(executable_path)

browser= webdriver.Chrome(service=service)  # 指定浏览器驱动路径

#打开网页
browser.get('https://www.baidu.com')

#获取页面内容
page_source= browser.page_source
```

```
print('页面内容:', page_source)

#获取页面标题
title= browser.title
print('页面标题:', title)

#获取当前页面的 URL
url= browser.current_url
print('页面 URL:', url)

#查找搜索框并输入文本
browser.find_element(By.ID,"kw").clear()   #清除文本
search_box= browser.find_element(By.ID, "kw").send_keys("Python")   #模拟按键输入

#提交搜索
browser.find_element(By.ID,"su").click()   #点击元素

#获取搜索结果页面的标题和 URL
search_title= browser.title
search_url= browser.current_url
print('搜索结果页面标题:', search_title)
print('搜索结果页面 URL:', search_url)

browser.quit()#关闭浏览器
```

这段代码具体进行了以下操作。

- 创建了一个浏览器对象，并打开了百度网页（https://www.baidu.com）。
- 使用 page_source 属性获取了当前页面的 HTML 代码，并输出到控制台。
- 使用 title 属性获取了当前页面的标题，并输出到控制台。
- 使用 current_url 属性获取了当前页面的 URL，并输出到控制台。
- 查找搜索框元素，并使用 clear( ) 方法清除文本，然后使用 send_keys( ) 方法模拟按键输入了字符串 Python。
- 查找搜索按钮元素，并使用 click( ) 方法模拟鼠标单击。
- 使用 title 属性获取了搜索结果页面的标题，并输出到控制台。
- 使用 current_url 属性获取了搜索结果页面的 URL，并输出到控制台。
- 使用 quit 方法关闭了浏览器。

总体来说，这段代码主要是演示了如何使用 seleniumwebdriver 执行一些简单的操作，如打开网页、获取页面内容和元素、输入文本以及单击元素等。

6. 执行 JavaScript

在 selenium 中可以使用 execute_script( ) 方法执行 JavaScript 代码，以实现一些需要 JavaScript 支持的操作。

execute_script( ) 方法的基本用法如下。

```
driver.execute_script(script, *args)
```

其中，script 参数为要执行的 JavaScript 代码字符串，*args 参数可选，用于向 JavaScript 代码中传递参数。

下面演示几个使用 execute_script( ) 方法的示例。

（1）滚动页面

```
from selenium import webdriver
from selenium.webdriver.chrome.service import Service

executable_path= r"D:\Downloads\chromedriver_win32\chromedriver.exe"
service= Service(executable_path)

browser= webdriver.Chrome(service=service)  # 指定浏览器驱动路径

#打开网页
browser.get('https://docs.python.org/3/tutorial/index.html')

#模拟向下滚动 10000 像素
browser.execute_script('window.scrollBy(0, 10000)')
```

在上面的代码中，使用到了 execute_script( ) 方法执行了一个 JavaScript 代码字符串 window.scrollBy（0，1000），该代码表示将当前页面向下滚动 1000 像素。

（2）隐藏元素

```
from selenium import webdriver
from selenium.webdriver.chrome.service import Service
from selenium.webdriver.common.by import By

executable_path= r"D:\Downloads\chromedriver_win32\chromedriver.exe"
service= Service(executable_path)

browser= webdriver.Chrome(service=service)  # 指定浏览器驱动路径

#打开网页
browser.get('https://www.baidu.com')

#查找登录按钮
ad= browser.find_element(By.ID, 's-top-loginbtn')

#隐藏广告元素
browser.execute_script('arguments[0].style.display="none";', ad)

browser.quit() # 关闭浏览器
```

这段代码使用 selenium 模拟了一个打开百度首页的操作，然后通过查找页面元素定位到一个 ID 为 s-top-loginbtn 的元素，即百度首页顶部的“登录”按钮。

接着使用 JavaScript 语句执行了一个操作，将这个元素的 CSS 样式中 display 属性设置为 none，从而隐藏了这个登录按钮。最后，浏览器将自动关闭。

（3）单击元素

```
from selenium import webdriver
from selenium.webdriver.chrome.service import Service
from selenium.webdriver.common.by import By

executable_path= r"D:\Downloads\chromedriver_win32\chromedriver.exe"
service= Service(executable_path)

browser= webdriver.Chrome(service=service)  # 指定浏览器驱动路径
```

```
#打开网页
browser.get('https://www.baidu.com')

#查找搜索按钮元素
browser.find_element(By.ID,'kw').send_keys('selenium')
search_btn = browser.find_element(By.ID, 'su')

#单击搜索按钮
browser.execute_script('arguments[0].click();', search_btn)

browser.quit()#关闭浏览器
```

这段代码实现了以下操作。

- 使用 selenium 打开了百度首页。
- 在搜索框中输入了 selenium 字符串。
- 使用 JavaScript 的执行函数实现了单击搜索按钮，与通过 search_btn.click( ) 方法相比，execute_script( ) 可以在隐藏的元素上执行 click 事件。
- 最后关闭了浏览器。

需要注意的是，使用 execute_script( ) 方法执行 JavaScript 代码时，需要确保代码的正确性和安全性，避免对页面造成不必要的影响和损害。

建议在使用 execute_script( ) 方法前，先优先尝试使用 selenium 的其他 API 实现相同的操作，以避免使用过多的 JavaScript 代码。

7. 获取节点信息

要获取一个节点的信息，需要使用 find_element 方法，它接受一个选择器作为参数，然后返回一个 WebElement 对象，用户可以使用该对象进行各种操作，比如获取属性、文本值等。下面演示了如何使用 find_element 方法获取节点信息，具体代码如下。

```
import time

from selenium import webdriver
from selenium.webdriver.chrome.service import Service
from selenium.webdriver.common.by import By

executable_path= r"D:\Downloads\chromedriver_win32\chromedriver.exe"
service= Service(executable_path)

browser= webdriver.Chrome(service=service)                  # 指定浏览器驱动路径

browser.get('https://www.csdn.net/')                         # 打开网页
time.sleep(2)                                                # 等待 2 秒

h1= browser.find_element(By.CLASS_NAME, 'h-tag')             # 通过 class_name 定位
print(h1.text)                                               # 获取元素文本

a= browser.find_element(By.CSS_SELECTOR, 'a')                # 通过 css_selector 定位
print(a.get_attribute('href'))                               # 获取元素属性

input = browser.find_element(By.CSS_SELECTOR, 'input')       # 通过 css_selector 定位
print(input.get_attribute('type'))                           # 获取元素属性

browser.quit()                                               # 关闭浏览器
```

该代码使用 selenium 自动化测试工具打开了一个网页，等待 2 秒钟，然后定位了三个不同的网页元素，并打印了它们的文本或属性。

具体来说，该代码定位了一个 class 为 h-tag 的元素，获取其文本；定位了一个 a 标签元素，获取其 href 属性；定位了一个 input 元素，获取其 type 属性。最后，该代码关闭了浏览器。

8. 窗口切换

使用 selenium webdriver 进行自动化测试时，有时需要在多个浏览器窗口之间切换。

- current_window_handle：获取当前窗口的句柄。
- window_handles：获取所有打开页面的句柄，是一个列表。
- switch_to.window()：切换到指定页面。
- swith_to.parent_frame()：切回到内敛框架的上一级，即从内敛框架切出。

以下是一个使用 selenium webdriver 在窗口之间切换的示例，具体代码如下。

```
from selenium import webdriver

from selenium.webdriver.chrome.service import Service

from selenium.webdriver.common.by import By

executable_path= r"D:\Downloads\chromedriver_win32\chromedriver.exe"
service= Service(executable_path)

browser= webdriver.Chrome(service=service)  # 指定浏览器驱动路径

#打开百度网页
browser.get('https://www.baidu.com')

#获取当前窗口句柄
current_window= browser.current_window_handle

#单击打开新窗口的链接
link= browser.find_element(By.LINK_TEXT, '新闻')
link.click()

#获取所有窗口句柄
all_windows= browser.window_handles

#切换到新窗口
for window in all_windows:
    if window != current_window:
        browser.switch_to.window(window)
        break

#在新窗口中执行测试,比如获取新闻标题
news_title= browser.find_element(By.XPATH, '//strong').text
print('新闻标题为:', news_title)

#关闭新窗口并切换回原来的窗口
browser.close()
browser.switch_to.window(current_window)

browser.quit()# 关闭浏览器
```

这段代码使用 selenium 自动化测试工具打开了百度网页，在当前窗口中单击“新闻”链接打开了一个新的窗口，切换到新窗口并获取新闻标题信息，然后关闭新窗口并切换回原来的窗口，最后关闭浏览器。

在需要获取多个网站上的数据时，如果每个网站都需要打开新窗口，这段代码就可以很方便地实现对新窗口的处理，避免了手动切换窗口的复杂过程，提高了爬虫的效率。

9. 延时等待

延时等待分为以下几种。

- 显式等待 webdriverwait（browser，n，h）：browser 代表浏览器对象，n 是等待时长，h 是频率。相比于隐式等待，显式等待只针对指定的元素生效，不再是针对所有的页面元素。可以根据需要定位的元素来设置显式等待，不用等待页面完全加载，节省了大量因加载无关紧要的页面元素而浪费的时间。
- 隐式等待 implicitly_wait（n）：如果超过 n 秒，抛出找不到元素的异常；隐式等待只需要声明一次，一般在打开浏览器后进行声明。隐式等待存在的问题是程序会一直等待整个页面加载完成才会执行下一步，有时候想要定位的元素早就加载好了，但是由于别的页面元素没加载好，仍会等到整个页面加载完成才能执行下一步。
- 强制等待 sleep（n）：需要导入 time 包，n 表示等待秒数；用于避免因元素未加载出来而定位失败的情况。

下面的代码使用 selenium 自动化测试工具打开了 CSDN 网页，等待搜索框加载出来后输入关键字，然后等待搜索结果加载出来后打印搜索结果的标题，具体代码如下。

```
from time import sleep

from selenium import webdriver
from selenium.webdriver.chrome.service import Service
from selenium.webdriver.common.by import By
from selenium.webdriver.support import expected_conditions as EC
from selenium.webdriver.support.wait import WebDriverWait

executable_path= r"D:\Downloads\chromedriver_win32\chromedriver.exe"
service= Service(executable_path)

browser= webdriver.Chrome(service=service)                    # 指定浏览器驱动路径

sleep(1)

browser.get("https://www.csdn.net")                           ## 打开 CSDN 首页

tag= WebDriverWait(browser, 5, 0.5).until(
    EC.presence_of_element_located((By.XPATH,'//*[@id="toolbar-search-input"]')))
                                                              # 等待搜索框加载出来
tag.send_keys("selenium")
tag= WebDriverWait(browser, 5, 0.5).until(
    EC.presence_of_element_located((By.ID,'toolbar-search-button'))# 等待搜索按钮加载出来
tag.click()#

sleep(2)
browser.quit()                                                # 关闭浏览器
```

10. 前进、后退、页面刷新

可以使用以下方法模拟用户前进、后退和页面刷新的操作。

（1）前进、后退操作

在 selenium 中可以使用 browser.forward( ) 和 browser.back( ) 方法来进行前进和后退操作。这两个方法可以在浏览器中模拟用户单击浏览器的“前进”和“后退”按钮，下面是一个跳转示例，具体代码如下。

```
import time

from selenium import webdriver
from selenium.webdriver.chrome.service import Service

executable_path= r"D:\Downloads\chromedriver_win32\chromedriver.exe"
service= Service(executable_path)

browser= webdriver.Chrome(service=service)          # 指定浏览器驱动路径

                                                    # 前往百度首页
browser.get("https://www.baidu.com")

                                                    # 前往新闻页面
browser.get("https://news.baidu.com")

browser.back()                                      # 模拟用户单击后退按钮
                                                    # 模拟用户单击前进按钮
browser.forward()

time.sleep(2)

browser.quit()                                      # 关闭浏览器
```

这段代码首先打开 Chrome 浏览器，再访问百度首页。接着，模拟了用户在浏览器中输入网址跳转到新闻页面。然后，它使用 browser.back( ) 模拟了用户单击浏览器的后退按钮，回到了百度首页。最后，使用 browser.forward( ) 模拟了用户单击浏览器的前进按钮，重新回到了新闻页面。代码最后等待 2 秒后关闭了浏览器

以上方法适用于需要在浏览器中进行多个页面的访问和操作的场景，例如自动化测试和爬虫。

（2）页面刷新

使用 refresh( ) 方法可以模拟用户单击浏览器的刷新按钮，具体代码如下。

```
from selenium import webdriver
from selenium.webdriver.chrome.service import Service

executable_path= r"D:\Downloads\chromedriver_win32\chromedriver.exe"
service= Service(executable_path)

browser= webdriver.Chrome(service=service)   # 指定浏览器驱动路径

#前往百度首页
browser.get("https://www.baidu.com")
```

```
#刷新页面
browser.refresh()

browser.quit()#关闭浏览器
```

11. 窗口截图

selenium 提供了截图功能，可以用于在测试过程中捕捉屏幕截图，方便测试人员查看和定位问题。在测试过程中可以使用 selenium 的 webdriver 实例调用 get_screenshot_as_file( ) 方法来进行截图，并将截图保存到本地文件系统中。

下面是一个典型的示例，具体代码如下。

```
from selenium import webdriver
from selenium.webdriver.chrome.service import Service

executable_path= r"D:\Downloads\chromedriver_win32\chromedriver.exe"
service= Service(executable_path)

browser= webdriver.Chrome(service=service)  #指定浏览器驱动路径

#打开网页
browser.get('https://www.baidu.com')

#截图并保存到本地文件
browser.get_screenshot_as_file('8-5.png')

#关闭浏览器实例
browser.quit()
```

在上面的代码中，首先创建了 Chrome 浏览器实例，并打开了百度网页。然后，使用了 get_screenshot_as_file( ) 方法对当前窗口进行截图，并将截图保存到本地文件系统中，文件名为 screenshot.png。最后，关闭浏览器实例。

需要注意的是，get_screenshot_as_file( ) 方法需要传入一个文件名，用于保存截图。如果文件名中包含了目录路径，那么 selenium 会自动创建相应的目录。此外，selenium 还提供了其他一些截图的方法，例如 get_screenshot_as_base64( ) 可以返回 Base64 编码的截图内容，get_screenshot_as_png( ) 可以返回 PNG 格式的截图内容。

截图效果如图 8-5 所示。

图 8-5　selenium 截图操作示例

12. cookie 操作

在 selenium 中可以使用 get_cookies( )方法来获取当前页面的所有 cookie 信息，使用 add_cookie( ) 方法来添加新的 cookie，使用 delete_cookie( )方法来删除指定的 cookie，使用 delete_all_cookies( )方法来删除所有 cookie。

下面以豆瓣网站为例，讲解如何使用 selenium 操作 cookie，具体操作步骤如下。

(1) 打开豆瓣网站并登录

首先打开豆瓣网站，然后使用账号密码登录该网站，具体代码如下。

```
import time

from selenium import webdriver
from selenium.webdriver.chrome.service import Service
from selenium.webdriver.common.by import By

executable_path= r"D:\Downloads\chromedriver_win32\chromedriver.exe"
service= Service(executable_path)

browser= webdriver.Chrome(service=service)                              # 指定浏览器驱动路径

                                                                        #打开豆瓣网站
browser.get('https://www.douban.com/')                                  # 打开网页

                                                                        #切换到 iframe
browser.switch_to.frame(0)                                              # 切换到 iframe

account= browser.find_element(By.CLASS_NAME, 'account-tab-account')     # 获取账号登录按钮
account.click()                                                         # 单击账号登录按钮

time.sleep(1)

                                                                        # 输入账号和密码并登录
username= browser.find_element(By.NAME, 'username')                     # 获取账号输入框
password= browser.find_element(By.NAME, 'password')                     # 获取密码输入框
username.send_keys('your_username')                                     # 输入账号
password.send_keys('your_password')                                     # 输入密码
login_btn = browser.find_element(By.CLASS_NAME, 'account-form-field-submit') # 获取登录按钮
login_btn.click()                                                       # 单击登录按钮

time.sleep(2)
```

在这个示例中，首先创建了 Chrome 浏览器实例，并打开了豆瓣网站。然后，找到账号和密码输入框，并输入了账号和密码。接着，需要找到登录按钮并单击它，这样就完成了登录过程。

(2) 获取 cookie 并存储

在登录成功后，可以获取当前页面的 cookie 信息，并保存到本地或数据库中。

可以使用 browser.get_cookies( )方法来获取当前页面的所有 cookie 信息，返回的是一个列表，每个元素都是一个字典，表示一个 cookie，具体代码如下。

```
#获取 cookie 信息并保存到本地
cookies= browser.get_cookies()
```

```
with open('cookies.txt', 'w') as f:
    f.write(str(cookies))
```

在这个示例中使用了 browser.get_cookies( )方法获取了当前页面的所有 cookie 信息，并将其保存到名为 cookies.txt 的文件中。

(3) 添加 cookie 并刷新页面

在下一次打开豆瓣网站时，可以直接使用 browser.add_cookie( )方法来添加 cookie 信息，从而免去再次登录的步骤，相当于获取了上次的登录状态，具体代码如下。

```
#打开豆瓣网站并添加 cookie
browser.get('https://www.douban.com/')
with open('cookies.txt', 'r') as f:
    cookies= eval(f.read())
for cookie in cookies:
    browser.add_cookie(cookie)

#刷新页面
browser.refresh()
```

在这个示例中，首先打开了豆瓣网站，并使用 browser.add_cookie( )方法添加了之前获取的 cookie 信息。然后刷新页面，这样就可以免登录访问豆瓣网站了。

总之，使用 selenium 操作 cookie 可以方便地实现免登录访问网站的功能。

13. 无头模式

可以观察到，上面的案例在运行的时候，总会弹出一个浏览器窗口，虽然有助于观察页面爬取状况，但在有时候窗口弹来弹去也会形成一些干扰。

Chrome 浏览器从 6.0 版本已经支持了无头模式，即 Headless。

无头模式在运行的时候不会再弹出浏览器窗口，减少了干扰，而且它减少了一些资源的加载，如图片等，所以也在一定程度上节省了资源加载时间和网络带宽。

读者可以借助于 ChromeOptions 来开启 ChromeHeadless 模式，具体代码如下。

```
from selenium import webdriver
from selenium.webdriver.chrome.service import Service

executable_path= r"D:\Downloads\chromedriver_win32\chromedriver.exe"

options= webdriver.ChromeOptions()
options.add_argument('--headless')  #添加无头选项

service= Service(executable_path)
browser= webdriver.Chrome(service=service, options=options)

browser.set_window_size(1366, 768)
browser.get('https://www.baidu.com')
browser.get_screenshot_as_file('preview.png')

browser.quit()
```

在这个示例中，通过 ChromeOptions 的 add_argument( )方法添加了一个参数--headless，开启了无头模式。在无头模式下，最好设置一下窗口的大小，接着打开页面，最后调用 get_screenshot_as_file 方法输出了页面的截图。这样就可以在无头模式下完成了页面的抓取和截图操作。

使用无头模式时，由于没有浏览器窗口显示，有些页面元素可能会因为缺少渲染而无法定位，这时可以尝试使用显式等待等方法来解决。

14. 键盘、鼠标操作

selenium 提供了一些常用的键盘和鼠标操作方法，可以模拟用户在浏览器中的操作。下面是一些常用的方法。

（1）键盘操作

在 selenium 中可以使用 send_keys( ) 方法向页面中的元素发送键盘输入，常见快捷键如下：

- send_keys（Keys.BACK_SPACE）：执行回退键 Backspace。
- send_keys（Keys.CONTROL，'a'）：全选。
- send_keys（Keys.CONTROL，'x'）：剪切。
- send_keys（Keys.CONTROL，'c'）：复制。
- send_keys（Keys.CONTROL，'v'）：粘贴。

下面是一个示例，使用 send_keys( ) 方法向百度搜索框中输入关键字并按回车键，具体代码如下。

```
import time

from selenium import webdriver
from selenium.webdriver.chrome.service import Service
from selenium.webdriver.common.by import By
from selenium.webdriver.common.keys import Keys

executable_path= r"D:\Downloads\chromedriver_win32\chromedriver.exe"
service= Service(executable_path)

browser= webdriver.Chrome(service=service)          # 指定浏览器驱动路径

                                                    #访问百度网站并在搜索框中输入关键字
browser.get('https://www.baidu.com')
search_box= browser.find_element(By.ID, 'kw')
search_box.send_keys('Selenium', Keys.ENTER)        # 输入关键字并按回车键

time.sleep(3)                                       # 等待 3 秒

browser.quit()
```

这段代码使用 selenium 自动化测试工具打开了 Chrome 浏览器，访问了百度网站，并在搜索框中输入了关键字 selenium，然后按下回车键进行搜索。接着等待 3 秒后，关闭了浏览器。

具体处理过程如下。

- 首先指定了 Chrome 驱动程序的路径，并创建了浏览器驱动对象 service。
- 创建了 browser 对象，指定了使用 Chrome 浏览器，同时传入了 service 对象。
- 使用 get( ) 方法打开百度网站，并使用 find_element( ) 方法找到搜索框元素。
- 使用 send_keys( ) 方法向搜索框中输入关键字 selenium，同时使用 Keys.ENTER 模拟

回车键的按下。

- 使用 time.sleep( )方法等待 3 秒，以便等待搜索结果加载完成。
- 最后使用 quit( )方法关闭了浏览器。

(2) 鼠标操作

使用 ActionChains 类来执行鼠标操作，常用方法如下。

- move_to_element （X）：鼠标悬停，X 代表定位到的标签。
- double_click （X）：双击。
- context_click （X）：右击。
- perform( )：执行所有存储在 ActionChains( )类中的行为，做最终的提交。

使用 ActionChains 类来模拟鼠标右击操作，具体代码如下。

```
import time

from selenium import webdriver
from selenium.webdriver.common.action_chains import ActionChains
from selenium.webdriver.common.by import By
from selenium.webdriver.chrome.service import Service

executable_path= r"D:\Downloads\chromedriver_win32\chromedriver.exe"
service= Service(executable_path)

browser= webdriver.Chrome(service=service)  # 指定浏览器驱动路径

#打开网页
browser.get('https://www.baidu.com')

#定位到元素
element= browser.find_element(By.ID, 's-usersetting-top')

#创建 ActionChains 对象
actions= ActionChains(browser)

#将鼠标移动到元素上
actions.move_to_element(element)

#执行右击操作
actions.context_click(element)

#执行操作
actions.perform()

time.sleep(2)

#关闭浏览器
browser.quit()
```

在这个示例中，使用 ActionChains 类来执行鼠标操作。

具体处理过程如下。

- 首先指定了 Chrome 驱动程序的路径，并创建了浏览器驱动对象 service。
- 创建了 browser 对象，指定了使用 Chrome 浏览器，同时传入了 service 对象。
- 使用 get( )方法打开百度网站，并使用 find_element( )方法找到“设置”链接元素。

- 创建一个 ActionChains 对象，使用 move_to_element( )方法将光标移动到该元素上，使用 context_click( )方法执行右击操作。
- 使用 perform( )方法执行操作。
- 使用 time.sleep( )方法等待 2 秒，以便查看右键菜单。
- 最后使用 quit( )方法关闭了浏览器。

不管执行哪种方法，最后都要调用 perform( )方法，将操作呈现出来。

8.3.3 【实例】selenium 动态抓取电影列表

下面是一个使用 selenium 动态抓取电影列表的示例教程。这里使用豆瓣电影网站作为示例。

1. 创建对象

创建一个 chromedriver 对象，指定了浏览器驱动程序的路径，并使用 browser.get( )方法打开豆瓣电影 top250 页面，具体代码如下。

```
from selenium import webdriver
from selenium.webdriver.chrome.service import Service

executable_path= r"D:\Downloads\chromedriver_win32\chromedriver.exe"
service= Service(executable_path)

browser= webdriver.Chrome(service=service)  # 指定浏览器驱动路径

#打开网页
browser.get("https://movie.douban.com/top250")
```

2. 获取电影列表标签对象

然后，需要进行模拟人类操作，使用 WebDriverWait( )方法等待页面元素加载完成，并使用 driver.find_element( )方法找到需要的元素，具体代码如下。

```
#等待页面元素加载完成
wait= WebDriverWait(driver, 10)

#找到电影列表的父元素
movies= wait.until(EC.presence_of_element_located((By.XPATH, '//*[@id="content"]/div/
div[1]/ol')))

#找到电影列表中的所有电影元素
movie_list= movies.find_elements_by_tag_name('li')
```

3. 获取电影信息

接下来，可以遍历这个电影列表，并使用 get_attribute( )方法获取电影名称、评分等信息，具体代码如下。

```
for movie in movie_list:
    # 获取电影名称
    name= movie.find_element_by_xpath('.//span[@class="title"][1]')
    print(name.text)

    # 获取电影评分
```

```
    rating= movie.find_element_by_xpath('.//span[@class="rating_num"]')
    print(rating.text)

    # 获取电影评价人数
    num= movie.find_element_by_xpath('.//div[@class="star"]/span[4]')
    print(num.text)
```

4. 翻页操作

要实现翻页功能，可以使用 selenium 中的 WebDriverWait 类，等待下一页按钮元素加载完成，并单击下一页按钮进行翻页，具体代码如下。

```
try:
    # 找到下一页按钮元素
    next_button= wait.until(
        EC.element_to_be_clickable((By.XPATH,'//a[contains(text(),"后页")]')))

    # 单击下一页按钮
    next_button.click()
except:
    # 如果没有下一页按钮,退出循环
    break
```

上面代码使用 wait.until( )方法等待下一页按钮元素加载完成，并使用 click( )方法单击下一页按钮进行翻页。由于这个循环是无限的，所以程序会一直运行，直到所有电影信息都被获取完毕，没有显示下一页按钮时，则退出循环。

5. 关闭 ChromeDriver

最后，需要关闭 ChromeDriver 以释放资源，具体代码如下。

```
browser.quit() # 关闭浏览器
```

6. 整体代码

合并以上步骤后的完整代码如下。

```
from selenium import webdriver
from selenium.webdriver.chrome.service import Service
from selenium.webdriver.common.by import By
from selenium.webdriver.support import expected_conditions as EC
from selenium.webdriver.support.ui import WebDriverWait
import time

executable_path= r"D:\Downloads\chromedriver_win32\chromedriver.exe"
service= Service(executable_path)

browser= webdriver.Chrome(service=service)  # 指定浏览器驱动路径

#打开网页
browser.get("https://movie.douban.com/top250")

#等待页面元素加载完成
wait= WebDriverWait(browser, 10)

while True:
    # 找到电影列表的父元素
```

```
        movies= wait.until(EC.presence_of_element_located((By.XPATH, '//*[@id="content"]/
div/div[1]/ol')))

        # 找到电影列表中的所有电影元素
        movie_list= movies.find_elements(By.TAG_NAME, 'li')

        # 遍历电影列表,获取电影信息
        for movie in movie_list:
            # 获取电影名称
            name= movie.find_element(By.XPATH, './/span[@class="title"][1]')
            print(name.text)

        try:
            # 找到下一页按钮元素
            next_button= wait.until(
                EC.element_to_be_clickable((By.XPATH,'//a[contains(text(),"后页")]')))

            # 单击下一页按钮
            next_button.click()
        except:
            # 如果没有下一页按钮,退出循环
            break

        time.sleep(2)

    browser.quit()
```

这样，就完成了使用 selenium 动态抓取电影列表的示例教程。请注意，在实际使用中，需要加入一些异常处理代码，以确保程序的稳定性和鲁棒性。同时，需要注意网站的反爬虫机制，避免对网站造成过多的访问压力和干扰。

8.3.4 【实例】selenium 爬取薄荷健康网站的搜索数据

在上一个实例中，用户使用 selenium 动态抓取了豆瓣电影的列表信息数据，这次用户使用 selenium 动态抓取薄荷健康网站的搜索数据并将数据保存到 Excel 文件中，下面开始编写代码。

```
from selenium import webdriver
from selenium.webdriver.chrome.service import Service
from selenium.webdriver.common.by import By
from selenium.webdriver.support import expected_conditions as EC
from selenium.webdriver.support.ui import WebDriverWait

executable_path= r"D:\Downloads\chromedriver_win32\chromedriver.exe"
service= Service(executable_path)

browser= webdriver.Chrome(service=service)                    # 指定浏览器驱动路径
                                                              #访问页面
browser.get("https://www.boohee.com/food/search")

browser.find_element(By.ID,'search-ipt').send_keys('鸡蛋')    # 输入关键字
browser.find_element(By.ID,'search').click()                  # 单击搜索
page= 0
```

```
while page < 3:

    # 等待页面元素加载完成
    wait= WebDriverWait(browser, 10)
    wait.until(EC.presence_of_element_located((By.CLASS_NAME,'food-list')))

    # 获取所有食物的名称、卡路里和链接
    food_list = browser.find_elements(By.XPATH, '//ul[@class="food-list"]/li')
    for item in food_list:
        title= item.find_element(By.TAG_NAME, 'h4').text
        calorie= item.find_element(By.TAG_NAME, 'p').text
        link= item.find_element(By.TAG_NAME, 'a').get_attribute('href')
        item_= {
            'title': title,
            'calorie': calorie,
            'link': link
        }
        print(item_)
    try:
        # 判断是否有下一页,找到下一页按钮元素
        next_button = wait.until(
            EC.element_to_be_clickable((By.XPATH,'//a[@class="next_page"][contains(text
(),"下一页")]')))

        # 单击下一页按钮
        next_button.click()
    except:
        print('没有下一页了')
        break

    page+= 1
```

这段代码使用 selenium 自动化测试工具打开了 Chrome 浏览器，访问了瘦身网站（boohee）的食物搜索页面，并使用关键字“鸡蛋”进行搜索。接着使用 while 循环遍历所有搜索结果的页面，获取每个食物的名称、卡路里和链接，并将它们存储在一个字典中。最后关闭浏览器。

具体处理过程如下。

- 首先指定了 Chrome 驱动程序的路径，并创建了浏览器驱动对象 service。
- 创建了 browser 对象，指定了使用 Chrome 浏览器，同时传入了 service 对象。
- 使用 get( )方法访问了瘦身网站的食物搜索页面。
- 使用 find_element( )方法找到搜索框元素，并输入关键字“鸡蛋”并单击搜索按钮。
- 使用 while 循环遍历每一页的搜索结果，这里只抓取到第 3 页即可。
- 在循环中，使用到了 WebDriverWait 类的显式等待。

运行以上代码，得到的输出结果如下。

```
{'title':'鸡蛋(白皮)','calorie':'热量:138 大卡(每 100 克)','link':'https://www.boohee.com/
shiwu/jidan_baipi'}
{'title':'毛蛋,又叫毛鸡蛋','calorie':'热量:176 大卡(每 100 克)','link':'https://www.boohee.
com/shiwu/maodan'}
```

```
{'title':'鸡蛋,又叫鸡子、鸡卵、蛋','calorie':'热量:139 大卡(每 100 克)','link':'https://www.boohee.com/shiwu/jidan_junzhi'}
{'title':'煮鸡蛋,又叫水煮蛋,水煮鸡蛋,白煮蛋,煮蛋...','calorie':'热量:143 大卡(每 100 克)','link':'https://www.boohee.com/shiwu/fd62b842'}
{'title':'无菌蛋,又叫无菌鸡蛋,A 级鸡蛋,可生食鸡蛋','calorie':'热量:147 大卡(每 100 克)','link':'https://www.boohee.com/shiwu/fdf18f94'}
{'title':'鸡蛋酒,又叫酒酿鸡蛋','calorie':'热量:120 大卡(每 100 克)','link':'https://www.boohee.com/shiwu/jidanjiu'}
{'title':'蛋黄果,又叫鸡蛋果','calorie':'热量:129 大卡(每 100 克)','link':'https://www.boohee.com/shiwu/danhuangguo'}
{'title':'甜面汤,又叫鸡蛋疙瘩汤','calorie':'热量:69 大卡(每 100 克)','link':'https://www.boohee.com/shiwu/tianmiantang'}
{'title':'糊塌子,又叫西葫芦鸡蛋饼','calorie':'热量:198 大卡(每 100 克)','link':'https://www.boohee.com/shiwu/hutazi'}
{'title':'菜馒头,又叫鸡蛋菜馍','calorie':'热量:184 大卡(每 100 克)','link':'https://www.boohee.com/shiwu/fd27fc38'}
{'title':'黄金片,又叫鸡蛋煎胡萝卜','calorie':'热量:130 大卡(每 100 克)','link':'https://www.boohee.com/shiwu/huangjinpian'}
{'title':'茶叶蛋,又叫茶叶蛋、茶叶鸡蛋、煮茶叶蛋、茶鸡蛋','calorie':'热量:149 大卡(每 100 克)','link':'https://www.boohee.com/shiwu/wuxiangchadan'}
{'title':'煎馄饨,又叫鸡蛋煎馄饨,蛋煎馄饨','calorie':'热量:212 大卡(每 100 克)','link':'https://www.boohee.com/shiwu/fd9713d6'}
{'title':'欢喜坨,又叫油炸欢喜坨、麻汤圆、麻鸡蛋','calorie':'热量:251 大卡(每 100 克)','link':'https://www.boohee.com/shiwu/huanxituo'}
{'title':'面片汤,又叫菠菜面片汤,鸡蛋面片汤','calorie':'热量:126 大卡(每 100 克)','link':'https://www.boohee.com/shiwu/mianpiantang'}
{'title':'鸡蛋饼','calorie':'热量:224 大卡(每 100 克)','link':'https://www.boohee.com/shiwu/jidanbing'}
{'title':'蒸鸡蛋,又叫水蒸蛋、蒸水蛋','calorie':'热量:107 大卡(每 100 克)','link':'https://www.boohee.com/shiwu/fd737763'}
{'title':'鸡蛋仔','calorie':'热量:350 大卡(每 100 克)','link':'https://www.boohee.com/shiwu/fd1752db'}
{'title':'酱鸡蛋','calorie':'热量:151 大卡(每 100 克)','link':'https://www.boohee.com/shiwu/jiangjidan'}
{'title':'鸡蛋酱','calorie':'热量:158 大卡(每 100 克)','link':'https://www.boohee.com/shiwu/jidanjiang'}
{'title':'鸡蛋干','calorie':'热量:129 大卡(每 100 克)','link':'https://www.boohee.com/shiwu/jidangan'}
{'title':'鸡蛋堡','calorie':'热量:122 大卡(每 100 克)','link':'https://www.boohee.com/shiwu/jidanbao'}
{'title':'鸡蛋茶','calorie':'热量:63 大卡(每 100 克)','link':'https://www.boohee.com/shiwu/fdeae76a'}
{'title':'鸡蛋粥,又叫蛋粥','calorie':'热量:59 大卡(每 100 毫升)','link':'https://www.boohee.com/shiwu/jidanzhou'}
{'title':'野鸡蛋','calorie':'热量:144 大卡(每 100 克)','link':'https://www.boohee.com/shiwu/fd35bc7b'}
{'title':'藏鸡蛋','calorie':'热量:162 大卡(每 100 克)','link':'https://www.boohee.com/shiwu/cangjidan'}
{'title':'火鸡蛋','calorie':'热量:171 大卡(每 100 克)','link':'https://www.boohee.com/shiwu/fdc52502'}
```

```
{'title':'鸡蛋参','calorie':'热量:102 大卡(每100克)','link':'https://www.boohee.com/shiwu/fd675cc8'}
{'title':'炸鸡蛋,又叫炸蛋','calorie':'热量:176 大卡(每100克)','link':'https://www.boohee.com/shiwu/fd6f049f'}
{'title':'鸡蛋蛋糕【】,又叫鸡蛋蛋糕 鸡蛋蛋糕鸡蛋...','calorie':'热量:305 大卡(每100克)','link':'https://www.boohee.com/shiwu/fd2e6710'}
```

有了数据之后，用户就可以将其写入到文件中，这里使用 pandas 来保存 Excel 表格数据。首先用户需要将数据转换成 pandas 数据框格式，然后使用 to_excel( )方法将数据写入到 Excel 表格中，具体代码如下。

```
import pandas as pd

df= pd.DataFrame()
df= pd.concat([df, pd.DataFrame(item_, index=[0])])
with pd.ExcelWriter('food_list.xlsx') as writer:
    df.to_excel(writer, index=False)
```

注意该段代码不能用于追加数据到已有的 Excel 表格中，如果用户要将多次运行的结果追加到同一个 Excel 表格中，可以使用 mode='a'参数来打开 Excel 文件，这样就可以在已有的 Excel 表格中追加数据了。

合并以上代码，用户就可以得到完整的代码了。

```
from selenium import webdriver
from selenium.webdriver.chrome.service import Service
from selenium.webdriver.common.by import By
from selenium.webdriver.support import expected_conditions as EC
from selenium.webdriver.support.ui import WebDriverWait
import pandas as pd

executable_path= r"D:\Downloads\chromedriver_win32\chromedriver.exe"
service= Service(executable_path)

browser= webdriver.Chrome(service=service)                    # 指定浏览器驱动路径
                                                              # 访问页面
browser.get("https://www.boohee.com/food/search")

browser.find_element(By.ID,'search-ipt').send_keys('鸡蛋')    # 输入关键字
browser.find_element(By.ID,'search').click()                  # 单击搜索按钮
page= 0
                                                              # 创建空的数据框
df= pd.DataFrame()

while page < 3:
                                                              # 等待页面元素加载完成
    wait= WebDriverWait(browser, 10)
    wait.until(EC.presence_of_element_located((By.CLASS_NAME,'food-list')))
                                                              # 获取所有食物的名称、卡路里和链接
    food_list = browser.find_elements(By.XPATH, '//ul[@class="food-list"]/li')
    for item in food_list:
```

```
            title= item.find_element(By.TAG_NAME, 'h4').text
            calorie= item.find_element(By.TAG_NAME, 'p').text
            link= item.find_element(By.TAG_NAME, 'a').get_attribute('href')
            item_ = {
                'title': title,
                'calorie': calorie,
                'link': link
            }
            df= pd.concat([df, pd.DataFrame(item_, index=[0])])
            print(item_)
        try:
                        # 判断是否有下一页,找到下一页按钮元素
            next_button= wait.until(
                EC.element_to_be_clickable((By.XPATH,'//a[@class="next_page"][contains(text
(),"下一页")]')))

                        # 单击下一页按钮
            next_button.click()
        except:
            print('没有下一页了')
            break

        page+= 1

    with pd.ExcelWriter('food_list.xlsx') as writer:
        df.to_excel(writer, index=False)

                        # 关闭浏览器
            browser.quit()
```

运行代码之后，用户可以得到一个 food_list.xlsx 的 Excel 表格，里面包含了用户搜索到的所有食物的名称、卡路里和链接。在实际应用中，用户可以根据自己的需要修改代码，比如更改登录的网站、修改需要爬取的页面等。

更加详细的指南和 API 用法请参考 selenium 文档：https://www.selenium.dev/documentation/zh-cn。

至此，读者已经完成了数据采集章节的学习。当读者需要自动化获取网站上的信息时，可以使用爬虫技术，而当读者需要定时执行某些任务时，可以使用定时任务。selenium 则可以帮助读者自动化测试 Web 应用程序，包括在浏览器中模拟用户操作等。

值得重视的是，在使用网络爬虫时，需要遵守所有相关法律法规。

本书中提供的示例代码仅供学习和参考，请勿使用本书中的内容进行任何非法、欺诈、伤害他人、垃圾邮件或其他有害行为。读者需要确保所抓取的数据是合法的，不违反法律规定、不侵犯他人权益。不要过于频繁地请求同一个网站，以免被网站封禁 IP 或账号。一般而言，建议设置一个访问间隔时间，以免对网站造成过大的负担。特别是不要爬取网站上的用户隐私信息。

祝读者在接下来的学习中取得更大的进步。

第9章 数据库

随着各类数据不断增长和积累，对其有效地存储和管理变得越来越重要。数据库通常用于后端开发的数据存储以及搭建大数据仓库，但这种理念在大数据和智能化办公时代正在被打破，现在越来越多的非开发者都开始使用数据库存储日常数据。数据库不仅为日常数据提供的持久化储存，同时在数据查询和大批量操作等方面也都得到了优化，数据库储存不再是开发者的专利。

在数据库领域，MySQL 和 MongoDB 是两个广泛使用的开源关系型数据库和文档数据库，MySQL 优点为稳定性、可靠性和高性能，而 MongoDB 优点为灵活性、可伸缩性和非结构化数据存储的能力。在本章中将带领读者了解和学习 MySQL 和 MongoDB 的基本使用方法，包括数据库的创建、表的创建、数据的插入、查询和更新等操作，以及它们之间的区别和优缺点。

9.1 MySQL

MySQL 是一款成熟、稳定、功能强大、高性能的数据库，它使用表格来存储数据，并通过结构化查询语言（SQL）来处理数据，广泛用于 Web 应用程序、企业应用程序等。

MySQL 适合存储结构化的数据，比如用户信息、订单信息等。

9.1.1 MySQL 安装

MySQL 社区版的下载地址可以在 MySQL 官方网站上找到。读者可以访问以下链接来获取 MySQL 社区版的下载地址 https://dev.mysql.com/downloads/mysql。在选择 MySQL 的安装方式时，需要根据自己的系统环境和需求来选择适合的版本。MySQL 提供了多种安装方式，包括 Windows、Linux、Mac OS 等多种平台下的安装包和源码包。

本书以 Windows 平台为例，可以选择使用 Windows MSI Installer 包进行安装，这种安装方式相对简单和易用，适合初学者和小规模的应用场景，具体操作步骤如下。

1）选择合适的数据库版本，这里默认选择 MySQL 8.0 版本进行安装，如图 9-1 所示。

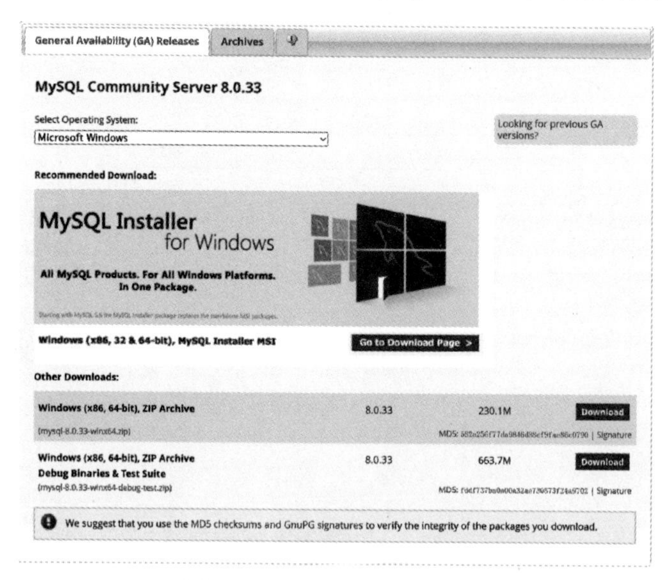

图 9-1　选择 MySQL 8.0 版本

2）单击【MySQL Installer】图标进入下载页面，如图 9-2 所示。注意该下载页面有如下两个 MSI Installer。

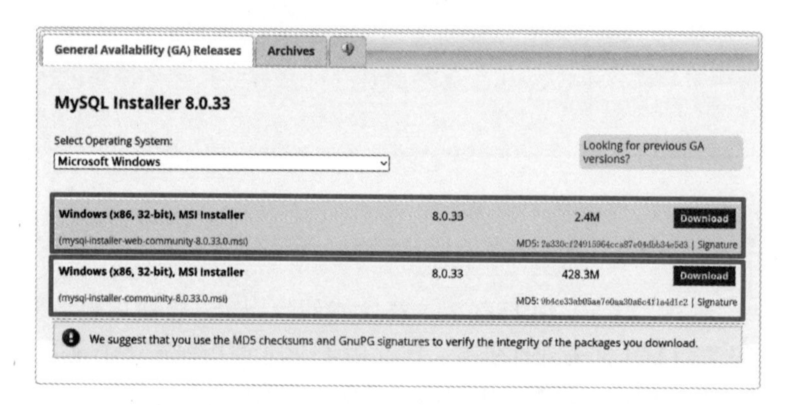

图 9-2　选择 MSI Installer 包下载

- 第一个【MSI Installer】是联网在线安装，也就是在网络上下载安装包。
- 第二个【MSI Installer】是离线安装，下载到本地进行安装，通常选择这个方式即可。

3）单击【No thanks，just start my download】选项开始下载，如图 9-3 所示。

4）下载完成后，双击安装包，在【Choosing a Setup Type】界面中选中【Developer Default】（开发者默认安装）单选按钮并单击【Next】按钮进入安装向导，如图 9-4 所示。

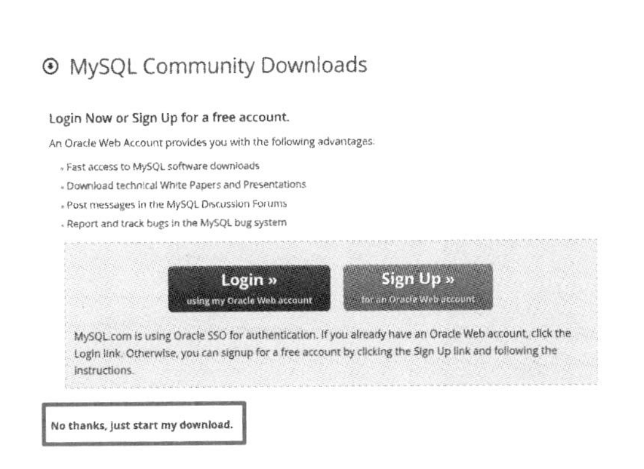

图 9-3　单击【No thanks，just start my download】选项

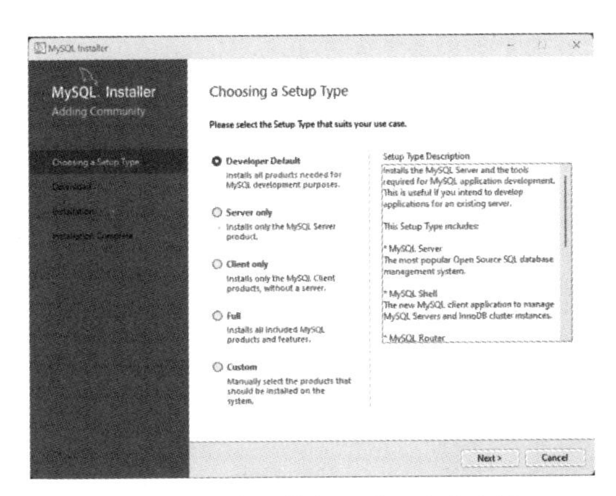

图 9-4　双击安装包，进入安装向导

5）在【Installation】界面中单击【Execute】按钮进入安装向导，如图 9-5 所示。

6）完成安装后在【Installation】界面中继续单击【Next】按钮，如图 9-6 所示。

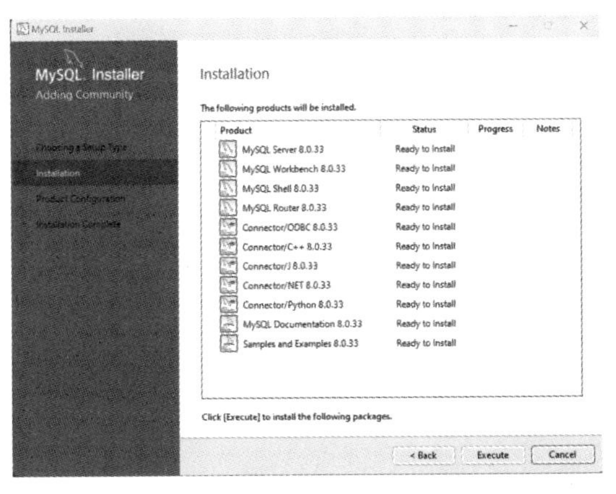

图 9-5　单击【Execute】按钮 1

图 9-6　单击【Next】按钮 1

7）在【Product Configuration】界面中单击【Next】按钮，如图 9-7 所示。

8）在【Type and Networking】界面中单击【Next】按钮，如图 9-8 所示。

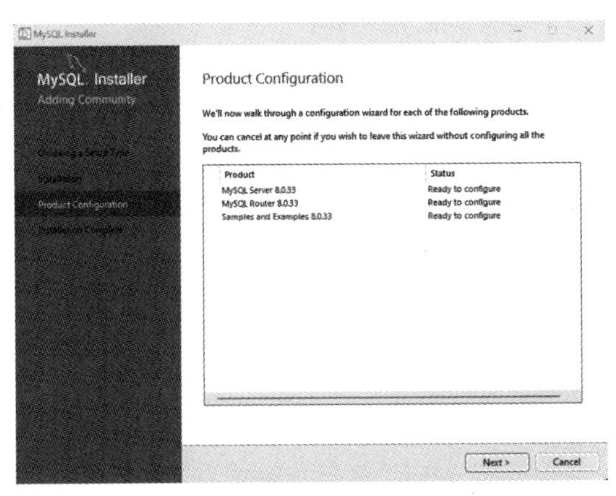

图 9-7　单击【Next】按钮 2

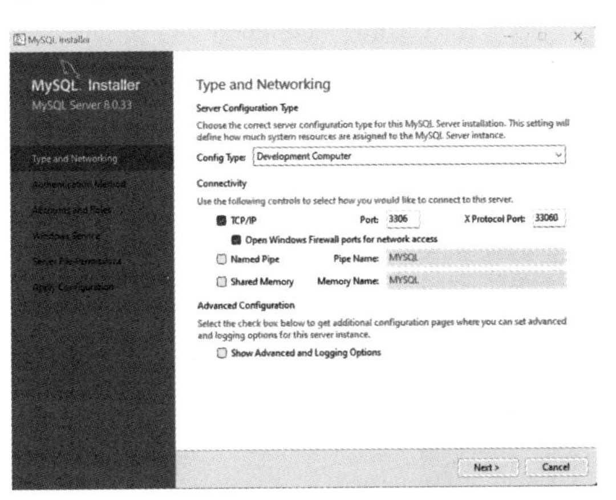

图 9-8　单击【Next】按钮 3

9）在【Authentication Method】界面中选中【Use Legacy Authentication Method】单选按钮，然后单击【Next】按钮，如图 9-9 所示。

10）在【Accounts and Roles】界面中设置密码后单击【Next】按钮，如图 9-10 所示。

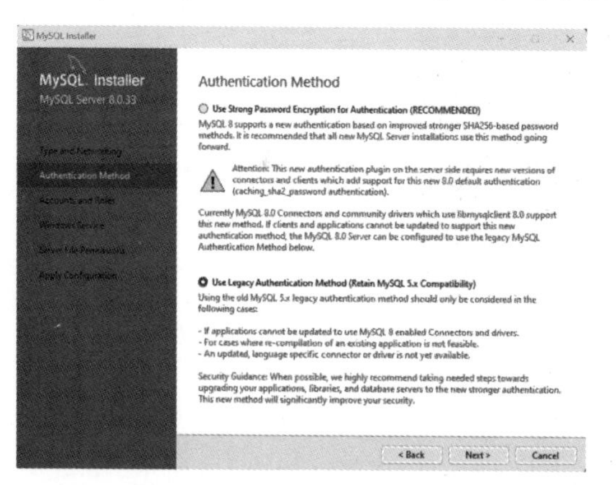

图 9-9 选中【Use Legacy Authentication Method】单选按钮

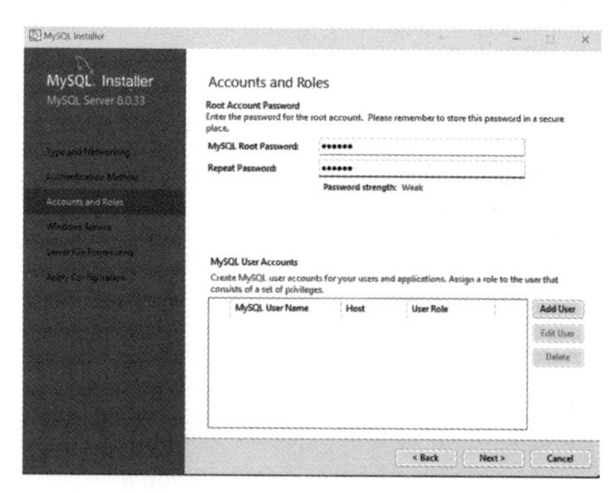

图 9-10 设置 MySQL 密码

11）在【Windows Service】界面中单击【Next】按钮，如图 9-11 所示。

12）在【Server File Permissions】界面中单击【Next】按钮，如图 9-12 所示。

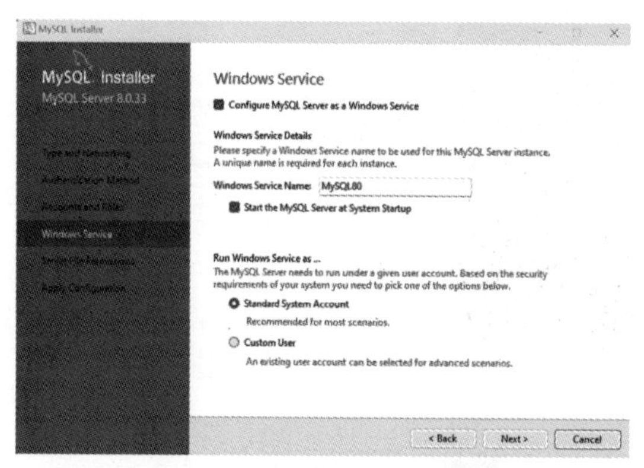

图 9-11 单击【Next】按钮 4

图 9-12 单击【Next】按钮 5

13）在【Apply Configuration】界面中单击【Execute】按钮，如图 9-13 所示。

14）在【Product Configuration】界面中单击【Next】按钮，如图 9-14 所示。

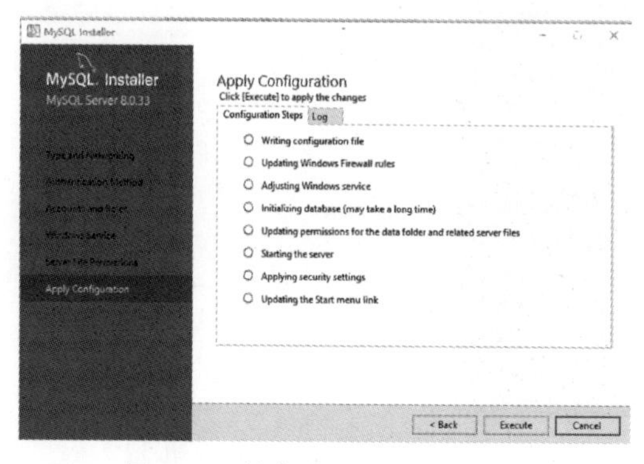

图 9-13 单击【Execute】按钮 2

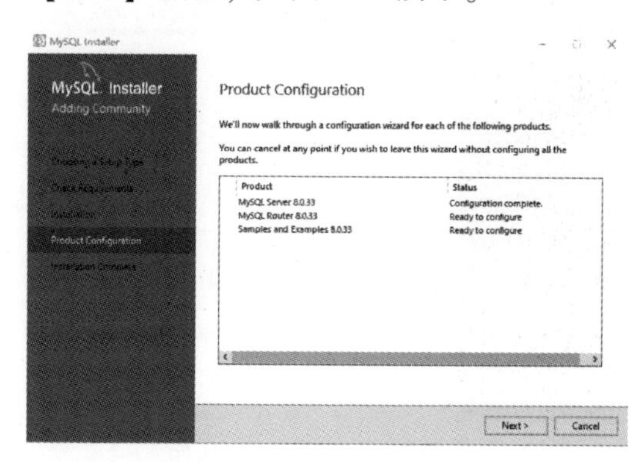

图 9-14 单击【Next】按钮 6

15）在【MySQL Router Configuration】界面中单击【Finish】按钮，如图 9-15 所示。

16）在【Product Configuration】界面中单击【Next】按钮，如图 9-16 所示。

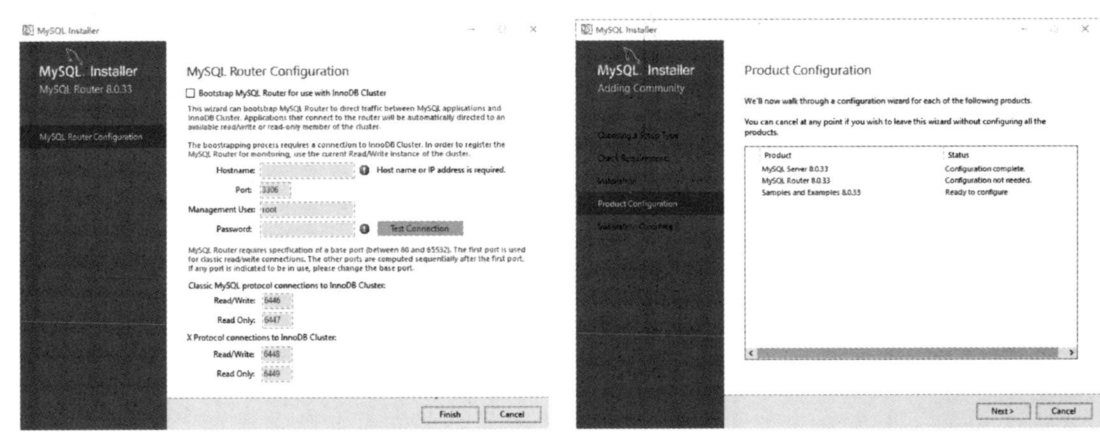

图 9-15　单击【Finish】按钮 1　　　　图 9-16　单击【Next】按钮 7

17）在【Connect To Server】界面中输入用户名和密码，单击【Check】按钮通过验证后单击【Next】按钮，如图 9-17 所示。

18）在【Apply Configuration】界面中单击【Execute】按钮，如图 9-18 所示。

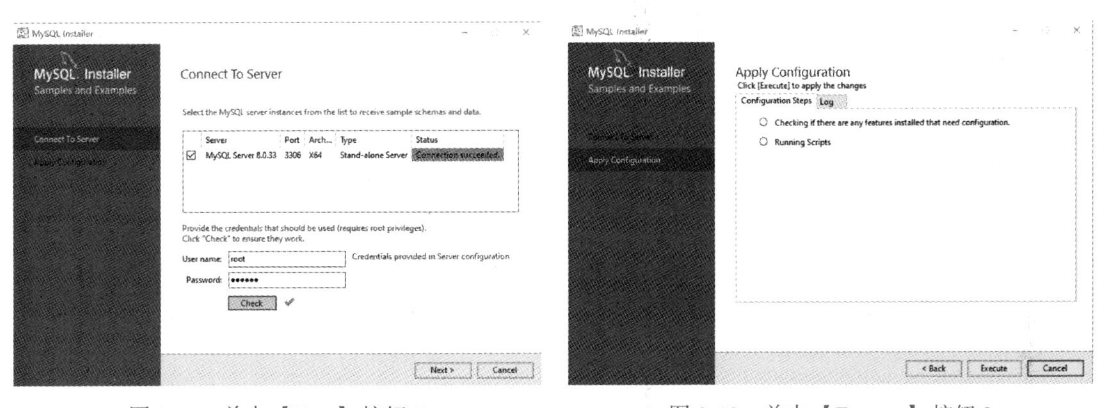

图 9-17　单击【Next】按钮 8　　　　图 9-18　单击【Execute】按钮 3

19）在【Apply Configuration】中单击【Finish】按钮，如图 9-19 所示。

20）在【Product Configuration】界面中单击【Next】按钮，如图 9-20 所示。

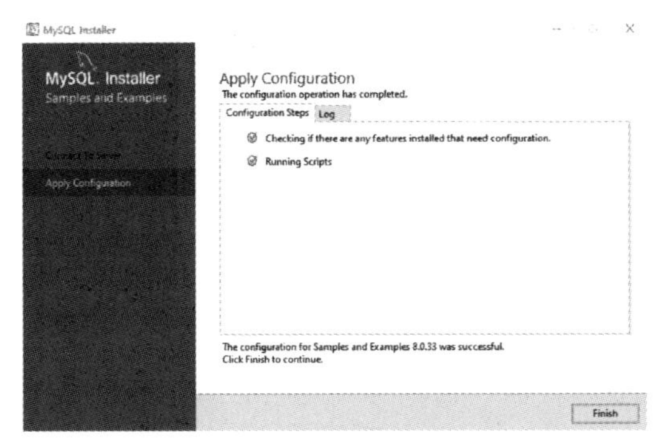

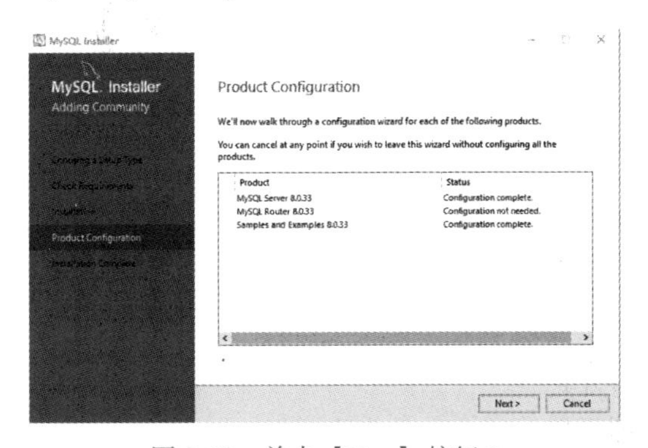

图 9-19　单击【Finish】按钮 2　　　　图 9-20　单击【Next】按钮 9

21）在【Installation Complete】界面中单击【Finish】按钮结束安装，如图 9-21 所示。这样就完成了 MySQL 的安装，接下来就可以使用 MySQL 了。

22）在当前桌面【开始】菜单中选择 MySQL 8.0 Client 选项，如图 9-22 所示。此处说明如下。

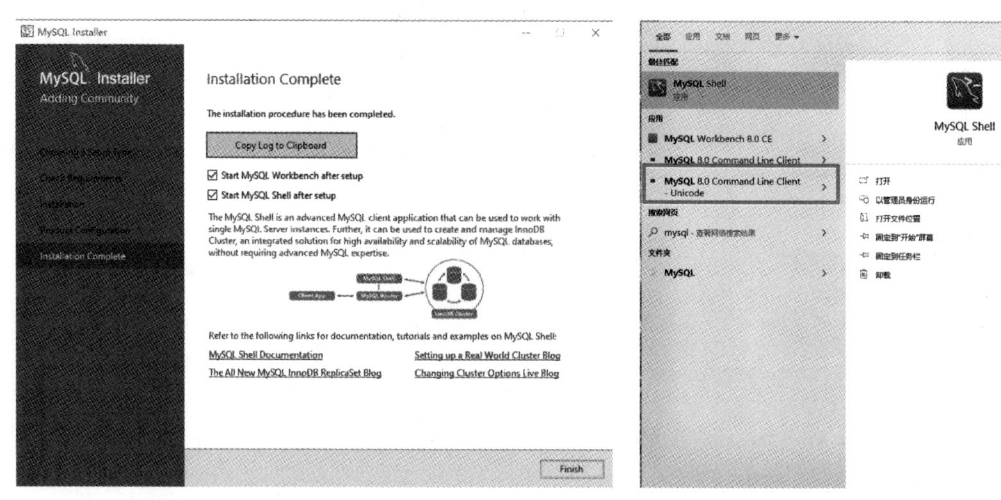

图 9-21　单击【Finish】按钮 3　　　　图 9-22　选择 MySQL 8.0 Client 选项

- MySQL 8.0 Command Line Client 默认使用 Latin1 字符集和编码方式。如果尝试使用包含非 ASCII 字符的数据（如中文、日文和韩文等）进行查询或导入，则可能会导致乱码问题。
- MySQL 8.0 Command Line Client- Unicode 是一个更为强大的客户端，默认使用 UTF-8 编码和 Unicode 字符集。UTF-8 是一种可变长度的编码方式，可以用来表示各种字符，包括 ASCII 和非 ASCII 字符。因此，使用这个客户端可以避免在处理包含非 ASCII 字符的数据时出现乱码问题。

这里推荐使用 MySQL 8.0 Command Line Client- Unicode 客户端，以避免乱码问题。

或者使用命令提示符运行 MySQL 客户端在 Windows 上，可以尝试使用命令提示符（CommandPrompt）来运行 MySQL 客户端。按下 Win+R 键，输入 cmd，然后按回车键打开命令提示符。接着，在命令提示符中输入以下命令来启动 MySQL 客户端。

```
> C:\Program Files\MySQL\MySQL Server 8.0\bin\mysql.exe -u root -p
```

请将上面的 mysql.exe 替换为实际的 MySQL 客户端可执行文件路径，输入密码后就可以正常使用 MySQL 客户端了。

23）输入正确的 MySQL 密码并成功进入 MySQL 客户端界面，如图 9-23 所示。

24）测试 MySQL 是否正常工作，如图 9-24 所示。

至此，已经完成了 MySQL 的安装和测试。

在本节中下载并安装了 MySQL 服务。在安装过程中需要选择适合自己系统的版本，并按照安装向导的步骤进行操作，这里创建了 MySQL 的根用户，以便能够连接到 MySQL 服务器并执行操作。当然对于更复杂的数据库配置和管理任务，需要有专业的运维人员来进行处理，他们需要具备深入的数据库知识，熟悉数据库性能优化、备份恢复、安全性等方面的操

```
Enter password: ******
Welcome to the MySQL monitor.  Commands end with ; or \g.
Your MySQL connection id is 18
Server version: 8.0.33 MySQL Community Server - GPL

Copyright (c) 2000, 2023, Oracle and/or its affiliates.

Oracle is a registered trademark of Oracle Corporation and/or its
affiliates. Other names may be trademarks of their respective
owners.

Type 'help;' or '\h' for help. Type '\c' to clear the current input sta
tement.

mysql>
```

图 9-23　进入 MySQL 客户端界面

```
Oracle is a registered trademark of Oracle Corporation and/or its
affiliates. Other names may be trademarks of their respective
owners.

Type 'help;' or '\h' for help. Type '\c' to clear the current input sta
tement.

mysql> show databases;
+--------------------+
| Database           |
+--------------------+
| information_schema |
| mysql              |
| performance_schema |
| sakila             |
| sys                |
| world              |
+--------------------+
6 rows in set (0.01 sec)

mysql>
```

图 9-24　测试 MySQL 命令

作和策略。这里只是简单的介绍了 MySQL 的安装和测试，以便能够在后续的学习中使用 MySQL。

9.1.2　MySQL 快速入门

MySQL 是一个关系型数据库管理系统，由瑞典 MySQLAB 公司开发，目前属于 Oracle 公司，是当下主流的关系型数据库，它可以增强访问的速度并提高了灵活性。

1. 连接 MySQL

在 Windows 系统中通过选择 MySQL 8.0 Client 来连接 MySQL，详见图 9-22 和图 9-23。

假如用户的 MySQL 服务在远程主机上，那么可以通过以下命令来连接 MySQL。

```
> mysql.exe -h 192.168.2.2 -P 3306 -u root -p
```

具体说明如下。

- -h 指定主机，这里假定服务主机的 IP 地址为 192.168.2.2。
- -P 指定端口，默认端口为 3306。

- -u 指定用户名，默认用户名为 root。
- -p 指定密码，如果 root 用户没有密码，可以省略-p 参数。

运行以上命令之后，会提示用户输入密码，输入正确的密码之后就可以连接到远程 MySQL 服务器了，连接成功后会看到以下提示信息。

```
> mysql -h 192.168.2.2 -P 3306 -u root -p
mysql: [Warning] Using a password on the command line interface can be insecure.
Welcome to the MySQL monitor.Commands end with; or \g.
Your MySQL connection id is 3797
Server version: 5.7.29 MySQL Community Server (GPL)

Copyright (c) 2000, 2020, Oracle and/or its affiliates.All rights reserved.

Oracle is a registered trademark of Oracle Corporation and/or its
affiliates.Other names may be trademarks of their respective
owners.

Type 'help;' or '\h' for help.Type '\c' to clear the current input statement.

mysql>
```

看到以上的提示信息意味着已经成功进入 MySQL 数据库。

需要注意的是，在连接远程 MySQL 数据库时，还需要确保远程 MySQL 服务器已经开启了远程访问权限，即在 MySQL 配置文件中设置了 bind-address 参数为 0.0.0.0，或者指定了本地计算机的 IP 地址。

同时，还需要开启相应的防火墙端口，以允许远程计算机访问 MySQL 服务。

2. 创建数据库、数据表

在命令行中，输入以下 SQL 命令查询并显示当前实例中的所有数据库列表。

```
mysql> show databases;
```

执行查询命令后，将看到一个包含当前实例中所有数据库名称的列表，效果如下。

```
+--------------------+
| Database           |
+--------------------+
| information_schema |
| mysql              |
| performance_schema |
| sakila             |
| sys                |
| world              |
+--------------------+
6 rows in set (0.05 sec)
```

想要创建一个名为 hello_life 的数据库，用户可以使用以下 SQL 语句，具体代码如下。

```
mysql> create database hello_life;
Query OK, 1 row affected (0.01 sec)
```

然后再次查看数据库列表，发现已经创建成功。

```
mysql> show databases;
+--------------------+
```

```
|Database           |
+--------------------+
|hello_life         |
|information_schema |
|mysql              |
|performance_schema |
|sakila             |
|sys                |
|world              |
+--------------------+
7 rows in set (0.00 sec)
```

想要在 hello_file 库中创建一个名为 Quotations 的数据表，需要确定用户想创建的表格包含哪些字段和数据类型。

首先进入到 hello_life 数据库中，然后再创建数据表，具体代码如下。

```
mysql> use hello_life;
Database changed
```

假设在 Quotations 数据表中存储以下字段。

- id：主键，自动递增。
- name：姓名。
- description：描述。
- createDate：创建日期。

下面是创建数据表的 SQL 语句，具体代码如下。

```
CREATE TABLE IF NOT EXISTS 'Quotations'(
  'id' INT UNSIGNED AUTO_INCREMENT,
  'name' VARCHAR(30) NOT NULL,
  'description' VARCHAR(100) NOT NULL,
  'createDate' DATE,
  PRIMARY KEY ('id')
)ENGINE=InnoDB DEFAULT CHARSET=utf8mb4;
```

具体说明如下。

- NOT NULL 说明该字段是非空字段，在操作数据库时如果输入该字段的数据为 NULL，就会报错。
- AUTO_INCREMENT 定义列为自增的属性，一般用于主键，自增长，数值会自动加 1。
- PRIMARY KEY 关键字用于定义列为主键。用户可以使用多列来定义主键，列间以逗号分隔。
- ENGINE 设置存储引擎。
- CHARSET 设置编码。

MySQL 中的主键（PrimaryKey）是一个用于唯一标识表中每条记录的字段或字段组合。为表设置主键有以下几个原因。

- 唯一性：主键的值必须是唯一的，这样在查询、修改或删除记录时，可以确保找到指定的记录，避免混淆和数据冲突。
- 速度：MySQL 使用主键创建聚簇索引，这意味着数据行与索引是一起存储的。聚簇索引加快了基于主键的查询速度，因为存储引擎可以直接通过主键查找到数据，而不需要额外的 I/O 操作。

- 数据引用完整性：主键可作为外键，用于在不同表之间建立关系。这有助于保持数据库中数据的一致性和引用完整性。
- 自动生成：在 MySQL 中可以将主键设置为自动递增，这样在插入新记录时，不需要手动输入主键值，MySQL 会自动为新记录分配一个唯一的主键值。这有助于避免人为错误，同时也简化了数据插入操作。

总之，使用主键可以确保数据的唯一性、提高查询速度、维护数据完整性，并简化数据插入操作。

成功执行以上命令后返回结果如下。

```
Query OK, 0 rows affected (0.02 sec)
```

再次进入数据库 hello_life，发现已经成功创建了数据表 Quotations，执行 show tables 命令查看数据表列表，具体代码如下。

```
show tables;
+---------------------+
|Tables_in_hello_life |
+---------------------+
|quotations           |
+---------------------+
1 row in set (0.00 sec)
```

接下来可以使用 desc 命令来查看数据表的结构，具体代码如下。

```
desc Quotations;
```

执行完成后显示数据表的结构，如下所示。

```
+------------+------------+------+-----+--------+---------------+
|Field       |Type        |Null  |Key  |Default |Extra          |
+------------+------------+------+-----+--------+---------------+
|id          |int unsigned|NO    |PRI  |NULL    |auto_increment|
|name        |varchar(30) |NO    |     |NULL    |               |
|description |varchar(100)|NO    |     |NULL    |               |
|createDate  |date        |YES   |     |NULL    |               |
+------------+------------+------+-----+--------+---------------+
4 rows in set (0.00 sec)
```

需要注意的是，在 MySQL 中以；符号作为 sql 语句的结尾。

3. 插入数据

创建完数据表后可以向数据表中插入数据。插入数据使用 INSERT INTO 语句，具体代码如下。

```
mysql> INSERT INTO Quotations (name, description, createDate) VALUES ("孙悟空", "齐天大圣、法力无边", NOW());
Query OK, 1 row affected, 1 warning (0.00 sec)
```

这段 INSERT INTO 语句用于向名为 Quotations 的数据表中插入一条新的数据行。具体来说，这个语句执行以下操作。

- 在 name 列中插入值“孙悟空”。
- 在 description 列中插入值“齐天大圣、法力无边”。
- 在 createDate 列中插入当前时间（通过调用 SQL 函数 NOW( )获取）。

执行此语句后，Quotations 数据表将包含一条新的数据行，其中的字段值分别为“孙悟空”（name），“齐天大圣、法力无边”（description）和当前时间（createDate）。

接下来就可以使用 select 命令来查看数据表中的数据，具体代码如下。

```
mysql> select * from Quotations;
+----+--------+------------------+-----------+
| id | name   | description      | createDate |
+----+--------+------------------+-----------+
|  1 | 孙悟空 | 齐天大圣、法力无边 | 2023-05-11 |
+----+--------+------------------+-----------+
1 row in set (0.00 sec)
```

这段查询语句的作用是从名为 Quotations 的数据表中选择所有数据，具体说明如下。

- SELECT：这个关键词表示要执行一个查询操作。
- *：星号表示要选择数据表中的所有列。如果只需要选择特定的列，可以将星号替换为列名，用逗号分隔，例如 SELECT column1，column2 FROM …。
- FROM：这个关键词表示要指定查询的数据表。
- Quotations：这是要查询的数据表的名称。
- 分号表示 SQL 语句的结束。

所以，这条语句是在查询名为 Quotations 的数据表中的所有数据。

执行这条语句后，将得到一个包含 Quotations 表中所有行和列的结果集。在实际应用中可以使用这个结果集来展示数据，或在程序中进一步处理。

假如需要一次插入多条数据，可以使用以下语句。

```
mysql> INSERT INTO Quotations (name, description, createDate) VALUES
    ("唐僧", "普度众生、取经团队的领袖", NOW()),
    ("猪八戒", "形象憨厚、胃口极佳", NOW()),
    ("沙悟净", "外表丑陋但内心善良、勇敢智慧", NOW());
Query OK, 3 rows affected, 3 warnings (0.01 sec)
Records: 3  Duplicates: 0  Warnings: 3
```

这个命令将插入三行数据，每行有三个字段：name、description 和 createDate。一般来说，只要 Quotations 数据表存在，并且具有相应的字段，这个命令应该可以成功执行。

再次使用 select 命令查看数据表中的数据，具体代码如下。

```
mysql> select * from Quotations;
+----+--------+----------------------------+-----------+
| id | name   | description                | createDate |
+----+--------+----------------------------+-----------+
|  1 | 孙悟空 | 齐天大圣、法力无边           | 2023-05-11 |
|  2 | 唐僧   | 普度众生、取经团队的领袖      | 2023-05-11 |
|  3 | 猪八戒 | 形象憨厚、胃口极佳           | 2023-05-11 |
|  4 | 沙悟净 | 外表丑陋但内心善良、勇敢智慧  | 2023-05-11 |
+----+--------+----------------------------+-----------+
4 rows in set (0.00 sec)
```

可以发现这3条记录已经成功插入到数据表中了。

4. 更新数据

在MySQL中使用UPDATE语句来更新记录，例如更新猪八戒的描述信息，具体代码如下。

```
mysql> UPDATE Quotations SET description='一直在吃' WHERE name='猪八戒';
Query OK, 1 row affected (0.00 sec)
Rows matched: 1  Changed: 1  Warnings: 0
```

这段代码用于更新Quotations的表中name为“猪八戒”的记录的description字段。

具体来说，这条SQL语句将“猪八戒”的描述改为了“一直在吃”。

UPDATE语句用于更新表中已有的记录，SET关键字用于指定要更新的字段及其新值，使用了WHERE子句来匹配对应的记录。

再次使用select命令查看数据表中的数据看看记录是否改变，具体代码如下。

```
mysql> select * from Quotations;
+----+--------+----------------------------+------------+
| id | name   | description                | createDate |
+----+--------+----------------------------+------------+
|  1 | 孙悟空 | 齐天大圣、法力无边          | 2023-05-11 |
|  2 | 唐僧   | 普度众生、取经团队的领袖    | 2023-05-11 |
|  3 | 猪八戒 | 一直在吃                    | 2023-05-11 |
|  4 | 沙悟净 | 外表丑陋但内心善良、勇敢智慧 | 2023-05-11 |
+----+--------+----------------------------+------------+
4 rows in set (0.00 sec)
```

可以发现猪八戒的描述信息已经被更新了。

如果需要一次更新多条数据，在SQL中可以使用UPDATE语句和WHERE子句来实现。具体来说，可以编写一个带有多个SET子句的UPDATE语句，每个子句用于更新一列的值，然后使用WHERE子句来指定要更新的记录，具体代码如下。

```
mysql> UPDATE Quotations
    SET description = '取经团队的成员'
    WHERE name IN ('猪八戒', '孙悟空', '沙悟净');
Query OK, 3 rows affected (0.01 sec)
Rows matched: 3  Changed: 3  Warnings: 0
```

这条语句将更新name为猪八戒、孙悟空和沙悟净记录的description字段，具体效果如下。

```
mysql> select * from Quotations;
+----+--------+------------------------+------------+
| id | name   | description            | createDate |
+----+--------+------------------------+------------+
|  1 | 孙悟空 | 取经团队的成员          | 2023-05-11 |
|  2 | 唐僧   | 普度众生、取经团队的领袖 | 2023-05-11 |
|  3 | 猪八戒 | 取经团队的成员          | 2023-05-11 |
|  4 | 沙悟净 | 取经团队的成员          | 2023-05-11 |
+----+--------+------------------------+------------+
4 rows in set (0.00 sec)
```

5. 删除数据

在 MySQL 中使用 DELETE 语句来删除记录，例如删除沙悟净的描述信息，具体代码如下。

```
mysql> DELETE FROM Quotations WHERE name='沙悟净';
Query OK, 1 row affected (0.00 sec)
```

查询一下数据表中的数据看看记录是否被删除，具体代码如下。

```
mysql> select * from Quotations;
+----+--------+------------------------+-----------+
| id | name   | description            | createDate |
+----+--------+------------------------+-----------+
| 1  | 孙悟空 | 取经团队的成员          | 2023-05-11 |
| 2  | 唐僧   | 普度众生、取经团队的领袖 | 2023-05-11 |
| 3  | 猪八戒 | 取经团队的成员          | 2023-05-11 |
+----+--------+------------------------+-----------+
3 rows in set (0.00 sec)
```

可以发现沙悟净的记录已经被删除了。

6. 查询数据

在 MySQL 中，最常用的语句就是 SELECT 语句，它用于从表中获取数据。

（1） SELECT 一般语法

SELECT 的一般语法如下。

```
SELECT column_name1,column_name2 FROM table_name [WHERE Clause] [LIMIT N][OFFSET M]
```

具体说明如下。

- column_name1 和 column_name2 表示需要选取的列的名称，多个列名之间用逗号分隔，如果需要选取所有列，可以使用 * 代替。
- table_name 表示需要选取数据的表的名称。
- WHERE Clause 是可选的，用于指定选取的条件。
- LIMIT N 表示选取的数据条数，表示从符合条件的记录中选取前 N 条记录。
- OFFSET M 表示选取的起始行数，表示从符合条件的记录中从第 M 行开始选取数据。

例如以下的命令用于从 Quotations 表中选取 name 列的数据，返回结果集中包含了该列的所有值（不去重），具体代码如下。

```
mysql> SELECT name FROM Quotations;
+--------+
| name |
+--------+
|孙悟空|
|唐僧  |
|猪八戒|
+--------+
3 rows in set (0.00 sec)
```

为了更好地演示 select 的用法，继续往 Quotations 表中插入一些数据，具体代码如下。

```
mysql> INSERT INTO Quotations (name, description, createDate) VALUES
    ("白骨精", "外貌美丽、却没有血肉、骨骼分明的女妖",  DATE_ADD(NOW(), INTERVAL 1 DAY)),
```

```
    ("黑熊精", "外貌像一只巨大的黑熊,有强壮的肌肉和锋利的爪子",  DATE_ADD(NOW(), INTERVAL 1 DAY)),
    ("蜘蛛精", "会用蛛丝来制造陷阱,捕捉行人、取得宝藏",  DATE_ADD(NOW(), INTERVAL 1 DAY)),
    ("红孩儿", "是牛魔王和铁扇公主所生下的儿子,拥有强大的法力和无穷的智慧",  DATE_ADD(NOW(), INTERVAL 2 DAY)),
    ("六耳猕猴", "是一只神通广大、会说人话的猴子,他曾在孙悟空带领下与天宫的众神展开大战",  DATE_ADD(NOW(), INTERVAL 2 DAY)),
    ("银角大王", "身穿银色战甲,手持银棒,是一位很有实力的妖怪",  DATE_ADD(NOW(), INTERVAL 3 DAY));
```

这样就在 Quotations 表中又插入了 6 条记录。

（2）WHERE 子句过滤

```
mysql> select name,description from Quotations WHERE createDate='2023-05-11';
```

简单来说，这个查询语句使用 WHERE 子句来筛选符合条件的记录，将会返回 Quotations 表中所有创建日期为 2023 年 5 月 11 日的妖怪名称和描述，具体的查询结果如下。

```
mysql> select name,description from Quotations WHERE createDate='2023-05-11';
+----------+----------------------------------+
| name     | description                      |
+----------+----------------------------------+
| 孙悟空   | 取经团队的成员                   |
| 唐僧     | 普度众生、取经团队的领袖         |
| 猪八戒   | 取经团队的成员                   |
+----------+----------------------------------+
3 rows in set (0.01 sec)
```

（3）LIMIT 子句限制

```
mysql> select * from Quotations WHERE createDate='2023-05-12' LIMIT 1;
```

这段 SQL 查询语句用于从 Quotations 表中选择创建日期为 2023-05-12 的第一条记录。

LIMIT 关键字用于限制返回结果的数量，这里限制为 1 条记录。如果省略了这个语句，则默认返回所有符合条件的记录。

具体的查询结果如下。

```
mysql> select * from Quotations WHERE createDate='2023-05-12' LIMIT 1;
+----+----------+--------------------------------------------------+------------+
| id | name     | description                                      | createDate |
+----+----------+--------------------------------------------------+------------+
| 14 | 白骨精   | 外貌美丽、却没有血肉、骨骼分明的女妖             | 2023-05-12 |
+----+----------+--------------------------------------------------+------------+
1 row in set (0.00 sec)
```

（4）OFFSET 子句偏移

```
mysql> select * from Quotations WHERE createDate='2023-05-12' LIMIT 2 OFFSET 1;
```

OFFSET 关键字语句用于跳过指定的记录数，例如这里跳过了第一条记录，返回的是从第二条记录开始且最多两条记录。

具体的查询结果如下。

```
mysql> select * from Quotations WHERE createDate='2023-05-12' LIMIT 2 OFFSET 1;
+----+----------+------------------------------------------------------------+-----------+
| id | name     | description                                                | createDate |
+----+----------+------------------------------------------------------------+-----------+
| 15 | 黑熊精   | 外貌像一只巨大的黑熊,有强壮的肌肉和锋利的爪子              | 2023-05-12 |
| 16 | 蜘蛛精   | 会用蛛丝来制造陷阱,捕捉行人、取得宝藏                      | 2023-05-12 |
+----+----------+------------------------------------------------------------+-----------+
2 rows in set (0.00 sec)
```

(5) count 函数

count 函数用于计算表中记录的总数，具体代码如下。

```
mysql> select count(*) from Quotations;
+----------+
| count(*) |
+----------+
|    8     |
+----------+
1 row in set (0.00 sec)
```

这段 SQL 语句包含了一个聚合函数 count(), count (*) 会计算并返回表中所有记录的总数。

(6) LIKE 子句

MySQL 中的 LIKE 子句用于在查询中模糊匹配数据。

1) 匹配以特定字符串开头的值

```
SELECT * FROM Quotations WHERE name LIKE '孙%';
```

这个查询会返回 Quotations 表中 name 列的所有值，其中以“孙”开头的字符串。

符号%用于匹配任意数量的字符（包括零个字符），从而实现模糊匹配的效果。

具体的查询结果如下。

```
+----+----------+--------------------+-----------+
| id | name     | description        | createDate |
+----+----------+--------------------+-----------+
|  1 | 孙悟空   | 取经团队的成员     | 2023-05-11 |
+----+----------+--------------------+-----------+
1 row in set (0.00 sec)
```

2) 匹配以特定字符串结尾的值

```
SELECT * FROM Quotations WHERE name LIKE '%精';
```

这个查询会返回 mytable 表中 mycolumn 列的所有值，其中以“精”结尾的字符串。

具体的查询结果如下。

```
+----+----------+------------------------------------------------------------+-----------+
| id | name     | description                                                | createDate |
+----+----------+------------------------------------------------------------+-----------+
| 14 | 白骨精   | 外貌美丽、却没有血肉、骨骼分明的女妖                        | 2023-05-12 |
| 15 | 黑熊精   | 外貌像一只巨大的黑熊,有强壮的肌肉和锋利的爪子              | 2023-05-12 |
```

```
| 16  |蜘蛛精      | 会用蜘蛛丝来制造陷阱,捕捉行人、取得宝藏                              | 2023-05-12 |
+----+----------+-------------------------------------------------------------------+------------+
3 rows in set (0.00 sec)
```

3）匹配包含特定字符串的值

```
SELECT * FROM Quotations WHERE description LIKE '%取经%';
```

这个查询会返回 Quotations 表中 description 列的所有值，其中包含“取经”子字符串的字符串。

符号%用于匹配任意数量的字符（包括零个字符），从而实现模糊匹配的效果。

具体查询结果如下。

```
+----+----------+------------------------------------+------------+
| id | name     | description                        | createDate |
+----+----------+------------------------------------+------------+
|  1 | 孙悟空   | 取经团队的成员                     | 2023-05-11 |
|  2 | 唐僧     | 普度众生、取经团队的领袖           | 2023-05-11 |
|  3 | 猪八戒   | 取经团队的成员                     | 2023-05-11 |
+----+----------+------------------------------------+------------+
3 rows in set (0.00 sec)
```

4）匹配特定长度的字符串

```
SELECT * FROM Quotations WHERE LENGTH(description) > 30;
```

这个查询会返回 Quotations 表中 description 列的所有值，其中大于 10 个字符的字符串。

需要知道的是，在 MySQL 里中文字符使用 UTF-8 编码存储，一个中文字符占用三个字节。

因此，在计算中文字符串长度时，需要将中文字符个数乘以 3。

5）在 DELETE 命令中使用 WHERE...LIKE 子句

```
DELETE FROM Quotations WHERE description LIKE '%猴子%';
```

这个命令会从 Quotations 表中删除所有 description 列中包含猴子子字符串的行。

6）在 UPDATE 命令中使用 WHERE...LIKE 子句

```
UPDATE Quotations SET description = '西天取经' WHERE description LIKE '%取经%';
```

这个命令会将 Quotations 表中 description 列中包含取经子字符串的所有行的值更改为西天取经。

最后，需要注意的是，使用 LIKE 子句在执行 DELETE 或 UPDATE 命令时可能会对性能产生负面影响，特别是在处理大型数据集时。因此，应该尽可能使用其他条件来过滤要删除或更新的行，以提高执行效率。如果必须使用 LIKE 子句，请确保在处理之前对表建立了适当的索引。

虽然 LIKE 子句在 MySQL 中是一种强大的模糊匹配方式，但在处理大量数据时可能会导致性能问题。如果需要在 MySQL 中执行复杂的字符串操作，可以考虑使用正则表达式或全文检索等更高级的技术。

（7）REGEXP 正则表达式

MySQL 中的 REGEXP 子句用于在查询中使用正则表达式匹配数据。

1）匹配以特定字符串开头的值

```
SELECT * FROM Quotations WHERE description REGEXP '^西天';
```

这个查询会返回 Quotations 表中 name 列的所有值，其中以“西天”开头的字符串。符号^用于匹配字符串的开头，从而实现模糊匹配的效果。

2）匹配以特定字符串结尾的值

```
SELECT * FROM Quotations WHERE description REGEXP '妖怪 $';
```

这个查询会返回 Quotations 表中 name 列的所有值，其中以“妖怪”结尾的字符串。符号 $用于匹配字符串的结尾，从而实现模糊匹配的效果。

3）匹配包含特定字符串的值

```
SELECT * FROM Quotations WHERE description REGEXP '取经';
```

这个查询会返回 Quotations 表中 name 列的所有值，其中包含“取经”子字符串的字符串。

（8）AND、OR 的使用

在 MySQL 中可以使用 AND 和 OR 关键字来组合多个查询条件，以过滤出满足多个条件的数据。

1）AND 使用示例

AND 关键字用于同时满足多个条件。例如，下面的查询选择了满足两个条件的所有数据行，具体代码如下。

```
SELECT * FROM Quotations WHERE name REGEXP '精' AND description REGEXP '外貌';
```

这个查询语句使用了正则表达式匹配来筛选数据表中包含汉字“精”和描述中包含“外貌”的记录，如果查询为空，则不会返回任何结果。

2）OR 使用示例

OR 关键字用于满足任一条件。例如，下面的查询选择了两个条件中至少满足一个的所有数据行，具体代码如下。

```
mysql> SELECT * FROM Quotations WHERE name = '猪八戒' OR description REGEXP '高老庄';
```

一个数据库查询语句，它会从数据库表中选择所有符合以下两个条件之一的记录。

- name 为“猪八戒”的记录。
- description 中包含“高老庄”的记录。

如果运行这个查询语句会得到一个结果集。这个结果集包含了所有符合上述两个条件之一的记录。

当然如果没有符合条件的记录，则不会返回任何结果。

3）AND 和 OR 组合使用

AND 和 OR 关键字可以组合使用，以实现更复杂的条件过滤。

例如，下面的查询选择了两个条件中至少满足一个的所有数据行，具体代码如下。

```
mysql> SELECT * FROM Quotations WHERE name = '猪八戒' OR (name = '唐僧' AND description = '取经');
```

这是一个数据库查询语句，它会从 Quotations 数据库表中选择所有符合以下两个条件之一的记录。

- name 为“猪八戒”的记录。
- name 为“唐僧”，并且 description 为“取经”的记录。

这个查询语句使用了 OR 和 AND 逻辑运算符来组合多个条件。OR 运算符表示只要有任意一个条件满足就会返回记录。而 AND 运算符则要求两个条件都满足才能返回记录。

需要注意的是，条件过滤的顺序很重要，因为它会影响查询的效率。应该尽可能地将最常用的条件放在前面，以便优化查询性能。

（9）IN、NOT IN

IN 和 NOT IN 关键字用于在 WHERE 子句中指定多个值，以便从结果集中选择满足指定条件的数据。

1）IN 使用示例

IN 关键字用于指定多个值，以便从结果集中选择满足指定条件的数据。例如，下面的查询选择了两个条件中至少满足一个的所有数据行，具体代码如下。

```
mysql> SELECT * FROM Quotations WHERE name IN ('孙悟空', '唐僧');
```

这个查询语句使用了 IN 运算符来筛选出名称为“孙悟空”或“唐僧”的记录。IN 运算符用于匹配列表中的任何一个值，而不是匹配单个值。

2）NOT IN 使用示例

NOT IN 关键字用于指定多个值，以便从结果集中选择不满足指定条件的数据。例如，下面的查询选择了不满足两个条件的所有数据行，具体代码如下。

```
mysql> SELECT * FROM Quotations WHERE name NOT IN ('银角大王', '白骨精');
```

这个查询语句使用了 NOT IN 运算符来排除名称为“银角大王”或“白骨精”的记录。NOT IN 运算符用于匹配不在列表中的任何一个值。

（10）ORDER BY

ORDER BY 子句用于在查询结果中按指定列的值排序。在 MySQL 中，可以与 SELECT、UPDATE 和 DELETE 命令一起使用。

1）使用 ORDER BY 对查询结果排序

ORDER BY 子句用于对查询结果进行排序。例如，下面的查询会按照 createDate 列的值对结果进行排序，具体代码如下。

```
mysql> SELECT * from Quotations ORDER BY createDate ASC;
```

这个查询语句，它会从 Quotations 的数据库表中选择所有记录，并按照创建日期（createDate）升序排序。

这个查询语句使用了 ORDER BY 子句来指定排序规则。ORDER BY 子句可以按照一个或多个列对结果进行排序，并且可以指定升序（ASC）或降序（DESC）排序。在这个查询语句中使用 ASC 关键字来指定升序排序，也就是从早到晚按照创建日期排序。

2）使用多个列进行排序

当需要使用多个列进行排序时，可以在 ORDER BY 子句中指定多个列以及它们的排序方式。如果 createDate 列的值相同，则按照 id 列的值升序对结果进行排序，具体代码如下。

```
mysql> SELECT * FROM Quotations ORDER BY createDate ASC, name DESC;
```

这个查询语句会从 Quotations 的数据库表中选择所有记录，并按照两个列进行排序。

- createDate 按照升序排列。
- name 按照降序排列。

在这个查询语句中首先按照创建日期升序排序，如果两个记录的创建日期相同，再按照名称降序排序。

(11) GROUP BY 语句

GROUP BY 是一种 SQL 查询语句中的子句，它用于根据一个或多个列对结果进行分组。

使用 GROUP BY 子句的查询通常会结合聚合函数，例如 COUNT、SUM、AVG、MAX 和 MIN，以对每个组进行统计计算。聚合函数通常用于计算每个组的汇总值。

以下是一个示例查询，具体代码如下。

```
mysql> SELECT name, COUNT(*) as count FROM Quotations GROUP BY name;
```

这个查询会从数据库表中选择所有记录，并按照名称（name）列进行分组。然后，它将对每个分组计算数量，并使用 COUNT（*）函数将结果作为一个新的列返回。最后，查询结果按照名称升序排列。

在这个查询中使用 GROUP BY 子句对记录进行分组，并使用 COUNT（*）函数计算每个组中记录的数量。因此，查询结果会包含每个名称以及对应数量。

除了使用单个列进行分组外，还可以使用多个列进行分组，具体代码如下。

```
SELECT name, createDate, COUNT(*) as count FROM Quotations GROUP BY name, createDate;
```

这个查询会从数据库表中选择所有记录，并按照 name 和 createDate 列进行分组。然后，它将对每个分组计算数量，并使用 COUNT（*）函数将结果作为一个新的列返回。最后，查询结果按照名称和作者升序排列。

在这个查询中使用 GROUP BY 子句对记录进行分组，并使用 COUNT（*）函数计算每个组中记录的数量。因此，查询结果会包含每个名称和作者组合以及对应数量。

值得注意的是，对于使用多个列进行分组的查询，GROUP BY 子句中指定的列的顺序很重要。查询结果将按照 GROUP BY 子句中指定的列的顺序进行分组和排序。如果需要对多个列进行排序，可以在 ORDER BY 子句中指定它们的顺序。

(12) HAVING 语句

HAVING 是一种 SQL 查询语句中的子句，它用于对 GROUP BY 子句分组后的结果进行筛选。与 WHERE 子句不同的是，HAVING 子句用于筛选分组后的结果，而 WHERE 子句用于筛选从表中检索出来的所有记录。

以下是一个示例查询，具体代码如下。

```
SELECT name, COUNT(*) as count FROM Quotations GROUP BY name HAVING COUNT(*) > 5;
```

这个查询会从 Quotations 的数据库表中选择所有记录，并按照 name 列进行分组。然后，它将对每个分组计算数量，并使用 COUNT（*）函数将结果作为一个新的列返回。最后，查询结果会根据 HAVING 子句中的条件，只返回数量大于 5 的分组记录。当然这个查询语句不会返回任何内容。

7. 关于 MySQL 的日志

当用户熟练使用并依赖于 MySQL 数据库就会产生大量的事务操作，所以学会查看

MySQL 日志是一项非常重要的技能，也是一种不可或缺的手段，当运行 SQL 语句产生错误时，可追溯日志能更快速地找到报错信息。

MySQL 的查询日志记录了所有 MySQL 数据库请求的信息。无论这些请求是否得到了正确的执行。MySQL 的日志主要有以下几种类型。

- 错误日志（errorlog）：记录 MySQL 服务器发生错误和警告的信息。
- 查询日志（querylog）：记录 MySQL 执行的所有 SQL 语句，包括连接、断开连接、初始化等。
- 慢查询日志（slowquerylog）：记录执行时间超过指定阈值的 SQL 语句，用于优化查询性能。
- 二进制日志（binarylog）：记录所有对数据的修改操作，用于主从复制、数据恢复等场景。

在 MySQL 命令行中，可以通过以下方式查看日志。

- 错误日志：使用 SHOWVARIABLESLIKE ' log_error '；命令查看错误日志文件的路径和名称。
- 查询日志：使用 SHOWVARIABLESLIKE ' general_log_file '；命令查看查询日志文件的路径和名称。
- 慢查询日志：使用 SHOWVARIABLESLIKE ' slow_query_log_file '；命令查看慢查询日志文件的路径和名称。

在日志文件中，可以查看每条记录的详细信息，例如 SQL 语句、执行时间、客户端 IP、用户信息等。

需要注意的是，日志文件可能会包含大量信息，因此在查看时应该使用合适的工具和命令，以便快速定位和分析有用信息。

8. MySQL 管理工具

关于 MySQL 管理工具，笔者推荐以下两款。

- MySQL Workbench：是一款 MySQL 官方提供的免费跨平台的图形化管理工具，可以用于创建、管理和维护 MySQL 数据库。
- Navicat：是一款商业化的 MySQL 管理工具，提供了强大的数据管理和查询功能，支持多个数据库连接和管理。

当然还有其他好用的 MySQL 管理工具，例如 PHPMyAdmin 等，读者可以自行了解。

9.1.3 Python 操作 MySQL

PyMyGQL 是 Python 中一个开源的、纯 Python 实现的 MySQL 数据库驱动程序，用于与 MySQL 数据库进行交互。它是基于 Python DB-API 2.0 规范开发的，可以与 Python 中的常用数据处理库（如 pandas、numpy）无缝集成，非常方便实用。PyMyGQL 的主要特点如下。

- 纯 Python 实现，不用编译。
- 基于 Python DB-API 2.0 规范，易于使用和扩展。
- 支持事务和多线程操作。
- 支持 UTF-8 编码，能够处理中文等非 ASCII 字符。
- 能够高效地执行 SQL 查询和修改操作。

- 支持参数化查询，能够防止 SQL 注入攻击。

因此，通常使用 PyMySQL 作为 Python 和 MySQL 的客户端连接库。

1. 安装 PyMySQL

在使用 PyMySQL 之前，需要先安装 PyMySQL 库，使用 pip 命令即可。

pip install pymysql

安装完成后就可以使用 PyMySQL 库了。

2. 连接数据库

在使用 PyMySQL 前需要先建立与 MySQL 数据库的连接。PyMySQL 提供了 pymysql.connect( )方法来创建连接对象。下面演示如何使用 pymysql.connect( )方法连接到 MySQL 数据库，具体代码如下。

```
import pymysql

#连接数据库
conn= pymysql.connect(
    host='localhost',              # 数据库地址
    port=3306,                     # 数据库端口号,默认为 3306
    user='root',                   # 数据库用户名
    password='abc123',             # 数据库密码
    db='hello_life',               # 数据库名称
    charset='utf8mb4',             # 字符集
)

cursor= conn.cursor()              # 创建游标

sql= 'SELECT * FROM Quotations' # 执行 SQL 查询操作
cursor.execute(sql)

result= cursor.fetchall()          # 获取全部查询结果

print(result)                      # 打印查询结果

                                   # 关闭游标和连接
cursor.close()
conn.close()
```

在这个示例中通过 pymysql.connect( )方法连接到名为 hello_life 的 MySQL 数据库，并指定连接参数。然后，使用 conn.cursor( )方法创建一个游标对象，通过游标对象的 execute( )方法执行 SQL 查询操作，最后使用 cursor.fetchall( ) 方法获取查询结果。注意，这里使用了 DictCursor 游标类型，该类型可以返回字典类型的查询结果，更易于处理和操作。最后，通过 cursor.close( )和 conn.close( )方法关闭游标和连接。

3. 创建数据表

在 PyMySQL 中可以通过执行 SQL 语句来创建数据表。下面是一个示例，演示如何使用 PyMySQL 创建名为 Quotations 的数据表，具体代码如下。

```
import pymysql

#连接数据库
conn= pymysql.connect(
    host='localhost',  # 数据库地址
```

```
    port=3306,                              # 数据库端口号,默认为 3306
    user='root',                            # 数据库用户名
    password='password',                    # 数据库密码
    db='hello_life',                        # 数据库名称
    charset='utf8mb4',                      # 字符集
    cursorclass=pymysql.cursors.DictCursor  # 游标类型
)

#创建游标
cursor= conn.cursor()

#创建表
sql= """
CREATE TABLE IF NOT EXISTS 'Quotations'(
  'id' INT UNSIGNED AUTO_INCREMENT,
  'name' VARCHAR(30) NOT NULL,
  'description' VARCHAR(100) NOT NULL,
  'createDate' DATE,
  PRIMARY KEY ('id')
)ENGINE=InnoDB DEFAULT CHARSET=utf8mb4;
"""
cursor.execute(sql)

#提交操作
conn.commit()

#关闭游标和连接
cursor.close()
conn.close()
```

在这个示例中使用 SQL 语句创建了一个名为 Quotations 的数据表，该表包含 id、name、description 和 createDate 四个列，其中 id 是一个自增的无符号整数，作为主键，name 和 description 列分别是长度为 30 和 100 的非空字符串，createDate 是一个日期类型。通过 cursor.execute( )方法执行 SQL 语句，使用 conn.commit( )方法提交操作，并最终使用 cursor.close( )和 conn.close( )方法关闭游标和连接。

注意，在执行 CREATETABLE 语句时，可以使用 IFNOTEXISTS 关键字判断表是否存在，避免重复创建。此外，还需要注意字段的类型、长度和约束等定义，以确保数据表的正确性和完整性。

通过以上两个示例可以看到，使用 PyMySQL 操作 MySQL 数据库需要执行以下步骤。

- 连接到 MySQL 数据库。
- 创建游标对象。
- 构造插入数据的 SQL 语句。
- 执行 SQL 语句。
- 提交事务（如果使用了事务）。
- 关闭游标和连接。

4. 插入数据

下面是一个示例，演示如何使用 PyMySQL 插入数据到 MySQL 数据库，具体代码如下。

```
import pymysql

#连接数据库
conn= pymysql.connect(
    host='localhost',
    port=3306,
    user='root',
    password='password',
    db='hello_life',
    charset='utf8mb4',
    cursorclass=pymysql.cursors.DictCursor
)

#创建游标
cursor= conn.cursor()

#构造 SQL 语句
sql= "INSERT INTO'Quotations' ('name', 'description', 'createDate') VALUES (%s, %s, %s)"
val= ("狐狸精", "长得像狐狸一样,会变成美丽的女子,勾引男子,吸食他们的阳气。", "2023-05-14")

#执行 SQL 语句
cursor.execute(sql, val)

#提交事务
conn.commit()

#关闭游标和连接
cursor.close()
conn.close()
```

具体来说，代码使用了 PyMySQL 库创建了一个连接对象和一个游标对象。然后通过使用游标对象的 execute( )方法执行了一条 INSERT 语句，向 Quotations 表中插入了一条记录。最后，代码通过调用连接对象的 commit( )方法来提交该事务，并关闭了游标对象和连接对象。最后通过 cursor.close( )和 conn.close( )方法关闭游标和连接。

如果用户想批量插入数据，可以使用 executemany( )方法，该方法可以一次性插入多条数据，具体代码如下。

```
#构造 SQL 语句
sql= "INSERT INTO'Quotations' ('name', 'description', 'createDate') VALUES (%s, %s, %s)"
val= [("狐狸精", "长得像狐狸一样,会变成美丽的女子,勾引男子,吸食他们的阳气。", "2023-05-14"),
      ("白骨精", "长得像白骨一样,会变成美丽的女子,勾引男子,吸食他们的阳气。", "2023-05-14"),
      ("蜘蛛精", "长得像蜘蛛一样,会变成美丽的女子,勾引男子,吸食他们的阳气。", "2023-05-14")]

#执行 SQL 语句
cursor.executemany(sql, val)
```

在这个示例中使用 executemany( )方法一次性插入了 3 条数据，这样可以提高插入数据的效率。除了 executemany( )方法之外，PyMySQL 还可以使用 executescript( )方法执行多个 SQL 语句，具体代码如下。

```
sql= '''
CREATE TABLE IF NOT EXISTS'Quotations'(
```

```
    'id' INT UNSIGNED AUTO_INCREMENT,
    'name' VARCHAR(30) NOT NULL,
    'description' VARCHAR(100) NOT NULL,
    'createDate' DATE,
    PRIMARY KEY ('id')
)ENGINE=InnoDB DEFAULT CHARSET=utf8mb4;

INSERT INTO Quotations name, description, createDate VALUES ("狐狸精", "长得像狐狸一样",
"2023-05-14");
'''
cursor.executescript(sql)
```

第一部分是创建名为 users 的表格，表格包含 id、name 和 description 三个字段。

第二部分是插入一条数据到 Quotations 表格，插入的数据是“狐狸精”，“长得像狐狸一样”，2023-05-14 这三个字段的值。

由于 SQL 语句是连续的，所以可以使用 executescript( ) 方法一次性执行。

5. 查询数据

查询数据的相关内容如下。

(1) 构建查询语句

在 PyMySQL 中可以使用游标对象（cursor）执行 SQL 查询操作，查询语句可以包括 SELECT、FROM、WHERE、GROUP BY、HAVING、ORDER BY 等语句。

使用游标对象的 execute( ) 方法执行 SQL 查询语句，查询结果存储在游标对象中，具体查询语法如下。

```
sql= "SELECT column1, column2, ...FROM table WHERE condition"
cursor.execute(sql)
```

在查询语句中，SELECT 语句用于指定要查询的列，FROM 语句用于指定要查询的表，WHERE 语句用于指定查询条件。用户也可以使用其他的查询语句来指定查询结果，例如 GROUP BY、HAVING、ORDER BY 等。

需要知道的是 PyMySQL 构建了 SQL 语句，并使用游标对象的 execute( ) 方法将 SQL 查询语句发送到 MySQL 服务器进行执行，实际上和用户在 MySQL 命令行中执行 SQL 查询语句的过程是一样的。因此两者执行的 SQL 语句并无二致，只是在 PyMySQL 中使用 execute( ) 方法执行 SQL 语句，而在 MySQL 命令行中使用分号（;）执行 SQL 语句。

(2) 获取查询结果

使用游标对象的 fetchone( )、fetchmany（n）或 fetchall( ) 方法可以获取查询结果。

- fetchone( ) 方法用于获取查询结果集中的下一行记录。如果没有更多的记录，则返回 None。
- fetchmany（n）方法用于获取查询结果集中的多行记录，n 参数用于指定返回的记录数。如果没有更多的记录，则返回一个空列表。
- fetchall( ) 方法用于获取查询结果集中的所有记录，返回一个列表，列表中每个元素是一个元组，表示一行记录。

(3) 处理查询结果

使用 fetchone( )、fetchmany（n）或 fetchall( ) 方法获取查询结果后，可以使用 for 循环

遍历查询结果，也可以使用索引访问查询结果。查询结果可以是一个元组、一个字典或一个列表。例如如果使用 DictCursor 游标类型，则返回的是字典类型的查询结果，具体代码如下。

```
cursorclass= pymysql.cursors.DictCursor
```

接下来就可以使用 for 循环遍历查询每一条记录的结果了。

```
for row in result:
    print(row)
```

（4）关闭游标对象和数据库连接

关闭游标对象和数据库连接的具体代码如下。

```
cursor.close()
conn.close()
```

注意，查询语句中的参数应该使用参数化查询方式来避免 SQL 注入攻击，即使用%s 占位符来表示参数，然后在 execute()方法中传递参数值，具体代码如下。

```
sql= "SELECT * FROM Quotations WHERE name = %s"
cursor.execute(sql, ("狐狸精", "长得像狐狸一样,会变成美丽的女子,勾引男子,吸食他们的阳气。",
"2023-05-14"))
```

在上面的例子中使用%s 作为占位符来代替查询语句中的参数，并将参数值作为元组传递给 execute()方法。使用参数化查询的优点是，它可以将用户输入的数据和查询语句中的代码分开处理，从而避免了 SQL 注入攻击。如果直接将用户输入的数据拼接到查询语句中，攻击者可能会构造一些恶意数据来修改查询语句的行为，从而导致安全漏洞。而使用参数化查询，可以让数据库系统将用户输入的数据和查询语句中的代码分开处理，从而避免了这些安全风险。

除了避免 SQL 注入攻击之外，使用参数化查询还有如下优点。

- 可以减少查询语句的编写工作量。
- 可以提高查询语句的执行效率，因为数据库系统可以预编译查询语句并缓存执行计划，避免了每次执行查询都需要解析和编译查询语句的开销。
- 可以提高查询语句的可读性和可维护性，因为参数化查询可以让查询语句中的参数更加清晰明了。

6. 更新数据

以下是一个使用 PyMySQL 更新数据的典型示例，具体代码如下。

```
import pymysql

#连接数据库
conn= pymysql.connect(
    host='localhost',                          # 数据库地址
    port=3306,                                 # 数据库端口号,默认为 3306
    user='root',                               # 数据库用户名
    password='password',                       # 数据库密码
    db='hello_life',                           # 数据库名称
    charset='utf8mb4',                         # 字符集
    cursorclass=pymysql.cursors.DictCursor     # 游标类型
```

```
)

#创建游标
cursor= conn.cursor()

#更新数据
sql= 'UPDATE Quotations SET description = %s WHERE name %s'
cursor.execute(sql, ("长得像狐狸一样,会吸阳气。", "狐狸精"))

#提交事务
conn.commit()

print(f'{cursor.rowcount} rows affected')  # 输出更新的行数

#关闭游标和连接
cursor.close()
conn.close()
```

代码通过游标对象的 execute( )方法执行 SQL 更新语句，将 name 为狐狸精的 description 属性更新为“长得像狐狸一样，会吸阳气。”。最后，使用 conn.commit( )方法提交事务，并通过 cursor.rowcount 属性输出更新的行数。

注意，在执行更新操作时，如果要更新多列数据，可以在更新语句中使用逗号将不同的列和对应的值分隔开，具体代码如下。

```
sql= 'UPDATE Quotations SET description = %s, createDate = s%  WHERE name = %s'
cursor.execute(sql, ('狐狸精', '2023-05-15。', '狐狸精'))
```

这样就可以一次性更新多列数据了。

executemany( )方法可以用于批量更新数据，具体代码如下。

```
data= [('狐狸精', '狐狸精'), ('白骨精', '白骨精'), ('蜘蛛精', '蜘蛛精')]
sql= 'UPDATE Quotations SET description = %s WHERE name = %s'
cursor.executemany(sql, data)
```

7. 删除数据

以下的示例演示了如何使用 PyMySQL 删除数据，具体代码如下。

```
import pymysql

conn= pymysql.connect(host='localhost', user='root', password='password', db='hello_life', 
charset='utf8mb4')
cursor= conn.cursor()

sql= "DELETE FROM Quotations WHERE id = %s"
cursor.execute(sql, (1,))
conn.commit()
print("Delete success.")

cursor.close()
conn.close()
```

在这个示例中使用 DELETE 语句从 Quotations 表中删除 id 为 1 的记录。

8. 数据回滚

在 PyMySQL 中如果在一个事务中执行多个 SQL 语句时出现了错误，则可以使用 rollback( )方

法将事务回滚到最近的提交点，从而撤销之前的操作，恢复到之前的状态。

以下是一个典型的示例代码，演示了如何使用 rollback()方法进行事务回滚，具体代码如下。

```
import pymysql

#连接数据库
conn= pymysql.connect(
    host='localhost',                    # 数据库地址
    port=3306,                           # 数据库端口号,默认为 3306
    user='root',                         # 数据库用户名
    password='password',                 # 数据库密码
    db='hello_life',                     # 数据库名称
    charset='utf8mb4',                   # 字符集
)

try:
    # 创建游标
    cursor= conn.cursor()

    sql = 'UPDATE Quotations SET description = %s WHERE name = %s'
    cursor.execute(sql, ("长得像狐狸一样,会吸阳气。", "狐狸精"))

    # 提交事务
    conn.commit()

except Exception as e:
    # 如果出现异常,回滚事务
    conn.rollback()

finally:
    # 关闭游标和连接
    cursor.close()
    conn.close()
```

在这个示例中使用 rollback()方法进行回滚事务操作。如果在事务中的某个 SQL 语句出现了错误，就可以调用 rollback()方法撤销之前的操作，恢复到之前的状态。如果所有的 SQL 语句都成功执行，则可以使用 commit()方法提交事务。值得注意的是，当一个新的事务开始时，MySQL 数据库会自动创建一个保存点（savepoint），表示当前事务的状态。当调用 rollback()方法时，事务会回滚到最近的保存点。总而言之，数据库的回滚操作可以帮助用户撤销之前的操作，恢复到之前的状态，这在实际应用中具有重要的意义。

9.2 MongoDB

MongoDB 是一种基于文档的 NoSQL 数据库管理系统，它使用 JSON 格式来存储数据，因此也被称为 BSON（Binary JSON）数据库。MongoDB 支持水平扩展、副本集和自动故障转移等功能，使其在大型、高负载的 Web 应用和数据处理场景中得到了广泛应用。它是一种文档型数据库管理系统，使用集合来存储文档，每个文档都是一个键值对的 JSON 格式数据。不需要固定的表结构，可以存储非结构化或半结构化的数据，适合存储日志、社交网络数

据、地理位置等信息。

MongoDB 与关系型数据库的主要区别在于数据的存储方式不同。MongoDB 使用文档存储数据，而关系型数据库使用表存储数据。此外，MongoDB 是一个面向文档的数据库，而关系型数据库则是面向关系的数据库。这些区别意味着 MongoDB 具有更高的灵活性和可扩展性。

9.2.1 安装 MongoDB

安装 MongoDB，首先需要访问 MongoDB 官方下载页面（https://www.mongodb.com/try/download/community）并选择下载适用于当前操作系统版本的安装包，本书以 Windows 系统为例，具体操作步骤如下。

1）选择合适的数据库版本，这里默认选择 Windows 平台下新版的 MSI 格式下载即可，如图 9-25 所示。

2）打开指定的下载目录并双击运行.msi 格式文件，开始进入安装向导，如图 9-26 所示。

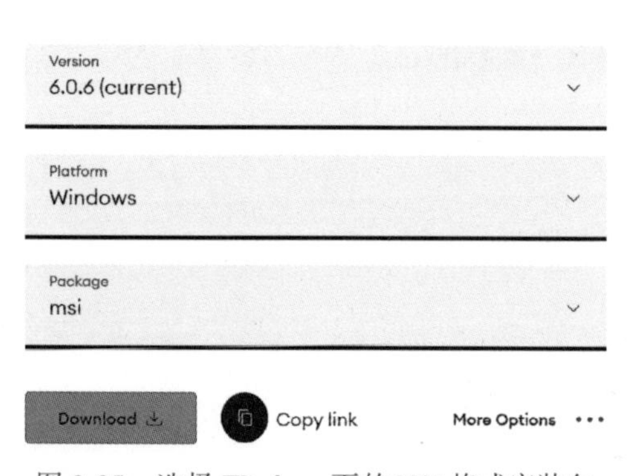

图 9-25 选择 Windows 下的 MSI 格式安装包

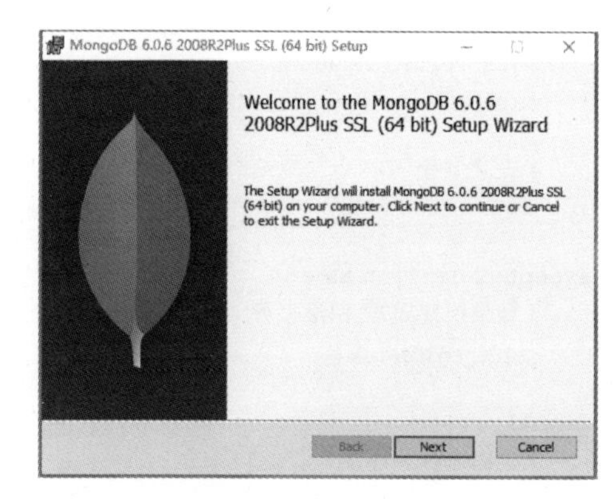

图 9-26 开始进入安装向导

3）在【End-User License Agreement】界面中单击【Next】按钮继续安装，如图 9-27 所示。

4）在【Choose Setup Type】界面中选择默认本地安装，如图 9-28 所示。

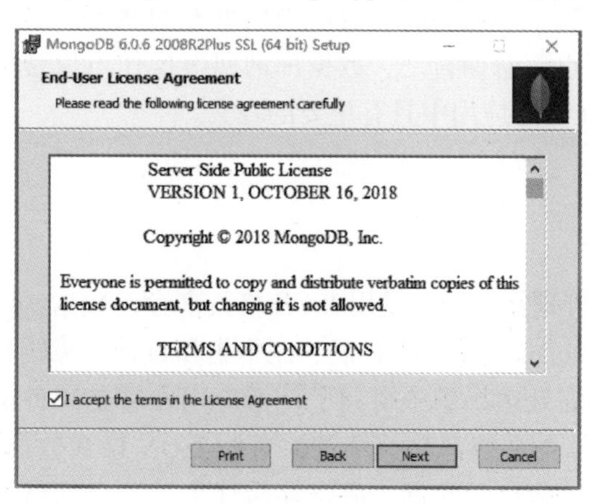

图 9-27 单击【Next】按钮 1

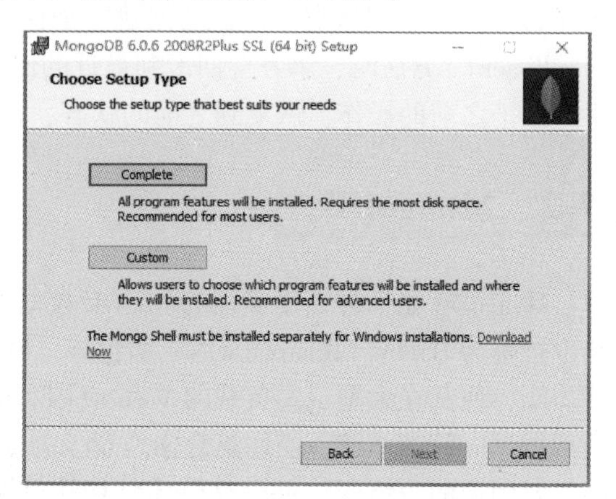

图 9-28 选择默认本地安装

当然，如果当前的系统盘空间并不充足，为了不影响系统盘的正常使用，可以将数据目录存放到其他盘符，即自定义安装。在【Choose Setup Type】界面中单击【Custom】按钮，在【Service Configuration】界面中可以指定 MongoDB 的路径。在 Mongodb 5.0.9 之后，可以在安装过程中选择数据和日志目录的存放位置，省去了手动创建数据目录的过程。这里笔者保持默认的存放路径，如图 9-29 所示。

5）在【Install MongoDB Compass】界面中勾选【Install MongoDB Compass】复选框并单击【Next】按钮开始安装 Compass，如图 9-30 所示。MongoDB 官方推荐使用 Compass 作为管理工具，它是一款非常不错的数据库管理工具。

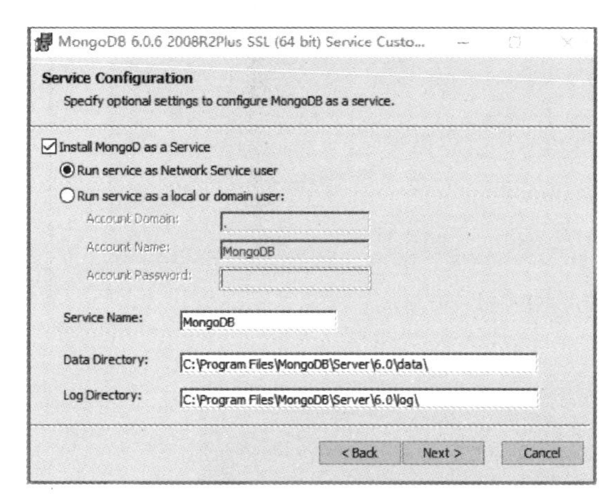

图 9-29　单击【Next】按钮 2

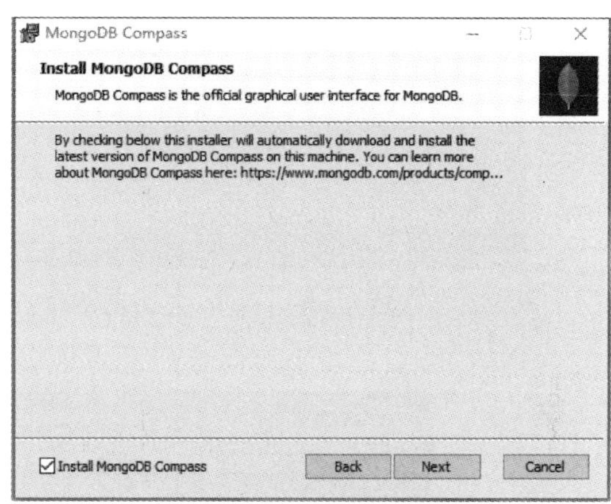

图 9-30　开始安装 Compass

6）在【Installing MongoDB 6.0.6 2008R2Plus SSL（64 bit）】界面中单击【Next】按钮继续安装，如图 9-31 所示。

7）在【Completed the MongoDB 6.0.6 2008R2Plus SSL（64 bit）Setup Wizard】界面中单击【Finish】按钮结束安装流程，如图 9-32 所示。

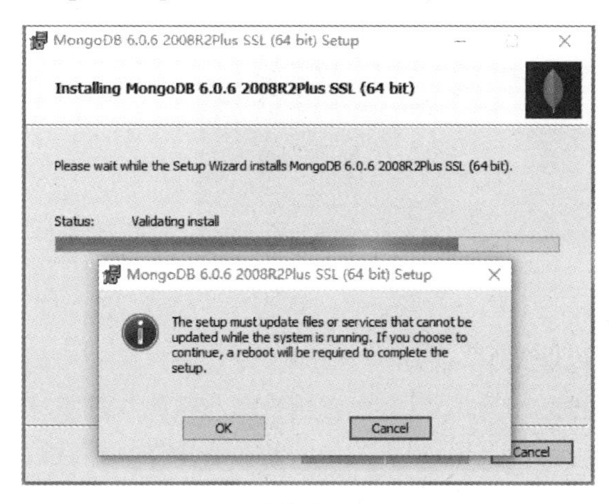

图 9-31　单击【Next】按钮 3

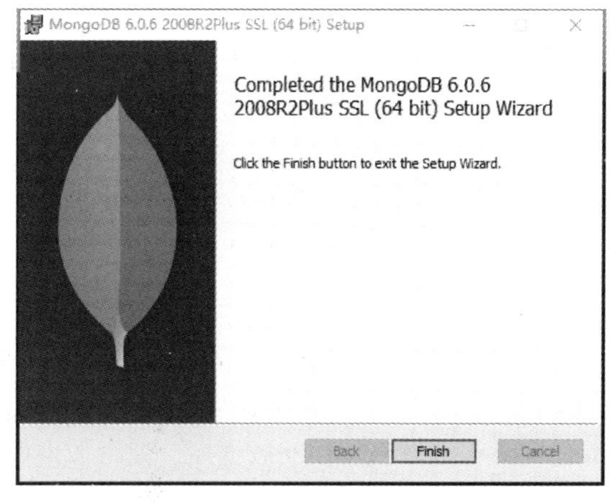

图 9-32　单击【Finish】按钮结束安装流程

8）启动 Compass，直接单击【Connect】按钮连接本地数据库，如图 9-33 所示。如果之前并没有设置用户名和密码，则这里默认是可以直接进入的，如图 9-34 所示。

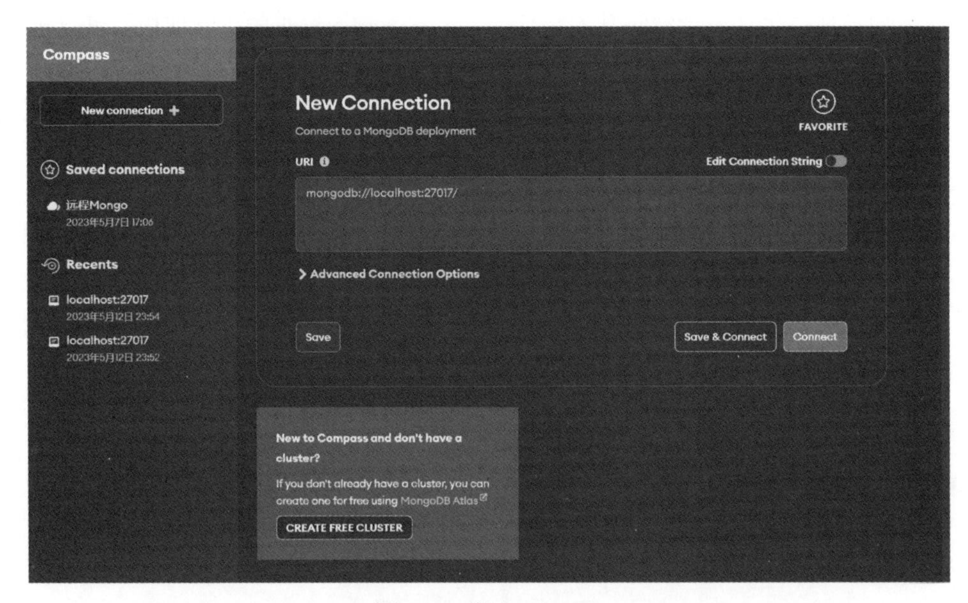

图 9-33 启动 Compass

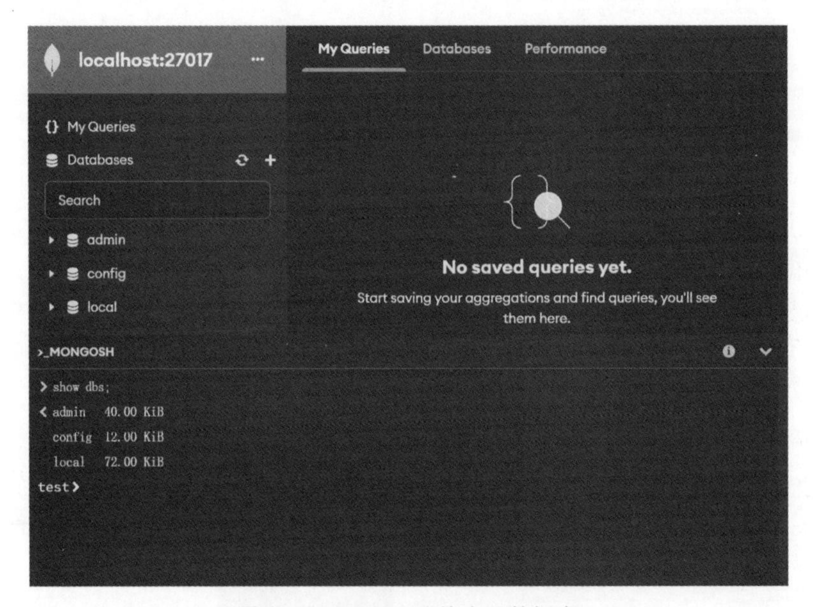

图 9-34 Compass 连接本地数据库

9）创建用户名和密码。不管是本地还是远程连接 MongoDB 数据库，设置用户名和密码都是相当有必要的，否则可能会出现巨大风险和隐患。如果没有设置用户名和密码，这意味着任何人都可以直接访问数据库，使得数据库容易受到未经授权的访问和非法操作，导致数据泄露和丢失，甚至可能导致数据库崩溃。通过 Compass 界面下方的 MONGOSH 选项可以直接连接数据库，在这里将创建一个用户名为 admin，密码为 abc123 的管理员用户。

首先进入 admin 数据库，然后创建用户，最后使用创建的用户进行认证，具体代码如下。

```
use admin
db.createUser({user:"admin",pwd:"abc123",roles:["root"]})
```

使用创建的用户进行认证，具体代码如下。

```
db.auth("admin", "abc123")
```

如果验证成功，则返回值为 1，否则返回值为 0，如图 9-35 所示。

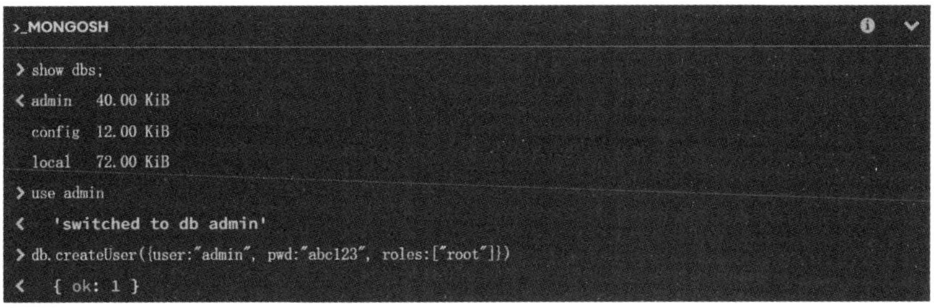

```
>_MONGOSH
> show dbs;
< admin    40.00 KiB
  config   12.00 KiB
  local    72.00 KiB
> use admin
<   'switched to db admin'
> db.createUser({user:"admin", pwd:"abc123", roles:["root"]})
<   { ok: 1 }
```

图 9-35　创建用户名和密码

这样就成功创建了一个用户名为 admin，密码为 abc123 的管理员用户。

10）更改 mongod.cfg 配置文件。在安装目录下找到 mongod.cfg 配置文件，然后使用记事本打开它，找到 security 配置项并更改为：

```
security:
  authorization: enabled
```

然后保存并关闭文件即可，这样就成功设置了用户名和密码，并且启用了认证功能。

11）重启 MongoDB 服务。在 Windows 服务中找到 MongoDB Server 服务并重新启动它，如图 9-36 所示。

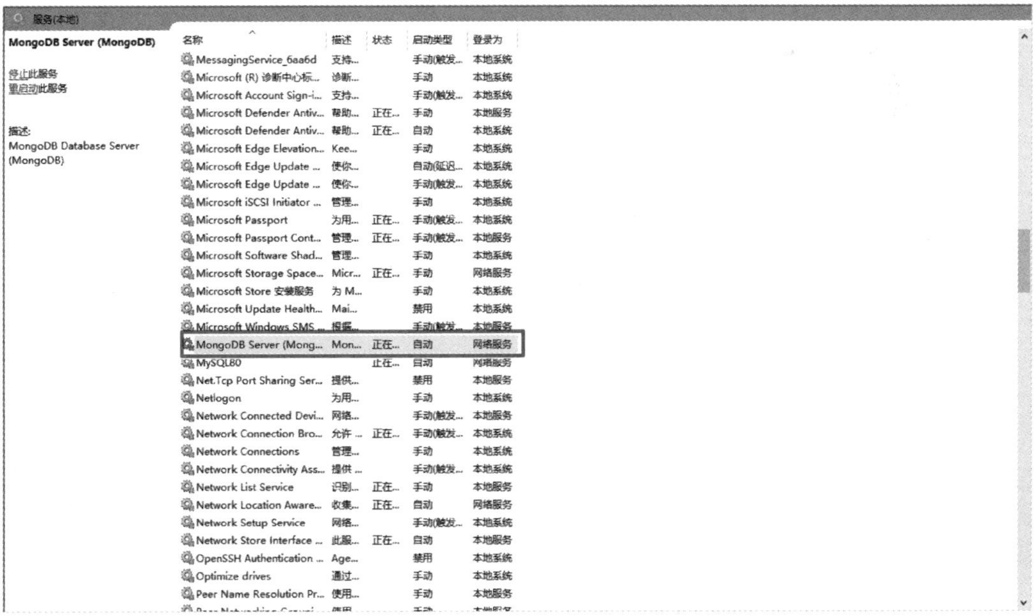

图 9-36　重启 MongoDB 服务

12）认证登录。当用户再次使用 Compass 连接数据库时，发现需要使用用户名和密码进行认证登录了。在 Compass 界面中单击【Connect】按钮，选择【Authentication】并使用【Username/Password】的方式进行认证，然后输入用户名和密码，单击【Connect】按钮即可。

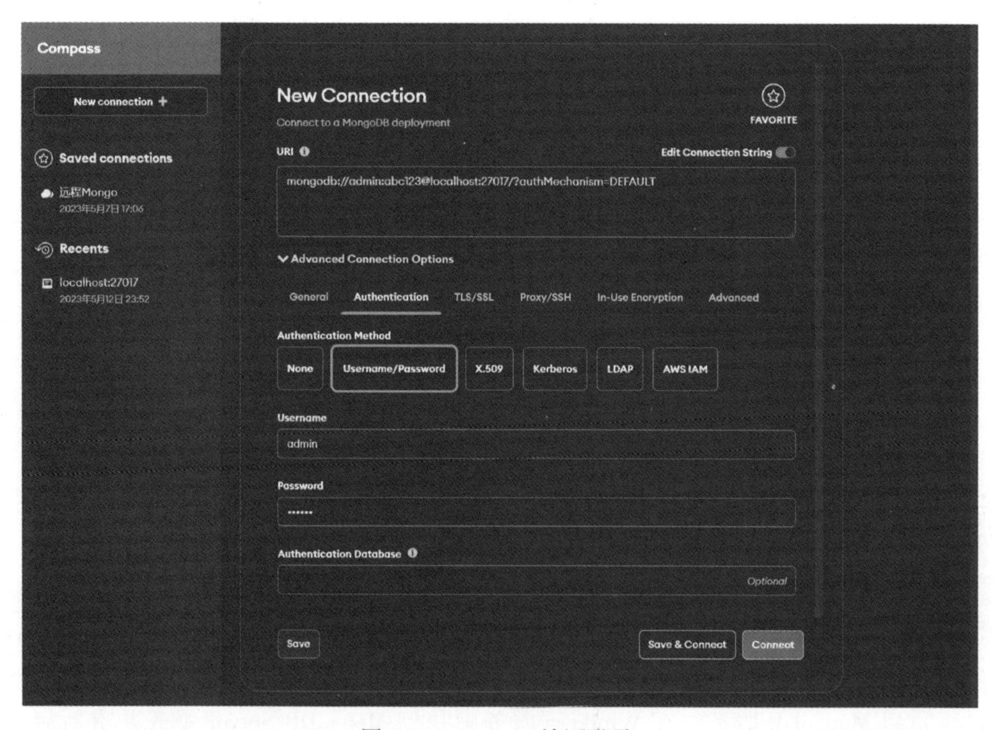

图 9-37　Compass 认证登录

至此，已经成功的安装并启动了 MongoDB 数据库。

9.2.2　MongoDB 快速入门

在连接到 MongoDB 后，就可以创建数据库和集合了。MongoDB 使用文档数据库模型，它的基本单位是文档（Document），类似于关系型数据库中的行（Row）。文档可以包含不同类型的数据，例如字符串、整数、日期和嵌套文档。

1. 创建数据库、集合

创建数据库的具体命令如下。

```
use ThreeKingdoms
```

运行 use 命令之后，如果该数据库已存在则会切换到此库，如果没有，则创建。

创建集合的具体命令如下。

```
db.createCollection("heroes")
```

这个命令将创建一个名为 heroes 的集合。

2. 查看数据库和数据表

查看数据库的具体命令如下。

```
> show dbs
ThreeKingdoms           8.00 KiB
admin                   132.00 KiB
config                  72.00 KiB
local                   72.00 KiB
```

查看数据表的具体命令如下。

```
> show collections
```

3. 插入文档

要向集合中插入文档，使用 insertOne( ) 或 insertMany( ) 方法。

假设现在要创建一个名为 heroes 的集合，其中包含了 name、intro 和 birthdate 三个字段，具体代码如下。

```
db.heroes.insertOne({
  name: "刘备",
  intro: "刘备(161年—223年6月10日),字玄德,汉族,涿郡涿县人。三国时期蜀汉的开国皇帝,相传为汉景帝后裔。史书对刘备评价较高,以仁爱、宽厚、谦让、深明大义、有胆略、有谋略、有领导才能著称。史家后人对刘备赞誉颇多,而《三国演义》中的刘备则被渲染成中国历史上仁义道德、博爱智慧行仁政的形象。",
  birthdate: "161年"
});
```

在 mongodb 中若集合不存在，直接在集合中插入数据会自动创建该集合。所以这个命令会向 heroes 集合插入一条数据，包含了刘备的名字、简介和出生时间，返回结果如下。

```
{
  acknowledged: true,
  insertedId: ObjectId("61b0f0b0b3b3b3b3b3b3b3b3")
}
```

接下来是一个使用 insertMany 插入多条数据的示例，假设要同时插入 3 个人物的信息，具体代码如下。

```
db.heroes.insertMany([
    {"name": "关羽", "intro": "关羽,字云长,河东郡解县人,东汉末年著名将领。", "birthdate": "160年"},
    {"name": "张飞", "intro": "张飞,字益德,涿郡范县人,东汉末年蜀汉名将。", "birthdate": "168年"},
    {"name": "诸葛亮", "intro": "诸葛亮,字孔明,琅琊阳都人,三国时期蜀汉丞相。", "birthdate": "181年"},
    {"name": "曹操", "intro": "曹操,字孟德,陈留郡(今河南省许昌市鄢陵县)人,三国时期魏国的奠基人之一。",
    "birthdate": "155年"},
    {"name": "孙权", "intro": "孙权,字仲谋,会稽山阴人,三国时期吴国的建立者和开国皇帝。"},
    {"name": "吕布", "intro": "吕布,字奉先,五原郡九原县人,东汉末年著名将领。"}
])
```

插入成功后的返回结果如下。

```
{
  acknowledged: true,
  insertedIds: {
    '0': ObjectId("6460c29473f31cd6e5c5eca3"),
    '1': ObjectId("6460c29473f31cd6e5c5eca4"),
    '2': ObjectId("6460c29473f31cd6e5c5eca5"),
    '3': ObjectId("6460c29473f31cd6e5c5eca6"),
    '4': ObjectId("6460c29473f31cd6e5c5eca7"),
```

```
        '5': ObjectId("6460c29473f31cd6e5c5eca8")
    }
}
```

这样就一次性向 heroes 集合插入了 6 条数据，分别是关羽、张飞、诸葛亮、曹操、孙权和吕布的信息。

4. 更新文档

更新文档可以使用 updateOne 或 updateMany 命令。例如以下是使用 updateOne 命令更新刘备简介的示例，具体代码如下。

```
db.heroes.updateOne(
  { "name": "刘备" },
  { $set: { "intro": "刘备,字玄德,涿郡涿县人,汉族,三国时期蜀汉的开国皇帝。创业时期与关羽、张飞等人结义,建立蜀汉后,重用诸葛亮,成功巩固了蜀汉政权。" } }
)
```

这段 SQL 语句找到 name 属性为“刘备”的文档，然后使用 $set 操作符将其 intro 属性更新为新的值，返回结果如下。

```
{
  acknowledged: true,
  insertedId: null,
  matchedCount: 1,
  modifiedCount: 1,
  upsertedCount: 0
}
```

如果要更新多个文档，可以使用 updateMany 命令。以下是使用 updateMany 命令将所有三国英雄的出生时间改为“不详”的示例，具体代码如下。

```
db.heroes.updateMany(
  { "birthdate": { $exists: false } },
  { $set: { "birthdate": "不详" } }
)
```

这段 SQL 语句找到所有 birthdate 属性不存在的文档，然后使用 $set 操作符将其 birthdate 属性更新为“不详”，返回结果如下。

```
{
  acknowledged: true,
  insertedId: null,
  matchedCount: 2,
  modifiedCount: 2,
  upsertedCount: 0
}
```

运行后可以发现吕布和孙权的出生时间都被更新为了“不详”。

需要注意的是，在使用 updateOne 或 updateMany 命令时，第一个参数是一个查询条件，表示要更新哪些文档，第二个参数是一个更新操作，表示要将哪些属性更新为新的值。

5. 删除文档

删除文档可以使用 deleteOne 或 deleteMany 命令。以下是使用 deleteOne 命令删除吕布的

文档的示例，具体代码如下。

```
db.heroes.deleteOne({ "name": "吕布" })
```

这段 SQL 语句找到 name 属性为“吕布”的文档，然后将其删除，返回结果如下。

```
{
acknowledged: true,
deletedCount: 1
}
```

如果要删除多个文档可以使用 deleteMany 命令。以下是使用 deleteMany 命令删除所有出生时间为“不详”的文档的示例，具体代码如下。

```
db.heroes.deleteMany({ "birthdate": "不详" })
```

这段 SQL 语句找到 birthdate 属性为“不详”的文档，然后将其删除，返回结果如下。

```
{
  acknowledged: true,
  deletedCount: 1
}
```

需要注意的是，在使用 deleteOne 或 deleteMany 命令时，参数是一个查询条件，表示要删除哪些文档。如果要删除集合中的所有文档，可以使用 deleteMany（ {} ）命令，其中空的查询条件表示匹配所有文档。但是需要特别小心这个命令，因为它会删除集合中的所有数据。

6. 查询文档

查询文档的相关内容如下。

（1）查询所有文档

如果不指定查询条件，find 命令将返回集合中的所有文档。例如以下是查询 heroes 集合中的所有文档的示例，具体代码如下。

```
db.heroes.find()
```

（2）指定查询条件

如果要指定查询条件，可以在 find 命令中传入一个查询条件对象。例如以下是查询 name 属性为“刘备”的文档的示例，具体代码如下。

```
db.heroes.find({ "name": "刘备" })
```

（3）指定查询条件和返回字段

如果要指定查询条件和返回字段，可以在 find 命令中传入一个查询条件对象和一个返回字段对象。例如以下是查询 name 属性为“刘备”的文档，然后只返回 name 和 intro 字段的示例，具体代码如下。

```
db.heroes.find({ "name": "刘备" }, { "name": 1, "intro": 1, "_id": 0  })
```

其中，_id 字段默认会返回，如果不想返回_id 字段，需要将它的值设为 0。

查询返回结果如下：

```
[
  {
    "name": "刘备",
```

```
    "intro": "刘备,字玄德,涿郡涿县人,汉族,三国时期蜀汉的开国皇帝。创业时期与关羽、张飞等人结义,建立蜀汉后,重用诸葛亮,成功巩固了蜀汉政权。"
  }
]
```

(4) 查询条件的比较操作符

MongoDB 支持多种比较操作符，可以用于查询条件中。以下是一些示例。

- 等于：db.heroes.find({ "name": "刘备" })
- 不等于：db.heroes.find({ "name": { $ne: "刘备" } })
- 大于：db.heroes.find({ "birthdate": { $gt: "170 年" } })
- 大于等于：db.heroes.find({ "birthdate": { $gte: "170 年" } })
- 小于：db.heroes.find({ "birthdate": { $lt: "200 年" } })
- 小于等于：db.heroes.find({ "birthdate": { $lte: "200 年" } })
- 包含：db.heroes.find({ "intro": { $regex: "刘备" } })
- 不包含：db.heroes.find({ "intro": { $not: { $regex: "刘备" } } })
- 存在：db.heroes.find({ "birthdate": { $exists: true } })
- 不存在：db.heroes.find({ "birthdate": { $exists: false } })

(5) 查询条件的逻辑操作符

可以使用 and、or、$not 操作符进行逻辑运算。

以下是查询 birthdate 字段小于“170 年”并且 intro 字段中包含“曹操”的文档的示例，具体代码如下。

```
db.heroes.find({ $and: [{ "birthdate": { $lt: "170 年" } }, { "intro": { $regex: "曹操" } }] })
```

运行成功之后返回结果如下。

```
{
  _id: ObjectId("6460c29473f31cd6e5c5eca6"),
  name: '曹操',
  intro: '曹操,字孟德,陈留郡(今河南省许昌市鄢陵县)人,三国时期魏国的奠基人之一。',
  birthdate: '155 年'
}
```

以下是查询 birthdate 字段大于“170 年”或者 intro 字段中包含“涿郡”的文档的示例，具体代码如下。

```
db.heroes.find({ $or: [{ "birthdate": { $gt: "170 年" } }, { "intro": { $regex: "涿郡" } }] })
```

运行成功之后返回结果如下。

```
{
  _id: ObjectId("6460c24f73f31cd6e5c5eca2"),
  name: '刘备',
  intro: '刘备,字玄德,涿郡涿县人,汉族,三国时期蜀汉的开国皇帝。创业时期与关羽、张飞等人结义,建立蜀汉后,重用诸葛亮,成功巩固了蜀汉政权。',
  birthdate: '161 年'
}
{
  _id: ObjectId("6460c29473f31cd6e5c5eca4"),
```

```
    name: '张飞',
    intro: '张飞,字益德,涿郡范县人,东汉末年蜀汉名将。',
    birthdate: '168年'
  }
  {
    _id: ObjectId("6460c29473f31cd6e5c5eca5"),
    name: '诸葛亮',
    intro: '诸葛亮,字孔明,琅琊阳都人,三国时期蜀汉丞相。',
    birthdate: '181年'
  }
```

以下语句是查询birthdate字段不等于“不详”的文档的示例，其语法是使用$not操作符包裹一个查询条件对象，具体代码如下。

```
db.heroes.find({ "birthdate": { $not: { $eq: "不详" } } })
```

以下是AND和OR的混合使用示例，其语法是使用and和or操作符包裹一个查询条件对象，具体代码如下。

```
db.heroes.find({
  $and: [
    { $or: [{ "birthdate": { $gt: "170年" } }, { "intro": { $regex: "曹操" } }] },
    { $or: [{ "birthdate": { $lt: "200年" } }, { "intro": { $regex: "刘备" } }] }
  ]
})
```

这段SQL语句查询birthdate字段大于“170年”或者intro字段中包含“曹操”的文档，然后再查询birthdate字段小于“200年”或者intro字段中包含“刘备”的文档，最后将两个查询结果进行交集运算，返回结果如下。

```
  {
    _id: ObjectId("6460c29473f31cd6e5c5eca5"),
    name: '诸葛亮',
    intro: '诸葛亮,字孔明,琅琊阳都人,三国时期蜀汉丞相。',
    birthdate: '181年'
  }
  {
    _id: ObjectId("6460c29473f31cd6e5c5eca6"),
    name: '曹操',
    intro: '曹操,字孟德,陈留郡(今河南省许昌市鄢陵县)人,三国时期魏国的奠基人之一。',
    birthdate: '155年'
  }
```

7. 聚合函数

为了便于进行更多的数据演示，继续向heroes集合中插入一些文档，具体代码如下。

```
db.heroes.insertMany([
    {"name": "周瑜", "country": "吴国", "intro": "三国时期吴国大将,与孙权、吕蒙并称为"三朵金花"。",
"birthdate": '155年'},
    {"name": "魏延", "country": "蜀国", "intro": "三国时期蜀汉将领,是诸葛亮麾下的大将之一。",
"birthdate": '155年'},
    {"name": "夏侯惇", "country": "魏国", "intro": "三国时期魏国名将,与许褚、张辽并称为"三魏"。",
"birthdate": '165年'},
```

```
    {"name": "张郃", "country": "魏国", "intro": "三国时期魏国名将,精通用兵之道,官至大将军。", "
birthdate":'165年'},
    {"name": "荀彧", "country": "魏国", "intro": "三国时期魏国辅臣,以其才智和治国能力著称于世。", "
birthdate":'150年'}
])
```

（1）常见操作符

1）macth 操作符可以过滤出符合条件的文档，group 操作符可以将集合中的文档分组，然后对每个组进行聚合操作。

假设想要统计一下魏国的人物数量和平均年龄，可以使用 match 和 group 两个聚合操作符来实现。

首先，使用 $match 筛选出 country 为魏国的文档，具体代码如下。

```
db.heroes.aggregate([
  {
    $match: {
      country: "魏国"
    }
  }
])
```

然后，使用 group 对 country 字段进行分组，然后使用 sum 对字段进行求和，具体代码如下。

```
db.heroes.aggregate([
  {
    $match: {
      country: "魏国"
    }
  },
  {
    $group: {
      _id: "$country",
      count: { $sum: 1 },
    }
  }
])
```

运行成功后，可以看到如下返回的结果，这说明魏国的人物数量为 3 个。

```
{ "_id" : "魏国", "count" : 3 }
```

2）$avg 可以对字段进行求平均值，例如，以下是对 birthdate 字段进行求平均值的示例，具体代码如下。

```
db.heroes.aggregate([
  {
    $match: {
      country: "魏国"
    }
  },
  {
```

```
      $group: {
        _id: "$country",
        count: { $sum: 1 },
        avg: { $avg: "$birthdate" }
      }
    }
  ])
```

读者需要知道的是，如果字段的值是字符串类型，那么求平均值的结果将会是 NaN，因为字符串类型无法进行求平均值运算，解决的办法是使用正则表达式将字符串替换数字类型，具体代码如下。

```
db.heroes.aggregate([
  {
    $match: {
      country: "魏国"
    }
  },
  {
    $addFields: {
      birthdateNumber: {
        $regexFind: {
          input: "$birthdate",
          regex: /\d+/
        }
      }
    }
  },
  {
    $group: {
      _id: "$country",
      count: { $sum: 1 },
      avg: { $avg: { $toInt: "$birthdateNumber.match" } }
    }
  }
])
```

具体说明如下。

- $match：筛选出国家为“魏国”的文档。
- $addFields：通过正则表达式从 birthdate 字段中提取出数字，创建一个新的字段 birthdateNumber。这个新字段将被用于计算平均出生年份。
- group：根据 country 字段进行分组，然后计算分组内文档数量、平均出生年份。在这个聚合操作中使用 avg 聚合函数来计算平均出生年份。由于 birthdateNumber 是一个对象，可以使用 $toInt 聚合函数将其转换为整数类型。

请注意，在使用 $regexFind 从 birthdate 字段中提取数字时，假设 birthdate 中只包含一个数字。如果 birthdate 包含多个数字，那么这个聚合操作将只提取第一个数字作为出生年份。如果需要考虑多个数字的情况，需要使用其他的正则表达式或者字符串处理函数。

3）max 和 min 可以对字段进行求最大值和最小值，例如，以下是对 birthdate 字段进行求最大值和最小值的示例，具体代码如下。

```
db.heroes.aggregate([
  {
    $match: {
      country: "魏国"
    }
  },
  {
    $group: {
      _id: "$country",
      count: { $sum: 1 },
      max: { $max: "$birthdate" },
      min: { $min: "$birthdate" }
    }
  }
])
```

4）first 和 last 可以对字段进行求第一个值和最后一个值，例如，以下是对 birthdate 字段进行求第一个值和最后一个值的示例，具体代码如下。

```
db.heroes.aggregate([
  {
    $match: {
      country: "魏国"
    }
  },
  {
    $group: {
      _id: "$country",
      count: { $sum: 1 },
      first: { $first: "$birthdate" },
      last: { $last: "$birthdate" }
    }
  }
])
```

（2） $project 操作符

$project 操作符可以对文档进行投影，即只返回指定的字段。例如，以下是只返回 name 和 intro 字段的示例，具体代码如下。

```
db.heroes.aggregate([
  { $project: { "name": 1, "intro": 1, "_id": 0 } }
])
```

（3） $sort 操作符

$sort 操作符可以对文档进行排序。例如，以下是按照 birthdate 字段进行排序的示例，具体代码如下。

```
db.heroes.aggregate([
  { $sort: { "birthdate": 1 } }
])
```

这将返回按出生年份从小到大的顺序文档。

（4） $limit 操作符

$limit 操作符可以限制返回的文档数量。例如，以下是限制返回 3 条文档的示例，具体代码如下。

```
db.heroes.aggregate([
  { $limit: 3 }
])
```

这将返回前 3 条文档。

（5） $skip 操作符

$skip 操作符可以跳过指定数量的文档。例如，以下是跳过前 3 条文档的示例，具体代码如下。

```
db.heroes.aggregate([
  { $skip: 3 }
])
```

这将返回从第 4 条文档开始的所有文档。

总之，db.collection.aggregate( ) 是 MongoDB 中一个非常强大的聚合函数，除了前面提到的 match、group、$project 等聚合管道之外，还有很多其他的聚合管道和操作符可以使用。

值得注意的是，在进行复杂的聚合操作时，可能需要使用多个聚合管道和操作符的组合，才能得到最终想要的结果。

更多的聚合管道和操作符可以参考官方文档：https://docs.mongodb.com/manual/reference/operator/aggregation-pipeline。

9.2.3　Python 操作 MongoDB

Python 提供了一些非常方便的库来操作 MongoDB，其中最常用的是 pymongo 库。使用 pymongo 作为 Python 与 MongoDB 的连接库，实际上它也是常用的扩展库之一了。

1. 安装 pymongo

可以通过 pip 命令来安装 pymongo 库，具体代码如下。

```
pip install pymongo
```

安装完成后就可以在 Python 中使用 pymongo 库了。

2. 连接数据库

使用 pymongo 库连接 MongoDB 数据库的具体代码如下。

```
from pymongo import MongoClient

client = MongoClient(host="localhost", port=27017, username="admin", password="abc123")
```

其中，MongoClient( ) 方法的参数说明如下。

- host：MongoDB 数据库主机地址，默认为本机地址 localhost。
- port：MongoDB 数据库端口号，默认为 27017。
- username：用户名，可选参数。
- password：密码，可选参数。

3. 创建数据库和集合

使用 pymongo 库创建数据库和集合的具体代码如下。

```
db= client["ThreeKingdoms"]  #创建数据库
collection= db["heroes"]  #创建集合
```

4. 插入文档

下面是一个使用 pymongo 库向 MongoDB 插入数据的示例，具体代码如下。

```
from pymongo import MongoClient

#连接 MongoDB
client= MongoClient(host="localhost", port=27017, username="admin", password="abc123")

db= client["ThreeKingdoms"]     #创建数据库
collection= db["heroes"]        #创建集合

#创建要插入的数据
data= {
  "name": "赵云",
  "country": "蜀国",
  "intro": "三国时期蜀汉名将。常山真定(今河北省正定县)人。",
  "birthdate": "170 年"
}

#向集合插入一条数据
result= collection.insert_one(data)

#输出插入数据的_id
print(result.inserted_id)
```

这个示例首先连接到 MongoDB，再获取数据库和集合。然后创建一个包含姓名、国家、介绍和出生日期的数据字典，并使用 insert_one( ) 方法将其插入到集合中。最后，输出插入数据的_id。

如果要插入多条数据，可以使用 insert_many( )方法，具体代码如下。

```
#创建要插入的多个数据
data= [
    {
      "name": "孙策",
      "country": "吴国",
      "intro": "东汉末年及三国时期初期的政治家、军事将领。自封"江东小霸王"。吴郡富春(今浙江省杭州市富阳区)人。",
      "birthdate": "175 年"
    },
    {
      "name": "曹丕",
      "country": "魏国",
      "intro": "三国时期曹魏政治家、文学家,魏国第二代皇帝,史称魏文帝。沛国谯县(今安徽省亳州市谯城区)人。",
      "birthdate": "187 年"
    },
]
```

```
#向集合插入多个数据
result= collection.insert_many(data)

#输出插入数据的_id 列表
print(result.inserted_ids)
```

这个示例创建了一个包含多个数据字典的列表，并使用 insert_many( )方法将它们插入到集合中。然后，它输出插入数据的_id 列表。

5. 更新文档

下面是一个使用 pymongo 库更新 MongoDB 中文档的示例，具体代码如下。

```
from pymongo import MongoClient

#连接 MongoDB
client= MongoClient(host="localhost", port=27017, username="admin", password="abc123")

db= client["ThreeKingdoms"]  # 创建数据库
collection= db["heroes"]  # 创建集合

#更新一条数据
result= collection.update_one(
    {'name': '曹丕'},
    {'$set': {'intro': '魏文帝'}}
)

#输出更新数据的数量
print(result.modified_count)
```

这个示例使用了 update_one( )方法更新了 name 为曹丕的文档，并将其 intro 字段内容设置为魏文帝。最后，它输出更新数据的数量。

如果要更新多个文档，可以使用 update_many( )方法，具体代码如下。

```
#更新多条数据
result= collection.update_many(
    {'country': '魏国'},
    {'$set': {'intro': '魏国人物'}}
)

#输出更新数据的数量
print(result.modified_count)
```

这个示例使用 update_many( )方法更新了所有 country 为魏国的文档，并将其 intro 字段内容设置为魏国人物。最后，它输出更新数据的数量。

需要注意的是，更新操作可以使用多种操作符，如 set、inc、$push 等。具体使用哪些操作符取决于要更新的数据。读者可以查看 MongoDB 官方文档以获取更多信息。

6. 删除文档

下面是一个使用 pymongo 库删除 MongoDB 中文档的示例，具体代码如下。

```
from pymongo import MongoClient

#连接 MongoDB
client= MongoClient(host="localhost", port=27017, username="admin", password="abc123")
```

```
db = client["ThreeKingdoms"]  # 创建数据库
collection = db["heroes"]  # 创建集合

#删除一条数据
result = collection.delete_one({'name': '孙权'})

#输出删除数据的数量
print(result.deleted_count)
```

这个示例首先连接到 MongoDB，再获取数据库和集合。然后使用 delete_one( ) 方法删除了 name 为“孙权”的文档。最后，输出删除数据的数量。

如果要删除多个文档，可以使用 delete_many( ) 方法，具体代码如下。

```
#删除多条数据
result = collection.delete_many({'country': '吴国'})

#输出删除数据的数量
print(result.deleted_count)
```

这个示例使用 delete_many( ) 方法删除了所有 country 为“吴国”的文档。最后，输出删除数据的数量。

需要注意的是，删除操作应该非常小心，因为它会永久删除数据。如果用户不确定是否要删除某个文档，请先备份数据，以便在需要时恢复它。

7. 查询文档

在使用 pymongo 库查询 MongoDB 中文档时，可以使用多种查询方法和条件，以便获取所需的数据。

(1) 查询一条文档

find_one( ) 方法可用于查询一条文档。它接受一个字典作为参数，字典的键为查询的字段名，字典的值为查询的字段值。例如，要查询名为“刘备”的文档，具体代码如下。

```
result = collection.find_one({'name': '刘备'})
```

这个示例使用 find_one( ) 方法查询了名为“刘备”的文档，并将结果存储在 result 变量中。

(2) 查询所有文档

如果想要查询所有文档，可以使用空字典作为参数，具体代码如下。

```
result = collection.find({})
```

这个示例使用 find( ) 方法查询了所有文档，并将结果存储在 result 变量中。

(3) 查询指定字段的文档

find( ) 方法还可以接受第二个参数，该参数用于指定要返回的字段。例如，要查询所有文档的 name 和 birthdate 字段，具体代码如下。

```
result = collection.find({}, {'name': 1, 'birthdate': 1})
```

这个示例使用 find( ) 方法查询了所有文档的 name 和 birthdate 字段。

需要注意的是，如果要查询的字段为 1，则返回该字段；如果要查询的字段为 0，则不返回该字段。例如，要查询所有文档的 name 字段，但不返回 birthdate 字段，具体代码如下。

```
result= collection.find({}, {'name': 1, 'birthdate': 0})
```

这个示例使用 find()方法查询了所有文档的 name 字段，但不返回 birthdate 字段。

(4) 条件查询

查询方法可以与多种条件和操作符一起使用。下面是一些常用的条件和操作符的说明。

- $eq：等于。
- $ne：不等于。
- $gt：大于。
- $gte：大于等于。
- $lt：小于。
- $lte：小于等于。
- $in：包含于。
- $nin：不包含于。
- $regex：正则表达式匹配。

例如，要查询所有出生日期在“160 年”之后的文档，具体代码如下。

```
result= db.heroes.find({'birthdate': {'$gt': '160 年'}})
```

这个示例使用 find()方法查询了所有出生日期在“160 年”之后的文档。

如果要查询所有名字中包含“帝”字的文档，具体代码如下。

```
result= collection.find({'name': {'$regex': '帝'}})
```

这个示例使用 find()方法查询了所有名字中包含“帝”字的文档。

(5) 查询排序

例如只返回 country 字段为“魏国”的文档，然后按照 birthdate 字段进行升序排序，具体代码如下。

```
result= collection.find({}, {'country': '魏国'}).sort('birthdate', pymongo.ASCENDING)
```

这个示例使用 find()方法查询了所有文档的 country 字段为“魏国”的文档，并按照 birthdate 字段进行升序排序。当然如果要按降序查询，可以使用 pymongo.DESCENDING。

(6) 分组、过滤、聚合函数

分组、过滤、聚合函数的相关内容如下。

1) 统计每个国家的平均出生年份，具体代码如下。

```
from bson.regex import Regex

result= collection.aggregate([
    {
        "$group": {
          "_id": "$country",
          "avgBirthdate": {"$avg": {"$toInt": {"$regexFind": {"input": "$birthdate", "re-
gex": Regex('\d+')}}}}
        }
    }
])
for doc in result:
    print(doc)
```

这段代码使用了 MongoDB 的聚合管道（Aggregation Pipeline），对 heroes 集合中的数据进行了聚合操作，计算了每个国家的平均出生年份。

- 首先使用 $group 对集合中的文档进行分组，将它们按照 country 字段的值分成不同的组，然后针对每个组计算该组文档的平均出生年份。
- 在 group 中，使用 toInt、$regexFind 和 Regex 函数来从 birthdate 字段中提取出生年份，并将其转换为整数型。这里使用了正则表达式 Regex（'\ d+'）来匹配文本中的数字，将其提取出来。$regexFind 函数返回一个包含匹配结果的文档，使用 $toInt 函数来将其转换为整数。
- 最后使用 $avg 函数计算每个分组中所有文档的出生年份的平均值，并将其作为 avg-Birthdate 字段输出。

该代码没有使用 $match 阶段来过滤数据，因此将会对集合中的所有文档进行聚合操作。最终输出每个国家的平均出生年份。

2）统计“魏国”和“蜀国”出生年份晚于“170 年”的英雄数量，具体代码如下。

```
result= collection.aggregate([
  {
    "$match": {
      "country": {"$in": ["魏国", "蜀国"]},
      "birthdate": Regex('17\d+年')
    }
  },
  {
    "$group": {
      "_id": "$country",
      "count": {"$sum": 1}
    }
  }
])
for doc in result:
  print(doc)
```

这段代码使用了 MongoDB 的聚合框架来查询集合中符合条件的记录。

具体来说，它实现了以下功能。

- $match 过滤集合中符合条件的记录。该阶段使用了两个条件：一个是 country 字段的值在 ["魏国","蜀国"] 中；另一个是 birthdate 字段的值匹配 17 年的正则表达式，也就是以 17 开头，后跟至少一位数字，最后以年结尾的字符串。这个条件用来筛选出出生年份在 170 年代的记录。
- $group 按 country 分组，然后对每个组进行计数，得出符合条件的记录数量。这个阶段的输出包括 country 和 count 两个字段，前者是分组依据，后者是符合条件的记录数量。

3）统计各个国家的英雄数量以及平均出生年份，只返回英雄数量大于 2 的国家信息，具体代码如下。

```
result= collection.aggregate([
  {
    "$group": {
```

```
            "_id": "$country",
            "count": {"$sum": 1},
            "avgBirthdate": {"$avg": {"$toInt": {"$regexFind": {"input": "$birthdate", "
regex": Regex('\d+')}}}}
          }
        },
        {
          "$match": {
            "count": {"$gt": 2}
          }
        }
    ])
    for doc in result:
      print(doc)
```

这段代码使用了 MongoDB 的聚合函数来对数据进行分组、计数和平均值计算。具体来说，它的实现过程如下。

- $group 按照 country 字段对文档进行分组，计算每个分组内的文档数量和平均出生日期。
- regexFind 和 toInt 操作符来从 birthdate 字段中提取数字，并将其转换为整数类型。
- $match 过滤 count 字段大于 2 的分组结果。

9.3　典型应用

接下来通过实战案例来学习如何使用 Python 爬取数据并存储到 MySQL 数据库中。

9.3.1 【实例】爬取 bilibili 电影 Top100 数据并存储

爬取 bilibili 电影 Top100 数据并存储到 MySQL 的相关内容如下。

1. 分析页面结构

bilibil 电影 Top100 页面地址为 https://www.bilibili.com/v/popular/rank/movie。

在浏览器中打开 B 站电影的页面地址并用 F12 键唤起浏览器的开发者工具进行网络抓包拦截，可以看到服务器返回的 API 接口格式为 https://api.bilibili.com/pgc/season/rank/web/list? day=3&season_type=2。

具体说明如下。

- day 参数表示查询最近多少天的数据，这里是最近 3 天的数据。
- season_type 参数表示查询的视频类型，这里代表番剧。

2. 编写爬虫代码

接下来就可以进行爬虫代码的编写了。可以新建一个 b_movie_top_100.py 文件，在文件中编写爬虫代码。

(1) 编写 BilibiliMovieTop100 类

首先，需要导入 requests、pymysql、time 等模块并声明一个 BilibiliMovieTop100 类，该类用于爬取 bilibili 电影 Top100 数据并存储到 MySQL 数据库中。在类的初始化方法中需要创建一个 MySQL 数据库连接对象和游标对象，以便后续操作数据库。还要创建一个 requests 会话对象，用于发送 HTTP 请求，具体代码如下。

```
import time
import pymysql
import requests

class BilibiliMovieTop100:
    def __init__(self):
        self.mysql_db = pymysql.connect(host="localhost", port=3306, user="root", pass-
word="abc123", db="bilibili")
        self.cursor = self.mysql_db.cursor()  #游标对象
        self.r = requests.session()
```

这段代码定义了一个名为 BilibiliMovieTop100 的类，并在该类的构造函数__init__中初始化了 3 个成员变量。这 3 个变量分别如下。

- self.mysql_db 是一个 pymysql 连接对象，连接了本地 MySQL 数据库。连接信息包括：主机名 localhost，端口号 3306，用户名 root，密码为 abc123，数据库名称为 bilibili。
- self.cursor 是一个游标对象，用于执行 MySQL 命令并获取查询结果。
- self.r 是一个 requests 会话对象，用于发送 HTTP 请求。

（2）编写 get_response( )方法

接下来，需要编写一个 get_response( )方法，用于从 Bilibili API 获取数据，具体代码如下。

```
def get_response(self):
    headers= {
        "User-Agent": "Mozilla/5.0 (Windows NT 10.0; Win64; x64) AppleWebKit/537.36 (KHTML,
like Gecko) Chrome/101.0.4951.67 Safari/537.36"
    }
    try:
        req=
self.r.get(url="https://api.bilibili.com/pgc/season/rank/web/list? day=3&season_type=2",
                       headers=headers, timeout=30)
        req.encoding= req.apparent_encoding
        if req.status_code == 200:
            return req.json()
        return None
    except ConnectionError:
        return None
```

这段代码定义了一个名为 get_response 的方法，用于从 Bilibili API 获取数据。具体而言，该方法功能如下。

- 构建了一个 HTTP 请求头 headers，包括了 User-Agent 信息。
- 使用 requests 库的 get 方法发送 HTTPGET 请求，并将请求头加入到请求中。请求超时时间设置为 30 秒。
- 对请求结果进行编码，将编码设置为 apparent_encoding，即自动检测编码方式。
- 如果请求状态码为 200，即请求成功，返回请求结果的 JSON 数据。

因为在 parse_response 方法中需要从 response 中提取数据，并将提取到的数据存储到 MySQL 数据库中，所以 get_response 方法的返回值是一个 JSON 数据，包含了从 Bilibili API

获取到的影片排行榜的信息。

由于可能出现一些异常情况，比如网络连接失败，所以在 get_response 方法中使用了 tryexcept 语句，用于捕获异常并返回 None。

(3) 编写 parse_response( )方法

接下来，需要编写一个 parse_response( )方法，用于解析数据，具体代码如下。

```
def parse_response(self, response):
    for data in response.get("data").get("list"):
        item= {}
        item["title"] = data.get("title")
        item["url"] = data.get("url")
        item["cover"] = data.get("cover")
        item["desc"] = data.get("desc")
        item["release_time"] = data.get("new_ep").get("index_show")
        item["rating"] = float(item.get("rating").replace("分", "")) if item.get
("rating") else 0.0,
        item["view_count"] = data.get("stat").get("view")
        item["danmaku_count"] = data.get("stat").get("danmaku")
        item["update_time"] = time.strftime("%Y-%m-%d %H:%M:%S", time.localtime())

        sql= "insert into'movie_top_100' ('title','url', 'cover','desc', 'release_time',
'rating', 'view_count','danmaku_count', 'update_time')"
        " values "
        "(%s,%s,%s,%s,%s,%s,%s,%s,%s)"
        self.cursor.execute(sql, (
            item["title"],
            item["url"],
            item["cover"],
            item["desc"],
            item["release_time"],
            item["rating"],
            item["view_count"],
            item["danmaku_count"],
            item["update_time"]
        ))# 执行 sql 语句
        self.mysql_db.commit()  # 提交事务
```

parse_response 方法用于解析 get_response 方法获取到的 JSON 数据，并将解析结果保存到 MySQL 数据库中。

具体地，该方法首先通过 response.get ("data").get ("list") 获取到返回结果中的电视剧列表。然后遍历电视剧列表，从中获取到需要的字段，如 title、url、cover、desc、release_time、rating、view_count 和 danmaku_count 等，并将它们存储到一个字典 item 中。

接着，该方法使用 SQL 语句将 item 中的数据插入到名为 movie_top_100 的 MySQL 表中。

(4) 编写__close__方法

编写__close__方法的具体代码如下。

```
def __close__(self):
    self.cursor.close()
    self.mysql_db.close()
```

这个方法用于关闭数据库连接和游标，以便在完成所有任务后释放资源。首先，它关闭了游标对象，然后关闭了数据库连接对象。关闭这些对象可以释放资源并防止不必要的资源浪费。

（5）编写 run()方法

接下来，需要编写一个 run()方法用于运行爬虫，具体代码如下。

```
def run(self):
    response= self.get_response()
    self.parse_response(response)
```

首先，它调用 get_response 方法获取到 JSON 数据，然后调用 parse_response 方法解析 JSON 数据，并将解析结果存储到 MySQL 数据库中。

（6）创建数据库表结构

读者需要知道的是，在运行此爬虫代码之前需要在数据库中创建一个名为 movie_top_100 的表结构，具体代码如下。

```
CREATE TABLE 'movie_top_100' (
  'id' int(11) NOT NULL AUTO_INCREMENT,
  'title' varchar(255) NOT NULL,
  'url' varchar(255) NOT NULL,
  'cover' varchar(500) DEFAULT NULL,
  'desc' varchar(500) DEFAULT NULL,
  'release_time' varchar(500) DEFAULT NULL,
  'rating' varchar(255) DEFAULT NULL,
  'view_count' int(11) DEFAULT NULL,
  'danmaku_count' int(11) DEFAULT NULL,
  'update_time' datetime DEFAULT NULL,
  PRIMARY KEY ('id')
) ENGINE=InnoDB DEFAULT CHARSET=utf8mb4;
```

这条 MySQL 的 SQL 语句用于创建一个名为 movie_top_100 的表格，包括了如下 10 列。

- id：整型，自增，作为主键。
- title：字符串型，不可为空。
- url：字符串型，不可为空。
- cover：字符串型，可为空。
- desc：字符串型，可为空。
- release_time：字符串型，可为空。
- rating：字符串型，可为空。
- view_count：整型，可为空。
- danmaku_count：整型，可为空。
- update_time：日期时间型，可为空。

（7）运行爬虫代码

调用 run()方法即可运行爬虫，具体代码如下。

```
if __name__ == '__main__':
    S= BilibiliMovieTop100()
    S.run()
```

这段代码是程序的入口，它创建了一个 BilibiliMovieTop100 类的实例，并调用 run( )方法来执行爬取和保存数据的任务。如果代码运行成功，数据很快就会全部存入到数据表中。

至此，已经完成了爬取 bilibili 热门视频数据并存储到 MySQL 的任务。

9.3.2 【实例】爬取 bilibili 热门视频数据并存储

爬取 bilibili 热门视频数据并存储到 MongoDB 的相关内容如下。

1. 分析页面结构

bilibili 综合热门的页面地址为 https://www.bilibili.com/v/popular/all。

同样，在浏览器中打开 B 站综合热门的地址并用 F12 键唤起浏览器的开发者工具进行网络抓包拦截。这一次可以发现服务器返回的 API 接口格式为 https://api.bilibili.com/x/web-interface/popular? ps=20&pn=1。其中 ps 为每页加载的数量，pn 为页数。

2. 编写爬虫代码

既然知道了 API 接口的格式，那么就可以编写爬虫代码了。

（1）声明一个 Bilibili 类

与上一小节一样，首先导入了必要的依赖包并首先声明一个 Bilibili 类，用于存储爬虫的相关方法，具体代码如下。

```
import time
import pymongo
import requests

class Bilibili:
    def __init__(self):
        self.mongo_client = pymongo.MongoClient(host="localhost", port=27017, username="
admin", password="abc123")
        self.db = self.mongo_client["bilibili"]
        self.collection = self.db["popular"]
        self.r = requests.session()
```

（2）编写 get_response( )方法

编写 get_response( )方法的具体代码如下。

```
def get_response(self, ps=20, pn=1):
    headers= {
        "User-Agent": "Mozilla/5.0 (Windows NT 10.0; Win64; x64) AppleWebKit/537.36 (KHTML,
like Gecko) Chrome/101.0.4951.67 Safari/537.36"
    }
    params= {
        'pn': pn,
        'ps': ps
    }

    try:
        req= self.r.get(url=" https://api.bilibili.com/x/web-interface/popular", headers
=headers, params=params,
                        timeout=30)
        req.encoding= req.apparent_encoding
        if req.status_code == 200:
```

```
            return req.json()
        return None
    except ConnectionError:
        return None
```

这个函数是用来获取 B 站电影排行榜数据的，其中 ps 参数是一页的条目数，pn 参数是当前请求的页数。它首先构造了请求的 headers 和 params，然后使用 requests 库发起 GET 请求，获取 B 站电影排行榜的 API 数据。如果请求成功，会将获取到的 JSON 数据返回，否则返回 None。

（3）编写 parse_response( )方法

编写 parse_response( )方法的具体代码如下。

```
def parse_response(self, response):
    for data in response.get("data").get("list"):
        item= {}
        item["aid"] = data.get("aid")
        item["bvid"] = data.get("bvid")
        item["分类"] = data.get("tname")
        item["发布地址"] = data.get("pub_location")
        item["分享链接"] = data.get("short_link")
        item["主页链接"] = f'https://www.bilibili.com/video/{item["bvid"]}'
        item["标题"] = data.get("title")
        item["简介"] = data.get("dynamic")
        item["封面"] = data.get("pic")
        item["发布时间"] = self.parse_time(data.get("pubdate"))
        self.save_to_mongodb(item)
```

这个函数是用于解析响应的 JSON 数据，并将所需的字段存储到字典 item 中。这里的 response 参数是从 get_response 函数返回的 json 数据。然后将字典 item 传递给 save_to_mongodb 函数，用于将数据存储到 MongoDB 数据库中。

具体来说，这个函数获取每个视频的 aid、bvid、分类、发布地址、分享链接、主页链接、标题、简介、封面和发布时间等信息，并将其存储到字典 item 中。最后，将字典 item 传递给 save_to_mongodb 函数进行存储。

其中 save_to_mongodb 方法用于将数据存储到 MongoDB 数据库中，具体代码如下。

```
def save_to_mongodb(self, item):
    if self.collection.update_one({"aid": item["aid"]}, {"$set": item}, upsert=True):
        print("存储/更新 MONGODB 成功", item)
```

该函数是将获取到的视频信息存储到 MongoDB 数据库中，使用的是 pymongo 模块中的 update_one( )方法。函数接收一个字典类型的 item 参数，其中包含了从 B 站获取到的视频信息。函数通过调用 update_one( )方法将 item 存储到 MongoDB 数据库中的集合 collection 中，如果集合中已经存在该视频信息则更新该信息。

（4）解析时间字段

由于 B 站返回的时间字段是时间戳，所以需要编写一个函数将时间戳转换为格式化的时间字符串，具体代码如下。

```
def parse_time(self, time_stamp):
    """
    时间戳转化为时间字符串
    """
    time_str= time.strftime('%Y-%m-%d %H:%M:%S', time.localtime(time_stamp))
    return time_str
```

该函数将时间戳转换为格式化的时间字符串，使用了 Python 的时间模块 time，其中 time.localtime( )将时间戳转换为本地时间，然后用 strftime( )方法将本地时间格式化为指定的字符串格式。最后返回格式化后的时间字符串。

（5） 编写 run( )方法

编写 run( )方法的具体代码如下。

```
def run(self):
    response= self.get_response()
    self.parse_response(response)

if __name__ == '__main__':
    S= Bilibili()
    S.run()
```

最后，在主程序中实例化了一个 Bilibili 对象，并调用其 run 方法开始爬取数据。

至此，已经完成了一个数据爬取程序，它可以爬取 B 站电影排行榜的数据，并将数据存储到 MongoDB 数据库中。

9.3.3 【实例】利用 pyMongo 读取 MongoDB 并写入表格

在上面的小节中已经将数据存储在了 MongoDB 数据库的集合中。现在要将数据库里的数据做初步过滤并导出给其他部门的同事。

其他部门同事的要求如下。

- 只导出最近一个月发布的热门视频数据。
- 根据视频发布的地址进行分表导出（一个区域一个表）。

1. 导出最近一个月发布的热门视频数据

首先最近一个月这个时间是动态的，可以实时获取当前的日期，然后再减去 30 天来得到一个日期的区间，这里用 datetime 库得到当前 30 天前的时间日期，具体代码如下。

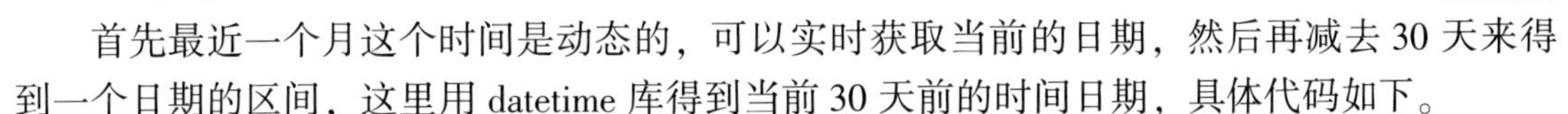

```
import datetime

time_= (datetime.datetime.now() + datetime.timedelta(days=-30)).strftime("% Y-% m-% d")
```

然后需要根据发布时间来进行排序，具体代码如下。

```
import pymongo
import datetime

mongo_client= pymongo.MongoClient("192.168.0.141", 27017, username="admin", password="")
db= mongo_client["Bilibili"]
time_= (datetime.datetime.now() + datetime.timedelta(days=-1)).strftime("%Y-%m-%d")
result= db["popular"].find({'发布时间': {'$gt': time_}}).sort("发布时间", -1)
```

之后可以将 MongoDB 中的数据导出为 CSV 文件，可以使用 pandas 库来进行数据处理和导出，具体代码如下。

```
import pandas as pd

#假设查询结果存储在 result 列表中
df= pd.DataFrame(result)

#将 DataFrame 导出为 CSV 文件
df.to_csv('最近一个月发布的热门视频数据.csv', index=False, encoding='utf-8-sig')
```

这样就可以得到最近一个月发布的热门视频数据了。

2. 根据视频发布的地址进行分表导出

根据视频发布的地址进行分表导出的相关内容如下。

（1）获取所有不重复的发布地址

从 MongoDB 中获取所有不重复发布地址的具体代码如下。

```
distinct_locations= db["popular"].distinct("发布地址")
```

（2）遍历所有发布地址，导出对应的视频数据

遍历所有不重复的发布地址，针对每个地址从 MongoDB 中导出对应的视频数据，并将其存储到以地址命名的表格中，具体代码如下。

```
for location in distinct_locations:
    location_data= db["popular"].find({'发布地址': location,'发布时间': {'$gt': time_}}).sort
("发布时间", -1)
```

（3）将数据写入表格

将数据写入表格的具体代码如下。

```
import pandas as pd

#假设查询结果存储在 location_data 列表中
df= pd.DataFrame(location_data)

#将 DataFrame 导出为 CSV 文件
df.to_csv(location+'.csv', index=False, encoding='utf-8-sig')
```

这样就可以得到根据视频发布的地址进行分表导出的数据了。

本章主要介绍了 MySQL 和 MongoDB 数据库的理论知识和使用方法，如何使用 Python 连接 MySQL 和 MongoDB 数据库进行数据读写的操作技巧，以及展示了一些完整的实战案例，帮助读者更好地理解数据库的使用方法。但是，这只是数据库应用的冰山一角，数据库技术还有很多方面需要深入学习和掌握，例如数据库设计、优化、备份和恢复等。希望读者能够通过不断学习和实践，成为一名优秀的职场办公领域的数据库相关开发者。

第10章 自动推送通知

在 Python 开发中可以使用多种方式进行信息的推送，例如使用 SMTP 库将电子邮件发送到指定的收件人，以便通知他们关于某些事件的发生。还可以使用微信服务号或钉钉机器人将信息发送到指定的群、通知到指定的人，或将消息推送到设备或应用程序中。

推送信息的方式可以用于很多场景，例如下面这些场景。

- 监控系统：当系统检测到某些异常情况时。
- 任务提醒：当任务完成或出现异常情况时。
- 数据分析报告：当分析结果达到预设条件时。

自动推送信息通知的意义在于提高工作效率和减少人为错误，通过自动化的方式可以快速、准确地将信息传达给相关人员，以便及时采取措施，帮助人们更好地管理和控制工作。

10.1 邮箱推送

在日常办公开发中，通过程序自动进行邮件推送可以确保信息的准确性和安全性。例如当自动化程序结束（成功、失败、警告、报错原因）时推送，类似于充当程序回调的钩子方法，或者用于批量自动化发送邮件（非恶意邮箱轰炸）。

使用 Python 中的 smtplib 和 email 库可以方便地实现邮件发送功能。其中，smtplib 库实现了 SMTP 协议，可以用于发送邮件，而 email 库则提供了操作邮件内容的相关功能。这两个库都是 Python 标准库的一部分，通常情况下不需要额外安装，可以直接使用。

10.1.1 获取邮箱授权码

使用 Python 发送邮件需要使用邮箱提供商提供的 SMTP 服务器和授权码进行身份验证，以保证安全性。这里以 QQ 和网易（163）邮箱为例。

1. 获取QQ邮箱授权码

登录QQ邮箱，找到【设置】-【账户】选项，进入账户页面，找到POP3设置并开启，选择短信验证，按短信验证的提示发送短信，发送后单击【我已发送】按钮，即可获取授权码，如图10-1所示。

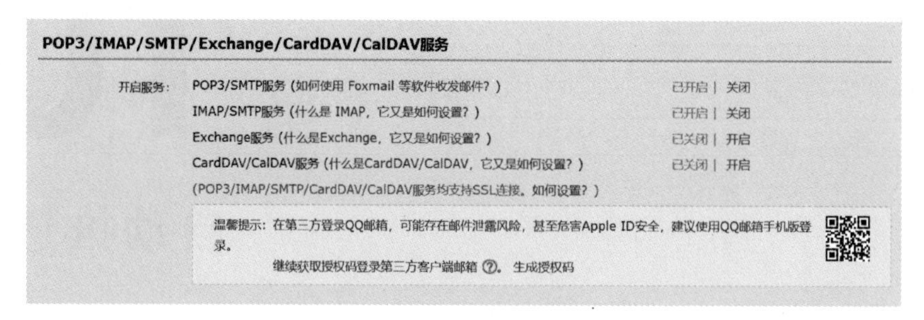

图10-1　开启邮箱服务

2. 获取163邮箱授权码

登录163邮箱，找到【首页】-【POP3/SMTP/IMAP】选项，选择开启POP3/SMTP服务，选择短信验证，按短信验证的提示发送短信，即可获取授权码，如图10-2所示。

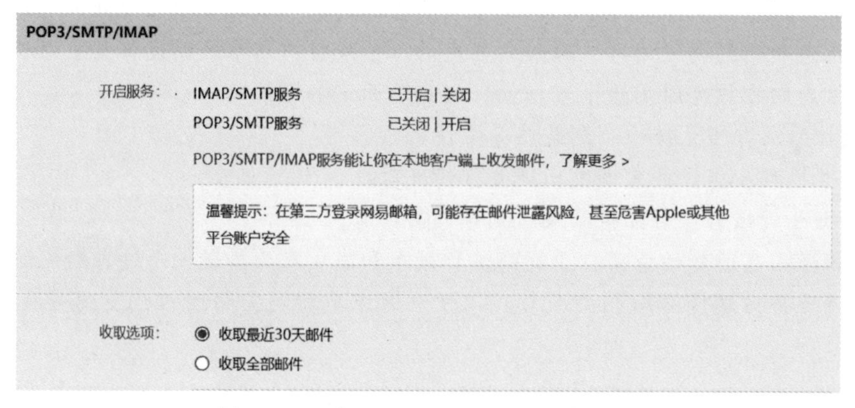

图10-2　开启【POP3/SMTP/IMAP】服务

然后，将此授权码输入用户的应用程序中，以便访问用户的邮箱，在后面的章节中将使用这个授权码来发送邮件。

10.1.2　发送文本邮件

发送纯文本电子邮件是一种相对简单的形式。它通常只包含文本内容，没有嵌入式图片、视频和音频等复杂的内容格式。

要想使用Python编写一封纯文本的电子邮件，大体可以通过以下的步骤实现。

1）导入所需模块，具体代码如下。

```
from email.header import Header
from email.mime.text import MIMEText
import smtplib
```

其中 email 模块用于处理电子邮件相关的操作，smtplib 模块用于发送邮件，因此需要导入这些模块。

2）设置发送邮件的地址、授权码、接收邮件的地址和邮件服务器，具体代码如下。

```
from_addr = "wutong8773@163.com"        # 发送邮箱地址
password= "SWVVAT.........."            # 邮箱授权码
to_addr = "34.....67@qq.com"            # 接收邮箱地址
smtp_server= "smtp.163.com"             # 邮箱服务器
```

这里使用的是 163 邮箱来发送邮件（接收方式 QQ 邮件），因此需要设置 163 邮箱的 SMTP 服务器地址以及发送邮件和接收邮件的地址和授权码。

3）创建邮件正文内容，这里引用一段 Python 的发展史作为邮件正文，具体代码如下。

```
content= """
```

Python 是一种高级编程语言，由荷兰人 Guido van Rossum 于 1989 年圣诞节期间发明。Python 语言的设计理念是强调代码的可读性和简洁性，因此它具有清晰简洁的语法和结构，适合快速开发和快速迭代。

在 20 世纪 90 年代初期，Python 开始得到越来越多的关注和应用，成了流行的脚本语言之一。随着互联网的兴起，Python 也开始被广泛应用于 Web 开发、数据处理、科学计算、人工智能等领域。

2000 年，Python 2.0 发布，这是 Python 的一个重要版本，它增加了许多新的特性和功能，包括列表推导、垃圾回收、Unicode 支持等。

2010 年，Python 3.0 发布，这是 Python 的另一个重要版本，它对语言进行了一些重大的改变和升级，包括去除了许多旧的语法和特性，增加了新的语法和特性，以及改进了语言的性能和可靠性。

目前，Python 已经成为世界上最受欢迎的编程语言之一，得到了广泛的应用和支持。Python 的生态系统非常丰富，有着众多的第三方库和工具，能够满足不同领域的需求。同时，Python 社区也非常活跃，有着庞大的用户群体和开发者社区，不断推动 Python 语言的发展和进步。

```
"""
msg= MIMEText(content, 'plain', 'utf-8')  # 正文
```

可以看到，这里使用了 MIMEText 类创建一个邮件正文的实例，设置邮件正文内容、格式和编码方式。

MIMEText 类是 Python 标准库中的一个模块，用于创建 MIME 消息的文本部分。MIME 代表多用途 Internet 邮件扩展，它允许邮件中包含多种类型的内容，例如文本、图像、音频和视频等。

4）设置邮件的发送者、接收者和主题，具体代码如下。

```
msg['From'] = from_addr
msg['To'] = to_addr
msg['Subject'] = Header('Python 发展史', 'utf-8').encode()
```

以上代码设置了邮件头信息，包括邮件的发送者、接收者和主题。其中，Header 类用于设置邮件主题的编码格式，encode( ) 方法将主题编码为 UTF-8 格式。

5）登录邮箱服务并发送邮件，具体代码如下。

```
server= smtplib.SMTP(smtp_server, 25)
server.login(from_addr, password)                    # 登录邮箱服务
server.sendmail(from_addr, [to_addr], msg.as_string())   # 开始发送
```

以上代码具体说明如下。

- 创建了一个 SMTP 对象，其中 smtp_server 是邮件服务的 SMTP 服务器地址，25 是 SMTP 服务器的端口号（默认是 25，如果是 SSL 加密连接可以使用 465 端口）。
- 使用 login( )方法登录邮件服务，其中 from_addr 是发件人的电子邮件地址，password 是发件人的邮件授权码。这里需要注意，有些邮件服务商使用 OAuth2.0 进行验证，需要使用 OAuth2.0 的授权码代替密码进行登录。
- 使用 sendmail( )方法发送邮件，其中 from_addr 是发件人的电子邮件地址，to_addr 是收件人的电子邮件地址（列表的方式传入），msg 是邮件内容，需要将 msg 转换为字符串格式。

6）退出邮箱服务，具体代码如下。

```
server.quit() # 退出
```

最后使用 server.quit( )方法退出邮箱服务。运行以上代码，即可在接收邮箱中收到一封来自 wutong8773@ 163.com 的邮件，预览效果如图 10-3 所示。

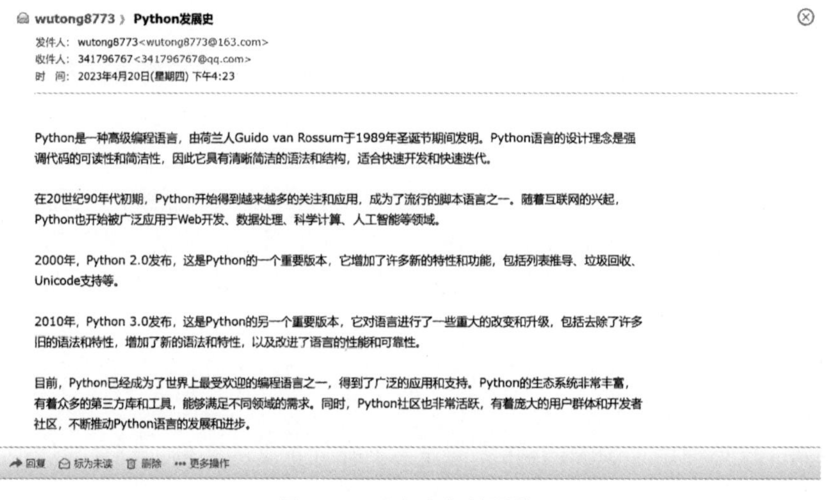

图 10-3　纯文本邮件预览

这个示例展示了如何使用 Python 的 smtplib 和 email 模块发送一封纯文本的电子邮件。

从示例代码中可以知道，想要发送电子邮件，需要设置邮件的发送者、接收者、邮件服务器和授权码等信息，然后创建邮件正文内容和邮件头信息，最后使用 SMTP 对象登录邮箱服务并将邮件发送给接收者。同时需要确保邮件服务器地址和端口号的正确性以及授权码和发送者邮箱地址的有效性。

具体代码详见于地址：https://github.com/PY-GZKY/Python-auto/send_mail.py 或随书资源本例文件。

10.1.3 发送 HTML 邮件

在某些场景下，优美的文本格式可以让邮件看起来更加专业和有序，从而增强邮件的有效性。例如，在企业中，员工招聘的邮件指引或员工录取时的样式排版，可以让邮件看起来更加正式和专业，有助于增加邮件的信任度和可读性。此外，在一些营销邮件中，美观的文本格式可以增加邮件的吸引力，从而提高邮件的开启率和点击率。

与发送纯文本邮件相类似，发送 HTML 邮件的具体操作步骤如下。

1）设置发件人、授权码、收件人和 SMTP 服务器地址，具体代码如下。

```
from_addr = "wutong8773@163.com"        # 发送邮箱地址
password= "SWVVAT.........."            # 邮箱授权码
to_addr = "341796767@qq.com"            # 接收邮箱地址
smtp_server= "smtp.163.com"             # 邮箱服务器
```

2）设置邮件内容，包括正文和主题，具体代码如下。

```
content= """
<html>
  <body>
    <p><h1>Python</h1>是一种高级编程语言,由荷兰人<h1>Guido van Rossum</h1>于 1989 年圣诞节期间发明。Python 语言的设计理念是强调代码的可读性和简洁性,因此它具有清晰简洁的语法和结构,适合快速开发和快速迭代。</p>
    <p>在 20 世纪 90 年代初期,Python 开始得到越来越多的关注和应用,成了流行的脚本语言之一。随着互联网的兴起,Python 也开始被广泛应用于 Web 开发、数据处理、科学计算、人工智能等领域。</p>
    <p>2000 年,Python 2.0 发布,这是 Python 的一个重要版本,它增加了许多新的特性和功能,包括列表推导、垃圾回收、Unicode 支持等。</p>
    <p>2010 年,Python 3.0 发布,这是 Python 的另一个重要版本,它对语言进行了一些重大的改变和升级,包括去除了许多旧的语法和特性,增加了新的语法和特性,以及改进了语言的性能和可靠性。</p>
    <p>目前,Python 已经成为世界上最受欢迎的编程语言之一,得到了广泛的应用和支持。Python 的生态系统非常丰富,有着众多的第三方库和工具,能够满足不同领域的需求。同时,Python 社区也非常活跃,有着庞大的用户群体和开发者社区,不断推动 Python 语言的发展和进步。</p>
  </body>
</html>
"""
msg= MIMEText(content,'html','utf-8')  # 正文
msg['From'] = from_addr
msg['To'] = to_addr
msg['Subject'] = Header('Python 发展史','utf-8').encode()
```

这段代码使用了 MIMEText 类来设置邮件内容，包括正文、发件人、收件人和主题等信息。下面是代码的详细说明。

- 使用 MIMEText 类创建一个包含 HTML 格式内容的邮件正文。第二个参数 html 表示正文是 HTML 格式的，第三个参数 utf-8 表示字符集为 UTF-8。
- 设置发件人的名称和地址，名称为 PI，地址为 wutong8773@ 163.com。
- 设置收件人的地址，地址为 341796767@ qq.com。
- 设置邮件的主题，主题为 PI 的问候，并使用 Header 对象将主题编码为 UTF-8 编码的字符串。

3）登录邮箱服务并发送邮件，具体代码如下。

```
server= smtplib.SMTP(smtp_server, 25)
server.login(from_addr, password)  #登录邮箱服务
server.sendmail(from_addr, [to_addr], msg.as_string())  #开始发送
```

4）退出邮箱服务，具体代码如下。

```
server.quit()#退出
```

具体说明如下。

- 创建一个 SMTP 实例，将邮件服务器的地址和端口号作为参数传入。在这里，端口号是 25。
- 使用 login 方法登录邮箱服务，from_addr 是发件人的邮箱地址，password 是授权码。
- 使用 sendmail 方法发送邮件。其中，from_addr 是发件人的邮箱地址，[to_addr] 是收件人的邮箱地址列表，msg.as_string( ) 是将 MIMEText 对象转换为字符串的方法。
- 关闭与 SMTP 服务器的连接。

运行代码成功后，可以发现这次的邮件正文带上了 HTML 标签和样式，让邮件的内容更加丰富和美观，提高了用户的阅读体验，效果如图 10-4 所示。

图 10-4　HTML 邮件格式预览

10.1.4　发送附件

邮件中还可以添加附件，常见的附件类型包括图片、文档和表格等二进制文件。

可以使用 email.mime.multipart 模块中的 MIMEMultipart 类来创建包含附件的邮件对象，具体的实现步骤如下。

1）配置发件人和收件人信息以及 SMTP 服务器信息，具体代码如下。

```
from_addr = "wutong8773@163.com"  #发送邮箱地址
password= "SWVVAT........."       #邮箱授权码
```

```
to_addr = "341796767@qq.com"  # 接收邮箱地址
smtp_server = "smtp.163.com"  # 邮箱服务器
```

2）创建一个 MIMEMultipart 邮件对象，并设置发件人、收件人和主题，具体代码如下。

```
msg = MIMEMultipart()
msg['From'] = from_addr
msg['To'] = to_addr
msg['Subject'] = Header('Python 发展史', 'utf-8').encode()
```

3）创建 MIMEText 对象并设置 HTML 内容为邮件正文，具体代码如下。

```
content = """
<html>
  <body>
    <p><h1>Python</h1>是一种高级编程语言,由荷兰人<h1>Guido van Rossum</h1>于 1989 年圣诞节期间发明。Python 语言的设计理念是强调代码的可读性和简洁性,因此它具有清晰简洁的语法和结构,适合快速开发和快速迭代。</p>
    <p>在 20 世纪 90 年代初期,Python 开始得到越来越多的关注和应用,成了流行的脚本语言之一。随着互联网的兴起,Python 也开始被广泛应用于 Web 开发、数据处理、科学计算、人工智能等领域。</p>
    <p>2000 年,Python 2.0 发布,这是 Python 的一个重要版本,它增加了许多新的特性和功能,包括列表推导、垃圾回收、Unicode 支持等。</p>
    <p>2010 年,Python 3.0 发布,这是 Python 的另一个重要版本,它对语言进行了一些重大的改变和升级,包括去除了许多旧的语法和特性,增加了新的语法和特性,以及改进了语言的性能和可靠性。</p>
    <p>目前,Python 已经成为世界上最受欢迎的编程语言之一,得到了广泛的应用和支持。Python 的生态系统非常丰富,有着众多的第三方库和工具,能够满足不同领域的需求。同时,Python 社区也非常活跃,有着庞大的用户群体和开发者社区,不断推动 Python 语言的发展和进步。</p>
  </body>
</html>
"""
html_content = MIMEText(content, 'html', 'utf-8')  # 正文
```

4）将邮件正文添加到邮件对象中，具体代码如下。

```
msg.attach(html_content) # 正文
```

5）创建一个 MIMEBase 对象，并将附件添加到邮件对象中，具体代码如下。

```
with open ('. B:/code/office-automation-book/source/docs/第 10 章　自动推送通知/images/Python.jpg', 'rb') as f:
    part2 = MIMEApplication(f.read())
    part2.add_header('Content-Disposition', 'attachment', filename="Python.jpg")
    msg.attach(part2)
```

其中，MIMEApplication 类用于创建二进制文件附件对象，add_header 方法用于设置文件名和文件类型。多个附件可以依次添加到邮件对象中。

6）登录邮箱服务并发送邮件，具体代码如下。

```
server = smtplib.SMTP(smtp_server, 25)
server.login(from_addr, password)                          # 登录邮箱服务
server.sendmail(from_addr, [to_addr], msg.as_string())     # 开始发送
server.quit()                                              # 退出
```

这段示例代码是一个发送带有附件和 HTML 正文的邮件的 Python 程序。需要注意的是，在以上的代码中将邮件正文和附件分别作为 MIMEText 和 MIMEApplication 对象添加到 MIME-

Multipart 对象中，这样可以确保邮件内容和附件能够正确地被接收方解析。

运行代码成功后，可以发现这次的邮件带上了附件文件，效果如图 10-5 所示。

Python

是一种高级编程语言，由荷兰人

Guido van Rossum

于1989年圣诞节期间发明。Python语言的设计理念是强调代码的可读性和简洁性，因此它具有清晰简洁的语法和结构，适合快速开发和快速迭代。

在20世纪90年代初期，Python开始得到越来越多的关注和应用，成为了流行的脚本语言之一。随着互联网的兴起，Python也开始被广泛应用于Web开发、数据处理、科学计算、人工智能等领域。

2000年，Python 2.0发布，这是Python的一个重要版本，它增加了许多新的特性和功能，包括列表推导、垃圾回收、Unicode支持等。

2010年，Python 3.0发布，这是Python的另一个重要版本，它对语言进行了一些重大的改变和升级，包括去除了许多旧的语法和特性，增加了新的语法和特性，以及改进了语言的性能和可靠性。

目前，Python已经成为了世界上最受欢迎的编程语言之一，得到了广泛的应用和支持。Python的生态系统非常丰富，有着众多的第三方库和工具，能够满足不同领域的需求。同时，Python社区也非常活跃，有着庞大的用户群体和开发者社区，不断推动Python语言的发展和进步。

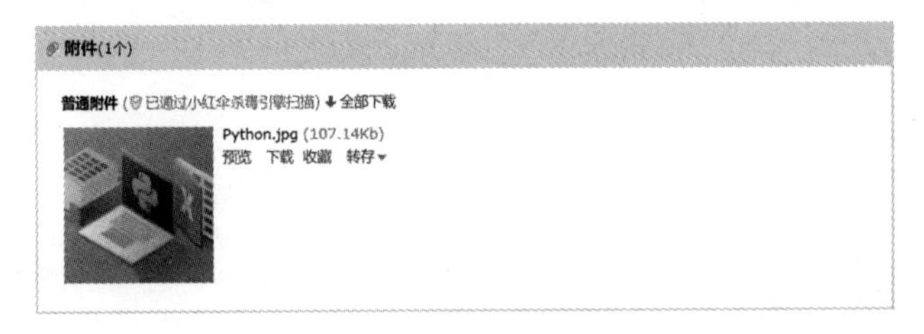

图 10-5　附件邮件格式预览

10.1.5 【实例】发送每日菜谱到邮箱

这里以厨房的每日菜谱为例，具体操作步骤如下。

1）导入相关库，具体代码如下。

```
import requests
import smtplib
from email.mime.text import MIMEText
from email.mime.multipart import MIMEMultipart
from email.header import Header
```

2）设置发送邮件的相关参数，具体代码如下。

```
from_addr = "wutong8773@163.com"        # 发送邮箱地址
password= ""                            # 邮箱授权码
to_addr = "341796767@qq.com"            # 接收邮箱地址
smtp_server= "smtp.163.com"             # SMTP 服务器地址
smtp_port= 25                           # SMTP 服务器端口
```

以上代码设置了发送邮件的相关参数，包括发件人、收件人、SMTP 服务器地址、SMTP 服务器端口、邮箱登录账号和邮箱登录密码等信息。

3）抓取菜谱数据，具体代码如下。

```
#请求每日菜谱的网页数据
url= "https://www.xiachufang.com/explore/"
headers= {
    "user-agent": "Mozilla/5.0 (Windows NT 10.0; Win64; x64) AppleWebKit/537.36 (KHTML, like Gecko) Chrome/94.0.4606.71 Safari/537.36"}
res= requests.get(url, headers=headers)
res.encoding= "utf-8"

#解析网页数据,获取每日菜谱的标题、图片和链接
soup= BeautifulSoup(res.text, "html.parser")
recipe= soup.select(".card > .cover > .info > .name > a")
title= recipe[0].text.strip()
img_url = recipe[0].parent.parent.find('img')['src']
link_url= "https://www.xiachufang.com" + recipe[0]['href']
```

4）组织邮件内容，这里采用 HTML 格式的邮件正文，包含菜谱的图片、标题和链接。在获取到每日菜谱的相关数据后，就可以组织邮件的内容了，具体代码如下。

```
#组织邮件的 HTML 格式正文
html= f'<html><body><h2>{title}</h2><br><a href="{link_url}"><img src="{img_url}"></a></body></html>'
msg= MIMEText(html, "html", "utf-8")

#设置邮件头部信息
msg["From"] = Header("每日菜谱", "utf-8")
msg["To"] = Header("用户", "utf-8")
msg["Subject"] = Header("每日菜谱推荐", "utf-8").encode()
```

5）发送邮件，具体代码如下。

```
#连接 SMTP 服务器,登录邮箱
server= smtplib.SMTP(smtp_server, smtp_port)
server.login(from_addr, password)

#发送邮件
server.sendmail(from_addr, [to_addr], msg.as_string())

#关闭连接
server.quit()
```

10.1.6 yagmail

除了 Python 内置的 smtplib 和 email 库之外，还有很多第三方库同样实现了邮件推送的功能。

yagmail 是一个基于 Python 的简单易用的电子邮件发送库，它的目标是提供一种易于使用的方式，使开发者可以通过 Python 程序轻松地发送电子邮件，而不用考虑复杂的电子邮件协议和服务器设置，其适用于各种类型的 Python 项目，包括数据分析、Web 开发和自动化测试等。

可以使用 pip 工具进行 yagmail 的安装，具体代码如下。

```
pip install yagmail
```

1. 发送 Text 邮件

下面是一个使用 yagmail 发送邮件的示例，具体代码如下。

```
# -*- coding: utf-8 -*-
import yagmail

from_addr = "wutong8773@163.com"    # 发送邮箱地址
password= ""                        # 邮箱授权码
to_addr = "341796767@qq.com"        # 接收邮箱地址
smtp_server= "smtp.163.com"         # 邮箱服务器

#链接邮箱服务器
yag = yagmail.SMTP(user=from_addr, password=password, host=smtp_server)

#邮箱正文
contents= ['您好,这是一封来自 PI 的邮件。', '看,多么美妙的自动换行设计！']

#发送邮件
yag.send(to_addr, '来自 PI 的问候', contents)
```

用短短的几行代码就处理完了发送邮件的功能，不得不感叹 Python 的功能强大，这也得益于 yagmail 内部已经封装得足够友好。

上面的代码实现了使用 yagmail 库发送一封简单的电子邮件，具体操作步骤如下。

- 导入 yagmail 库，该库提供了 SMTP 客户端的封装接口。
- 定义发送方邮箱地址、授权码、接收方邮箱地址和邮箱服务器地址。
- 创建 yagmail 对象，调用 SMTP 方法链接到邮箱服务器。在这里，通过传递发送方邮箱地址、密码和邮箱服务器地址来实现链接。
- 定义邮件正文内容。在这里通过定义一个列表来保存多个文本段落。
- 调用 send 方法发送邮件。在这里通过传递接收方邮箱地址、邮件主题和正文内容来发送邮件。

需要注意的是，发送方邮箱地址和密码应该是真实有效的，而且需要开启 SMTP 访问权限。在使用 163 邮箱时，需要设置 SMTP 服务器为 smtp.163.com，端口号为 25 或 465，并且要在 163 邮箱的设置中开启 POP3/SMTP 服务。

如果用户希望发送多个邮件，只需要将接收方的邮箱地址列表作为 send( ) 函数的第一个参数即可。例如，将电子邮件发送给多个接收方的具体代码如下。

```
import yagmail

from_addr = "wutong8773@163.com"  # 发送邮箱地址
password= ""                      # 邮箱授权码
to_addr_list = ["example1@example.com", "example2@example.com", "example3@example.com"]
                                  # 接收邮箱地址列表
smtp_server= "smtp.163.com"       # 邮箱服务器

#链接邮箱服务器
yag = yagmail.SMTP(user=from_addr, password=password, host=smtp_server)

#邮箱正文
contents= ['<html><body><h1>您好</h1>' +
```

```
            '<h5>这是一封来自 <a href="http://www.python.org" style="text-decoration:none;"
>PI</a>的邮件</h5><br>' + '<span>看,多么美妙的一致性 !! </span></body></html>', ]

#发送邮件
yag.send(to_addr_list, '来自 PI 的问候', contents)
```

在这个例子中，将接收方的邮箱地址列表传递给 send( ) 函数的第一个参数，即 to_addr_list 变量。yagmail 库会自动将列表中的所有邮箱地址都添加为接收方，并将邮件发送到这些邮箱地址。

2. 发送 HTML 邮件

yagmail 可以发送 HTML 格式的邮件。在 yagmail 中，邮件正文是通过一个或多个字符串列表来指定的，每个字符串代表邮件中的一部分。

用户可以将 HTML 代码作为字符串添加到这些字符串列表中，以指定 HTML 格式的邮件内容，具体代码如下。

```
import yagmail

from_addr = "wutong8773@163.com"      # 发送邮箱地址
password= ""                          # 邮箱授权码
to_addr = "341796767@qq.com"          # 接收邮箱地址
smtp_server= "smtp.163.com"           # 邮箱服务器

#链接邮箱服务器
yag = yagmail.SMTP(user=from_addr, password=password, host=smtp_server)

#邮箱正文
contents= ['<html><body><h1>您好</h1>' +
            '<h5>这是一封来自 <a href="http://www.python.org" style="text-decoration:none;"
>PI</a>的邮件</h5><br>' + '<span>看,多么美妙的一致性 !! </span></body></html>', ]

#发送邮件
yag.send(to_addr, '来自 PI 的问候', contents)
```

在这个例子中将 HTML 代码添加到字符串列表 contents 中，然后将这个列表传递给 send( ) 函数来发送邮件。邮件将包含 HTML 格式的内容，因为使用了 HTML 标签和属性来指定文本的样式。

3. 发送附件

此外，yagmail 还可以很方便地发送附件邮件。用户可以通过 yagmail.SMTP( ) 函数的 attachments参数添加附件，具体代码如下。

```
import yagmail

from_addr = "wutong8773@163.com"      # 发送邮箱地址
password= ""                          # 邮箱授权码
to_addr = "341796767@qq.com"          # 接收邮箱地址
smtp_server= "smtp.163.com"           # 邮箱服务器

#链接邮箱服务器
yag = yagmail.SMTP(user=from_addr, password=password, host=smtp_server)

#邮箱正文
```

```
contents = ['<html><body><h1>您好</h1>' +
            '<h5>这是一封来自 <a href="http://www.python.org" style="text-decoration:none;">
PI</a>的邮件</h5><br>' + '<span>看,多么美妙的一致性 !! </span></body></html>', ]

#附件列表
attachments = ['./example.pdf', './example.jpg']

#发送邮件
yag.send(to=to_addr, subject='来自 PI 的问候', contents=contents, attachments=attachments)
```

在这个例子中，将附件文件的路径列表添加到 yagmail.SMTP( ) 函数的 attachments 参数中。附件可以是任何类型的文件，包括 PDF 文件、JPG 文件和文本文件等。需要知道的是，yagmail 库其实也是基于 smtplib 和 email 库构建的。但是，yagmail 库简化了这些库的用法，提供了一些方便的函数和功能，使得发送邮件变得更加容易和快速。

在 yagmail 库中，用户只需要调用 yagmail.SMTP( ) 函数来链接邮件服务器，然后就可以发送邮件了。而在 smtplib 和 email 库中，则需要创建一个 SMTP 对象来链接邮件服务器，然后使用 MIMEText、MIMEImage 和 MIMEBase 等对象来构造邮件内容，最后使用 SMTP 对象的 sendmail( ) 方法来发送邮件。这样的过程相对较为复杂。

此外，yagmail 库还提供了一些其他的便利功能，比如自动检测本地邮件客户端、支持发送附件、自动识别邮件编码和自动缓存邮件内容等。这些功能都让 yagmail 库成为了一款非常方便和实用的邮件发送库。

在发送邮件时，也需要注意一些事项。比如，确保输入正确的收件人地址和主题，以及避免使用过于形式化或不礼貌的语言。同时，为了避免电子邮件被误认为是垃圾邮件或被拦截，还需要遵守一些基本的电子邮件规范，如不要在邮件主题或正文中使用过多的大写字母或感叹号等。

10.2 钉钉机器人推送

如果用户想通过钉钉来接收信息通知，可以使用钉钉机器人来实现。钉钉机器人是一个可以接收外部消息并发送消息的程序，可以通过简单的 API 调用来实现与外部应用的集成。

需要注意的是，为了提高安全性，钉钉机器人支持设置加签密钥（secret），在发送消息时需要对消息内容进行签名计算。

具体的实现可以参考钉钉开发文档中的相关说明：https://developers.dingtalk.com/document 或随书资源本例文件。

10.2.1 设置钉钉机器人

创建钉钉机器人的具体操作步骤如下。

1）登录钉钉开发者后台：https://open-dev.dingtalk.com。

2）在【开发管理】中找到【机器人】选项后单击【自定义机器人】按钮，进入机器人创建页面，如图 10-6 所示。

3）在机器人创建页面中，选择【自定义机器人】类型，填写机器人名称并选择加签安全设置的方式，如图 10-7 所示。

图 10-6　创建钉钉机器人

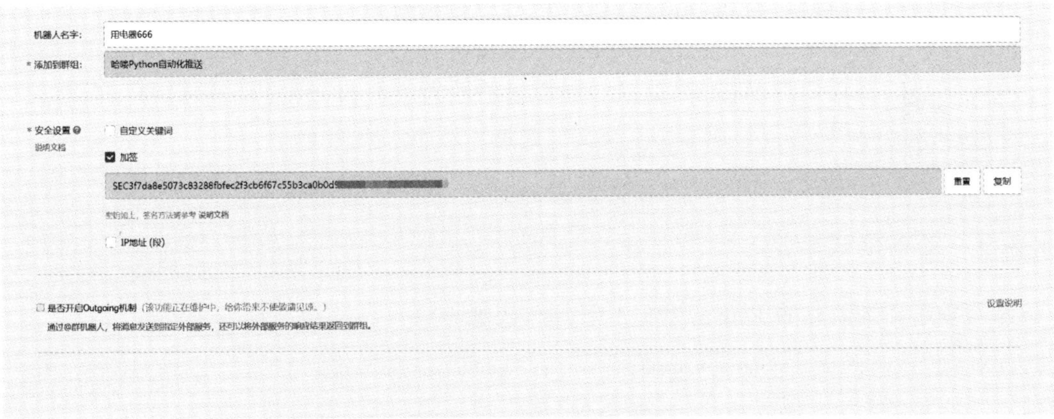

图 10-7　加签安全设置

4）获取到机器人的 Webhook 地址，用于向机器人推送消息，如图 10-8 所示。

图 10-8　获取机器人 Webhook 地址

5）在【消息通知】中选择机器人需要推送的群聊或个人聊天窗口。

6）完成以上设置后，单击【完成】按钮即可。

成功创建机器人后，可以在【消息通知】中查看机器人的推送效果，如图 10-9 所示。

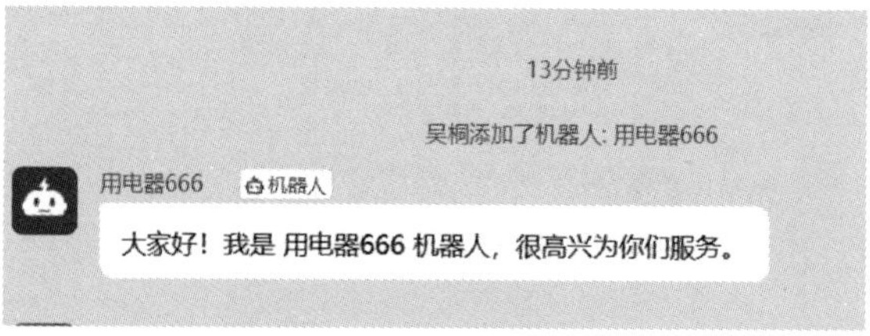

图 10-9　机器人推送效果

10.2.2　安装 dingtalk-chatbot

dingtalk-chatbot 是一个用于与钉钉机器人交互的 Python 库，可以用来向钉钉群组发送文本、图片和链接等信息。它的使用非常方便，只需要按照文档中的说明配置好机器人的 Webhook 地址，然后就可以开始使用 dingtalk-chatbot 来发送消息了。此外，dingtalk-chatbot 还支持对消息的格式和内容进行自定义，可以灵活地满足不同场景下的需求。

dingtalk-chatbot 库可以使用 pip 工具进行安装，具体代码如下。

```
pip install DingtalkChatbot
```

10.2.3　文本格式推送

编写发送文本消息的 Python 代码，具体代码如下。

```
from dingtalkchatbot.chatbot import DingtalkChatbot

secret= "SEC3f7da8e5073c83288fbfec2f3cb6f67c55b3ca0b0d99f94f87c2c6........."
webhook ='https://oapi.dingtalk.com/robot/send? access_token=1b9dac644fb455b30bacb58391afc-
8c04433501ac17271fba9ad2f.........'

#初始化机器人
bot= DingtalkChatbot(webhook, secret=secret)

#发送文本消息
text= '这是一条测试消息'
bot.send_text(msg=text)
```

通过钉钉机器人的 webhook 地址和 secret 初始化了一个机器人实例 bot。接着，使用 bot.send_text( )方法发送了一条文本消息，消息内容为“这是一条测试消息”。其中，webhook 参数为自定义机器人的 webhook 地址，secret 参数为加签后的签名，msg 参数为发送的文本消息内容。

运行 Python 代码，如果一切正常，钉钉群组就会收到一条文本消息，效果如图 10-10 所示。

可以使用 at_mobiles 参数指定需要@ 的用户的手机号，以列表的形式传入，具体代码如下。

图 10-10 机器人测试消息

```
from dingtalkchatbot.chatbot import DingtalkChatbot

secret =
"SEC3f7da8e5073c83288fbfec2f3cb6f67c55b3ca0b0d99f94f87c2c6........."
webhook =
'https://oapi.dingtalk.com/robot/send? access_token = 1b9dac644fb455b30bacb58391afc8c04433
501ac17271fba9ad2f.........'

#初始化机器人
bot = DingtalkChatbot(webhook, secret = secret)

# Text 消息之@指定用户
at_mobiles = ['18042682515']
bot.send_text(msg ='我就是我! ', at_mobiles = at_mobiles)
```

这段代码通过指定 webhook 和 secret 创建了一个机器人对象，然后通过调用 send_text 方法向指定的钉钉群发送了一条文本消息，并使用 at_mobiles 参数@ 指定了某个用户，效果如图 10-11 所示。

指定 is_at_all 参数为 True，可以@ 所有人，具体代码如下。

```
# Text 消息@所有人
bot.send_text(msg ='我就是我! ', is_at_all = True)
```

运行代码成功后，效果如图 10-12 所示。

图 10-11 @ 参数指定用户

图 10-12 运行代码成功后效果图

10.2.4 Link 格式推送

想要发送 Link 格式的消息，可以使用 send_link 方法，具体代码如下。

```
from dingtalkchatbot.chatbot import DingtalkChatbot

secret =
"SEC3f7da8e5073c83288fbfec2f3cb6f67c55b3ca0b0d99f94f87c2c6........."
webhook =
'https://oapi.dingtalk.com/robot/send? access_token = 1b9dac644fb455b30bacb58391afc8c04433
501ac17271fba9ad2f.........'
```

```
#初始化机器人
bot= DingtalkChatbot(webhook, secret=secret)

# Text 消息之@指定用户
at_mobiles= ['18042682515']

# Link 消息
bot.send_link(title='我就是我',
              text='是颜色不一样的烟火！',
              message_url="https://www.baidu.com",
              pic_url="https://train.gzsonic.com/static/favicon.ico")
```

这段代码发送了一条 Link 消息到钉钉机器人，其中部分参数说明如下。

- title 参数为消息标题。
- text 参数为消息内容。
- message_url 参数为消息跳转链接。
- pic_url 参数为消息配图链接。

由于没有指定接收人，因此该消息会发送到机器人设置的默认群组。如果需要@ 指定用户，可以通过 at_mobiles 参数传入要@ 的手机号列表，运行代码成功后，效果如图 10-13 所示。

图 10-13　发送了 Link 消息

10.2.5　Markdown 格式推送

钉钉机器人支持 Markdown 格式的推送。用户可以使用 send_markdown 方法发送 Markdown 格式的消息。

需要注意的是，在消息文本中使用 Markdown 语法时，需要将文本用双引号或单引号括起来，避免语法错误，具体代码如下。

```
from dingtalkchatbot.chatbot import DingtalkChatbot

secret=
"SEC3f7da8e5073c83288fbfec2f3cb6f67c55b3ca0b0d99f94f87c2c6.........."
webhook =L ' https://oapi. dingtalk. com/robot/send? access _token = 1b9dac644fb455b30bacb
58391afc8c04433501ac17271fba9ad2f.........'

#初始化机器人
bot= DingtalkChatbot(webhook, secret=secret)

# Markdown 消息@所有人
```

```
    bot.send_markdown(title='Python 自动化办公',
                text='> ! [Python 自动化办公](https://pic4.zhimg.com/v2-8d44e0c22a153d0fc2693733649912e2_r.jpg) \n'
                '> #### Python 的自动化能力使得我们可以利用程序的优势,代替复杂的重复性任务,让人类专注于更高层次的工作,如决策、创造性思考等。',
                is_at_all=True)
```

这段代码使用 dingtalk-chatbot 发送了一条 Markdown 格式的消息，并且@ 了所有人。具体来说，初始化一个 DingtalkChatbot 实例，传入 webhook 和 secret。调用 send_markdown 方法，发送 Markdown 格式的消息。其中包含了天气信息和一张图片，最后通过 is_at_all 参数指定了@ 所有人，效果如图 10-14 所示。

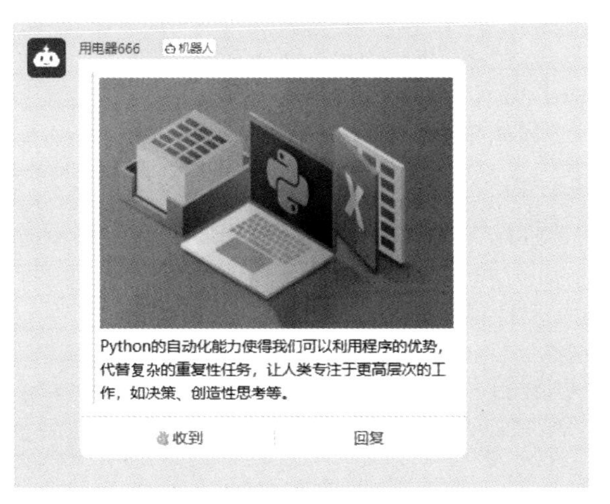

图 10-14 Markdown 格式推送

10.2.6 卡片格式推送

1）FeedCard（信息卡片）格式推送的具体代码如下。

```
    from dingtalkchatbot.chatbot import DingtalkChatbot, CardItem

    secret= "SEC3f7da8e5073c83288fbfec2f3cb6f67c55b3ca0b0d99f94f87c2c6.........."
    webhook ='https://oapi.dingtalk.com/robot/send? access_token=1b9dac644fb455b30bacb58391afc8c04433501ac17271fba9ad2f.........'

    #初始化机器人
    bot= DingtalkChatbot(webhook, secret=secret)
    #FeedCard 消息类型(注意:当发送 FeedCard 时,pic_url 需要传入参数值,必选)
    card1= CardItem(title ="Python", url ="https://www.dingtalk.com/", pic_url ="https://pic4.zhimg.com/v2-8d44e0c22a153d0fc2693733649912e2_r.jpg")
    card2= CardItem(title="自动化办公", url="https://www.dingtalk.com/", pic_url="https://pic4.zhimg.com/v2-8d44e0c22a153d0fc2693733649912e2_r.jpg")

    cards= [card1, card2]
    bot.send_feed_card(cards)
```

运行代码成功后，效果如图 10-15 所示。

图 10-15　FeedCard 卡片格式推送

2）整体 ActionCard（交互动作卡片）类型的具体代码如下。

```
from dingtalkchatbot.chatbot import DingtalkChatbot, CardItem, ActionCard

secret= "SEC3f7da8e5073c83288fbfec2f3cb6f67c55b3ca0b0d99f94f87c2c6........."
webhook = 'https://oapi.dingtalk.com/robot/send? access_token=1b9dac644fb455b30bacb-58391afc8c04433501ac17271fba9ad2f.........'

#初始化机器人
bot= DingtalkChatbot(webhook, secret=secret)
#ActionCard 整体跳转消息类型
btns1 = [CardItem(title="查看详情", url="https://www.dingtalk.com/")]
actioncard1 = ActionCard(title='Python 自动化办公',
                         text = '! [ Python ] ( https://pic4. zhimg. com/v2-8d44e0c22a153d0fc2693733649912e2_r.jpg) \n#### Python 的自动化能力使得我们可以利用程序的优势,代替复杂的重复性任务,让人类专注于更高层次的工作,如决策、创造性思考等。',
                    btns=btns1,
                    btn_orientation=1,
                    hide_avatar=1)
bot.send_action_card(actioncard1)
```

这段代码使用钉钉机器人发送了一条 ActionCard 整体跳转消息，该消息包括一个标题、一张图片、一段文本和一个按钮，单击按钮后会跳转到指定的链接。具体而言，此段代码进行了如下操作。

- 引入了 DingtalkChatbot、CardItem 和 ActionCard 类。
- 初始化了一个钉钉机器人实例，传入了 webhook 和 secret 参数。
- 创建了一个按钮列表 btns1，其中包含一个 CardItem 类型的按钮，该按钮标题为“查看详情”，单击后跳转到指定链接。
- 创建了一个 ActionCard 类型的消息，包括一个标题、一张图片、一段文本和一个按钮，传入了以上创建的按钮列表 btns1。
- 调用 bot.send_action_card( ) 方法，将创建好的 ActionCard 类型的消息发送给钉钉机器人。

运行代码成功后，效果如图 10-16 所示。

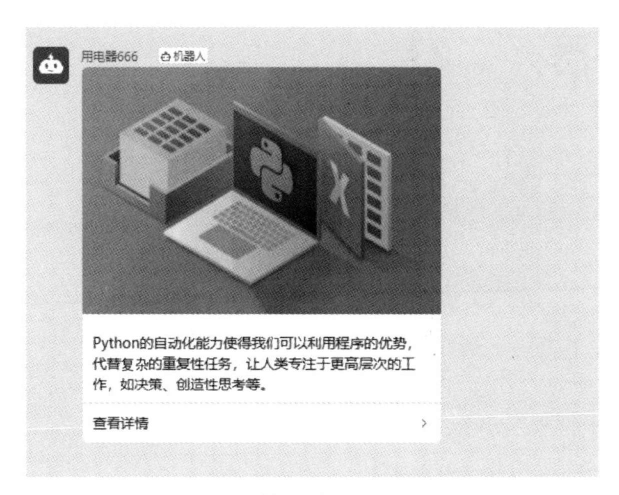

图 10-16 整体跳转 ActionCard 类型

3）独立 ActionCard 类型分为如下两种。

① ActionCard 独立跳转消息类型（双选项）的具体代码如下。

```
from dingtalkchatbot.chatbot import DingtalkChatbot, CardItem, ActionCard

secret= "SEC3f7da8e5073c83288fbfec2f3cb6f67c55b3ca0b0d99f94f87c2c6........."
webhook = 'https://oapi.dingtalk.com/robot/send? access_token=1b9dac644fb455b30bacb58-391afc8c04433501ac17271fba9ad2f.........'

#初始化机器人
bot= DingtalkChatbot(webhook, secret=secret)

#ActionCard 独立跳转消息类型(双选项)
btns2 = [CardItem(title="支持", url="https://www.dingtalk.com/"),
         CardItem(title="反对", url="https://www.dingtalk.com/")]
actioncard2 = ActionCard(title='Python 自动化办公',
                         text = '! [ Python 自动化办公] (https://pic4. zhimg. com/v2-8d44e0c22a153d0fc2693733649912e2_r.jpg) \n### Python 的自动化能力使得我们可以利用程序的优势,代替复杂的重复性任务,让人类专注于更高层次的工作,如决策、创造性思考等。',
                     btns=btns2,
                     btn_orientation=1,
                     hide_avatar=1)
bot.send_action_card(actioncard2)
```

运行代码成功后，效果如图 10-17 所示。

这段代码首先引入了 DingtalkChatbot、CardItem 和 ActionCard 三个类。DingtalkChatbot 用于初始化机器人，CardItem 用于创建卡片中的按钮，ActionCard 则是创建 ActionCard 的消息类型。在初始化机器人之后，通过 ActionCard 创建了一个 ActionCard 消息类型，其中部分参数说明如下。

- title 表示消息卡片的标题。
- text 表示消息卡片的内容。
- btns 表示卡片中的按钮，包括标题和跳转链接。

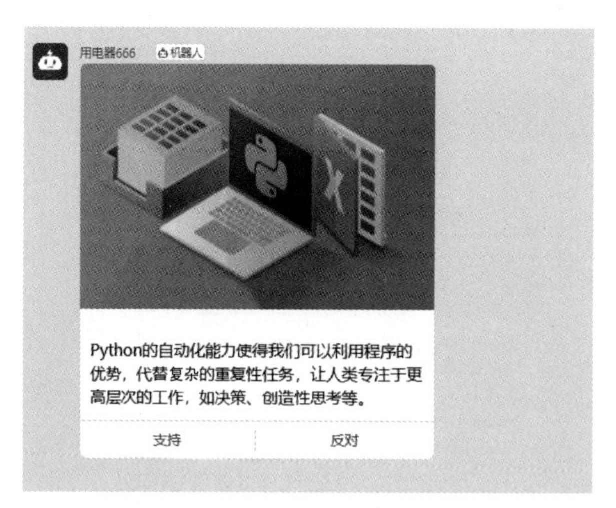

图 10-17　整体跳转 ActionCard 类型

- btn_orientation 表示按钮排列方式，1 表示竖直排列。
- hide_avatar 表示是否隐藏发送者头像。

最后调用 bot.send_action_card（actioncard2）方法发送 ActionCard 类型的消息。

② ActionCard 独立跳转消息类型（列表选项），具体代码如下。

```
from dingtalkchatbot.chatbot import DingtalkChatbot, CardItem, ActionCard

secret= "SEC3f7da8e5073c83288fbfec2f3cb6f67c55b3ca0b0d99f94f87c2c6........."
webhook = 'https://oapi.dingtalk.com/robot/send? access_token=1b9dac644fb455b30bacb58-391afc8c04433501ac17271fba9ad2f.........'

#初始化机器人
bot= DingtalkChatbot(webhook, secret=secret)

#ActionCard 独立跳转消息类型(列表选项)
btns3 = [CardItem(title="支持", url="https://www.dingtalk.com/"),
         CardItem(title="中立", url="https://www.dingtalk.com/"),
         CardItem(title="反对", url="https://www.dingtalk.com/")]
         actioncard3 = ActionCard(title='Python 自动化办公',
                         text = '! [Python 自动化办公] (https://pic4. zhimg. com/v2-8d44e0c22a153d0fc2693733649912e2_r.jpg) \n### Python 的自动化能力使得我们可以利用程序的优势,代替复杂的重复性任务,让人类专注于更高层次的工作,如决策、创造性思考等。',
                     btns=btns3,
                     btn_orientation=1,
                     hide_avatar=1)
bot.send_action_card(actioncard3)
```

这段代码使用了钉钉机器人 SDK 发送了一条 ActionCard 类型的消息到指定的钉钉群组中。具体来说，这个 ActionCard 消息类型包含一个标题、一张图片、一段文本以及一个包含多个按钮的列表。其中，每个按钮都可以设置一个标题和一个 URL 链接，用于响应用户的单击事件。这个示例中使用了三种不同的按钮类型，分别是整体跳转、独立跳转（双选项）和独立跳转（列表选项）。

运行代码成功后，效果如图 10-18 所示。

图 10-18　运行代码成功后效果图

10.3 微信消息推送

Server 酱是一项免费的第三方微信公众号推送服务，它可以帮助用户通过微信接收来自互联网的各种消息通知，如服务器报警、爬虫任务完成和股票价格变动等。用户可以通过在代码中添加简单的 API 调用，将自己的消息推送到微信上。

用户可以根据自己的需求选择不同的通知方式。Server 酱在互联网开发、运维和数据爬取等领域都得到了广泛的应用。

想要使用 Python Server 酱来发送微信通知，可以通过以下流程来实现。

1）注册 Server 酱账号并获取 SCKEY。首先，用户需要在 Server 酱官方网站（https://sct.ftqq.com/）上注册一个账户并获取一个 SCKEY。这将是用户发送通知所需的密钥。

2）安装 requests 库，用户可以在终端中运行以下命令。

```
pip install requests
```

3）编写 Python 代码，具体代码如下。

```python
import requests

key= "SCT161121T1U29mAu52jdF9WVzMJTY3wP0"
url= f"https://sctapi.ftqq.com/{key}.send"

requests.post(url, data={"title": "Python 自动化通知", "desp": "Hello, Server 酱!"})
```

将示例代码中的 key 替换为用户获取到的推送密钥即可，请确保将 key 替换为用户从 Server 酱网站上获取的实际密钥。

此接口同时支持 GET 和 POST 请求，其中部分参数说明如下。

- title：消息标题，必填。最大长度为 32。

- desp：消息内容，选填。支持 Markdown 语法，最大长度为 32KB，消息卡片截取前 30 显示。
- short：消息卡片内容，选填。最大长度 64。如果不指定，将自动从 desp 中截取生成

4）运行代码并检查用户的微信是否收到了通知

如果用户的代码运行正常，用户将在微信上收到一条通知，如图 10-19 所示。

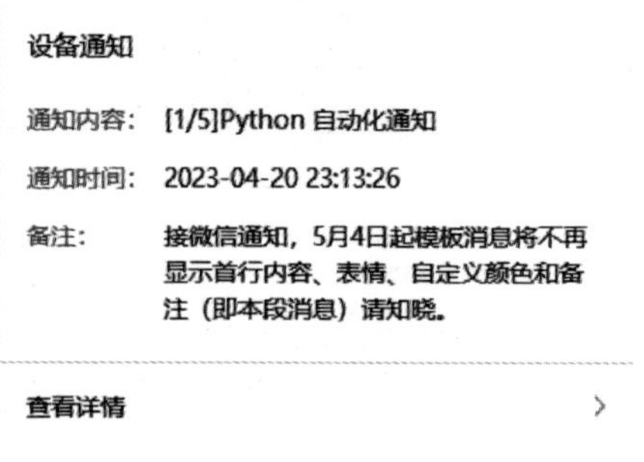

图 10-19　Server 酱通知

Server 酱通知详情如图 10-20 所示。

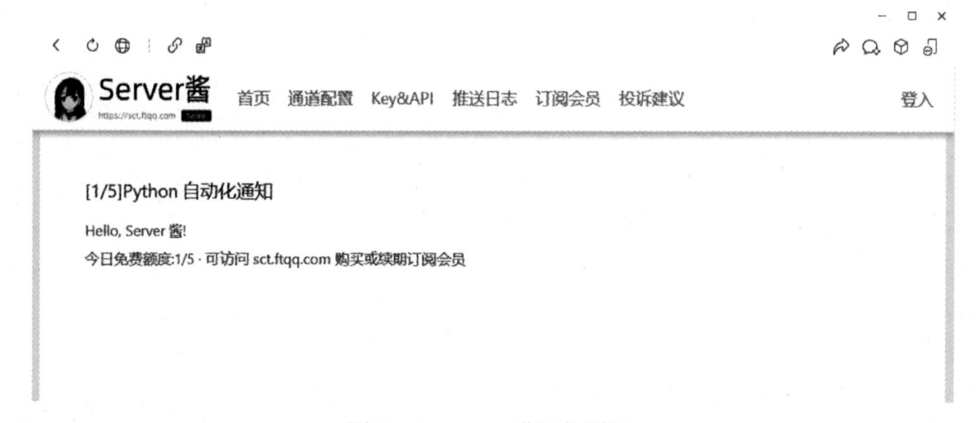

图 10-20　Server 酱通知详情

Server 酱可以用于各种应用场景，比如监控网站的性能、监控服务器的运行状态和监控数据库的运行情况等。在这些场景下，开发人员可以将程序中的异常情况通过 Python 发送通知到微信上，从而及时掌握应用程序的情况，并采取相应的措施。

总体来说，使用 PythonServer 酱发送微信通知可以帮助开发人员更好地管理和监控自己的应用程序，提高开发效率，快速解决问题。

至此，读者已经学会了如何使用 Python 来自动推送信息，包括通过邮箱、钉钉机器人和微信推送等方式。这些方法可以帮助读者更高效地管理个人的信息和任务，并且能够及时了解自己关心的信息。

第 11 章 GUI 可视化界面

Python GUI 是指 Python 编程语言的图形用户界面开发。它允许开发人员创建各种图形界面应用程序，从简单的小工具到复杂的桌面应用程序，例如文本编辑器、图像编辑器、音乐播放器和游戏等。它使得 Python 程序员能够创建易于使用和吸引人的用户界面，从而提高程序的交互性和可用性。

Python 的 GUI 库提供了丰富的控件，例如文本框、按钮、复选框、单选按钮、标签、列表、滑块条和菜单等，可以方便地创建和定制各种用户界面。Python GUI 还具有跨平台的优势，因为它可以在多个操作系统上运行，例如 Windows 和 Linux 等。这使得开发人员可以轻松地创建可移植的应用程序，而不用为每个操作系统单独编写代码。

Tkinter 是 Python 自带的 GUI 库，它提供了一个简单易用的界面来构建基本的图形用户界面（GUI）应用程序。与其他编程语言的 GUI 工具包相比，Tkinter 编码效率高。能够实现快速开发的目的，非常适合初学者学习。

本章将介绍 PythonTkinter 的基础知识，包括创建窗口、标签、按钮、文本框、列表框和菜单等组件。

11.1 Tkinter 快速上手

一个典型的 Tkinter 程序至少应包含以下部分。

1. 创建主窗口，也称 root 窗口（即根窗口）

使用 Tk( ) 函数创建一个根窗口，并给窗口指定标题和尺寸。

```
import tkinter as tk

root= tk.Tk()
root.title("My GUI")
root.geometry("300x200")
```

2. 添加人机交互控件，同时编写相应的事件函数

可以添加各种不同类型的控件（如按钮、标签、文本框等），并编写相应的事件函数来处理控件触发的事件。

例如，在下面的示例中添加了一个标签和一个按钮，当按钮被单击时，标签的文本将更改。

```
def change_label_text():
    label.config(text="Hello Tkinter!")

label= tk.Label(root, text="Welcome to my GUI")
label.pack()

button= tk.Button(root, text="Click Me", command=change_label_text)
button.pack()
```

3. 通过主循环（mainloop）来显示主窗口

在Tkinter中使用mainloop()方法来显示主窗口，并持续监听用户的交互事件。mainloop()是Tkinter中的一个无限循环，它会等待用户的交互事件，并相应地更新窗口的显示内容。

```
root.mainloop()
```

这样就构造了一个典型的Tkinter程序，运行代码后将显示一个窗口，其中包含一个标签和一个按钮，效果如图11-1所示。

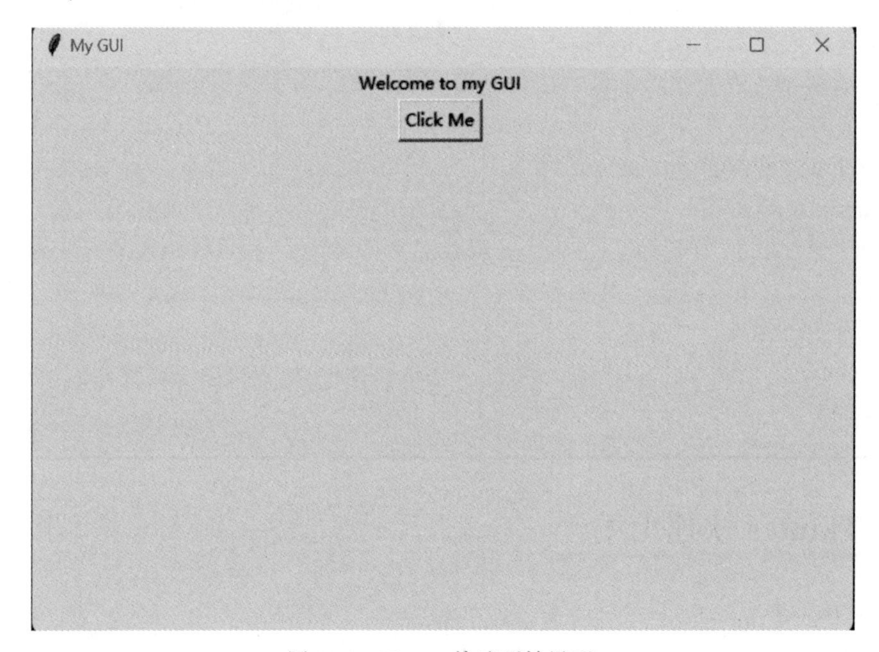

图11-1　Tkinter快速开始界面

在实际应用中可以根据具体的需求添加其他控件和功能，如菜单栏、文本编辑器和图像处理等。

同时，也可以使用Tkinter提供的样式和布局管理器来美化应用程序的外观和布局，以提高用户体验。

11.2 Tkinter 组件

以下是一些常用的 Tkinter 控件及其作用。

- Label：用于显示文本或图像。
- Button：用于添加按钮。
- Entry：用于添加单行文本框。
- Text：用于添加多行文本框。
- Checkbutton：用于添加复选框。
- Radiobutton：用于添加单选按钮。
- Listbox：用于添加列表框。
- Combobox：用于添加下拉列表框。
- Spinbox：用于添加数字框。
- Scale：用于添加滑块。
- Canvas：用于添加绘图区域。
- Menu：用于添加菜单。
- Frame：用于添加框架，可用于组合其他控件。
- Toplevel：用于添加新的顶级窗口。

这些控件可以与其他 Tkinter 组件一起使用，例如窗口、菜单、工具栏和对话框，从而创建一个完整的 GUI 界面。下面将逐步介绍这些控件的使用方法。

1. Label

Label 用于在窗口中显示文本或图像。可以使用 Label 控件创建标签，例如在窗口中显示标题或图像。

Label 控件有许多可用的选项，例如可以设置文本或图像、字体、颜色和位置等，具体代码如下。

```
from tkinter import *

root = Tk()
root.geometry("600x400")

# 创建一个 Label 控件
label = Label(root, text = "Hello, World!")
label.pack()

root.mainloop()
```

2. Button

Button 用于添加按钮，当用户单击按钮时，可以执行某些操作或触发事件。

可以使用 Button 控件创建按钮，例如启动某个操作或切换某个选项。Button 控件也有许多可用的选项，例如可以设置按钮上的文本、字体、颜色和事件处理函数等，具体代码如下。

```
from tkinter import *

root= Tk()
root.geometry("600x400")

# 创建一个 Button 控件
button= Button(root, text="Click me!", command=lambda: print("Button clicked!"))
button.pack()

root.mainloop()
```

3. Entry

Entry 用于添加单行文本框，用户可以在其中输入文本。

可以使用 Entry 控件创建单行文本框，例如接受用户输入的文本或密码。Entry 控件也有许多可用的选项，例如可以设置文本、字体、颜色和输入限制等，具体代码如下。

```
from tkinter import *

root= Tk()
root.geometry("600x400")

# 创建一个 Entry 控件
entry= Entry(root)
entry.pack()

root.mainloop()
```

4. Text

Text 用于添加多行文本框，用户可以在其中输入多行文本。可以使用 Text 控件创建多行文本框，例如接受用户输入的多行文本或显示大量文本，还可以设置文本、字体、颜色和滚动条等，具体代码如下。

```
from tkinter import *

root= Tk()
root.geometry("600x400")

# 创建一个 Text 控件
text= Text(root)
text.pack()

root.mainloop()
```

5. Checkbutton

Checkbutton 用于添加复选框，用户可以选择其中一个或多个选项。可以使用 Checkbutton 控件创建复选框，例如允许用户选择一个或多个选项。Checkbutton 控件也有许多可用的选项，例如可以设置文本、字体、颜色和默认状态等，具体代码如下。

```
from tkinter import *

root= Tk()
root.geometry("600x400")

# 创建一个 Checkbutton 控件
```

```
var1= IntVar()
var2= IntVar()
checkbutton1 = Checkbutton(root, text="Option 1", variable=var1)
checkbutton2 = Checkbutton(root, text="Option 2", variable=var2)
checkbutton1.pack()
checkbutton2.pack()

root.mainloop()
```

6. Radiobutton

Radiobutton 控件用于在一个组内添加单选按钮，用户只能选择其中一个选项。

在创建 Radiobutton 时，需要指定一个变量来存储所选选项的值，同时还需要指定每个选项的文本标签，具体代码如下。

```
from tkinter import *

root= Tk()
root.geometry("600x400")

# 创建变量,用于存储所选选项的值
var= StringVar()

# 添加单选按钮
R1= Radiobutton(root, text="Option 1", variable=var, value="Option 1")
R1.pack(anchor=W)
R2= Radiobutton(root, text="Option 2", variable=var, value="Option 2")
R2.pack(anchor=W)
R3= Radiobutton(root, text="Option 3", variable=var, value="Option 3")
R3.pack(anchor=W)

root.mainloop()
```

7. Listbox

Listbox 控件用于添加一个列表框，其中可以显示多个选项。用户可以选择其中一个或多个选项。在创建 Listbox 时，需要指定一个列表，该列表包含所有选项的值，具体代码如下。

```
from tkinter import *

root= Tk()
root.geometry("600x400")

# 创建列表框
Lb= Listbox(root)
Lb.insert(1, "Python")
Lb.insert(2, "Java")
Lb.insert(3, "C++")
Lb.insert(4, "PHP")
Lb.pack()

root.mainloop()
```

8. Combobox

Combobox 控件用于添加一个下拉列表框，用户可以从中选择一个选项。在创建 Combobox

时，需要指定一个列表，该列表包含所有选项的值，具体代码如下。

```
from tkinter import *
from tkinter.ttk import Combobox

root= Tk()
root.geometry("600x400")

# 创建下拉列表框
combo= Combobox(root)
combo['values'] = ("Python", "Java", "C++", "PHP")
combo.pack()

root.mainloop()
```

9. Spinbox

Spinbox 控件用于添加一个数字框（或称为“数值框”），用户可以通过单击箭头或手动输入来调整数字的值。在创建 Spinbox 时，需要指定数字的范围，例如这里是从 0 到 100，具体代码如下。

```
from tkinter import *

root= Tk()
root.geometry("600x400")

# 创建数字框
spinbox = Spinbox(root, from_=0, to=100)
spinbox.pack()

root.mainloop()
```

10. Scale

Scale 控件用于添加一个滑块，用户可以通过拖动滑块来调整值的大小。在创建 Scale 时需要指定滑块的范围，例如这里是从 0 到 100，具体代码如下。

```
from tkinter import *

root= Tk()
root.geometry("600x400")

# 创建滑块
scale= Scale(root, from_=0, to=100, orient=HORIZONTAL)
scale.pack()

root.mainloop()
```

11. Canvas

Canvas 是 Tkinter 中用于创建绘图区域的控件。可以在上面绘制各种图形和文本，如线条、矩形、椭圆和文字等，其常用的方法如下。

- create_line：绘制一条线段。
- create_rectangle：绘制一个矩形。
- create_oval：绘制一个椭圆。
- create_text：绘制一段文字。

- delete：删除指定的图形或文本。

下面是一个在 Canvas 上绘制一条线段的例子，具体代码如下。

```
import tkinter as tk

root= tk.Tk()
canvas= tk.Canvas(root, width=200, height=200)
canvas.pack()

# 在 Canvas 上绘制一条线段
line= canvas.create_line(0, 0, 200, 200)

root.mainloop()
```

12. Menu

Menu 是 Tkinter 中用于创建菜单的控件。可以创建主菜单和子菜单，并为菜单项绑定事件处理函数，其常用的方法如下。

- add_command：添加一个菜单项，并绑定事件处理函数。
- add_separator：添加菜单项之间的分隔符。
- add_cascade：添加子菜单。
- delete：删除指定的菜单项或子菜单。

下面是一个创建菜单并为菜单项绑定事件处理函数的例子，具体代码如下。

```
import tkinter as tk

def hello():
    print("Hello!")

root= tk.Tk()

# 创建一个菜单
menu= tk.Menu(root)
root.config(menu=menu)

# 添加一个菜单项,并绑定事件处理函数
file_menu= tk.Menu(menu)
menu.add_cascade(label="File", menu=file_menu)
file_menu.add_command(label="Hello", command=hello)

root.mainloop()
```

13. Frame

Frame 控件是 Tkinter 中用于创建框架的控件。它可以用来组织其他控件，并使它们在界面上形成一个整体。Frame 控件通常用于创建复杂的布局和分组，因为它允许将多个控件组合在一起，以便更好地控制它们的位置和布局。使用 Frame 控件，可以将多个控件放在一个框架中，然后将该框架放置在主窗口中，具体代码如下。

```
import tkinter as tk

root= tk.Tk()
frame= tk.Frame(root)
label= tk.Label(frame, text="Hello, world!")
```

```
button= tk.Button(frame, text="Click me!")
label.pack()
button.pack()
frame.pack()

root.mainloop()
```

14. Toplevel

Toplevel 控件是 Tkinter 中用于创建新的顶级窗口的控件。它类似于主窗口，但是可以独立于主窗口存在，而不是成为主窗口的子控件。使用 Toplevel 控件，可以创建新的窗口，以便在应用程序中显示更多的信息或执行其他任务，具体代码如下。

```
import tkinter as tk

root= tk.Tk()
top= tk.Toplevel(root)
top.title("New Window")
label= tk.Label(top, text="This is a new window!")
label.pack()

top.mainloop()
```

注意，Toplevel 控件必须在主循环中运行才能显示在屏幕上。所以，在创建 Toplevel 控件后，需要调用其 mainloop( ) 方法。

以上就是关于 PythonTkinter 库的基础知识，包括创建窗口、标签、按钮、文本框、列表框、菜单和滚动条等组件。它们可以通过简单的 API 调用实现。在开发应用程序时，可以根据具体需求灵活地组合和使用这些组件，实现不同的界面效果和交互功能。如果读者想了解更多关于 Tkinter 的内容，请查看官方文档：https://docs.python.org/3/library/tk.html。

11.3 【实例】基于 Tkinter 开发文件阅读器

下面的例子是一个基于 Tkinter 的 GUI 应用程序，用于浏览计算机上的文件和文件夹。

具体来说，用户单击并选择文件夹后，程序会清空列表框并将文件夹中的所有文件和子文件夹的名称插入到列表框中。

用户可以在列表框中双击任何文件或子文件夹，以打开该文件或进入该子文件夹并显示其中的文件和子文件夹。如果用户双击的是文件而不是文件夹，则该文件将在默认程序中打开。整个应用程序的外观可以通过 ttk.Style 进行定制，包括按钮和列表框的样式和主题，具体操作步骤如下。

1. 创建主窗口 root 及其大小和标题

```
import os
import tkinter as tk
from tkinter import filedialog
from tkinter import ttk

root= tk.Tk()
root.geometry("1200x600")
root.title("File Browser")
```

2. 创建一个 ttk.Style( ) 对象 style

使用 theme_use（" alt" ）应用 alt 主题，设置 TButton 的样式，并为其设置一个 map 对象，当按钮被按下或处于活跃状态时，使用不同的背景色和前景色。

```
# 使用 ttk.Button 代替 Button,并应用"alt"主题
style= ttk.Style()
style.theme_use("alt")
style.configure("TButton", padding=6, relief="flat", background="#3D9970", foreground="
#FFFFFF", font=("Helvetica", 12))
style.map("TButton", foreground=[("pressed", "#FFFFFF"), ("active", "#FFFFFF")],
    background=[("pressed", "#2ECC71"), ("active", "#2ECC71")])
```

3. 定义 browse_folder( ) 方法

```
def browse_folder():
    global folder_path
    folder_path= filedialog.askdirectory()
    if folder_path:
        listbox.delete(0, tk.END)                    # 清空列表框
        for item in os.listdir(folder_path):
            listbox.insert(tk.END, item)             # 在列表框中插入文件和子目录
```

该方法用于浏览文件夹并在列表框中显示文件和子目录。

函数的第一行使用 global 关键字声明全局变量 folder_path，用于保存用户选择的文件夹路径。然后，函数调用 filedialog.askdirectory( ) 方法弹出文件夹选择对话框，让用户选择要浏览的目录，并将选择的目录路径保存到全局变量 folder_path 中。接着，函数判断 folder_path 是否为真，如果为真则执行下面的代码。首先，函数调用 listbox.delete（0，tk.END）方法清空列表框，以便在其中显示新的文件和子目录。然后，函数使用 os.listdir（folder_path）方法获取目录下的文件和子目录，并将它们插入到列表框中。函数使用了 tk.END 常量来表示列表框的末尾位置，这样就可以将新的文件和子目录添加到列表框的末尾。需要注意的是，列表框中的每个文件和子目录都是一个字符串，因此需要将它们转换为字符串后再插入到列表框中。

总体来说，这段代码实现了一个简单的浏览文件夹的功能，并将文件和子目录显示在列表框中。当用户单击“浏览”按钮时，调用该函数即可。

4. 定义 open_item( ) 方法

```
def open_item(event):
    widget= event.widget
    selection= widget.curselection()
    if selection:
        path= os.path.join(folder_path, widget.get(selection[0]))
        if os.path.isdir(path):
            listbox.delete(0, tk.END)                # 清空列表框
            for item in os.listdir(path):
                listbox.insert(tk.END, item)         # 在列表框中插入文件和子目录
        else:
            os.startfile(path)
```

该方法用于打开文件或进入子目录。函数的参数是一个事件对象。方法的第一行获取事件对象的 widget 属性，即列表框对象，然后使用 curselection( ) 方法获取用户选择的项的索

引。如果存在选择项，则执行下面的代码。函数使用 os.path.join( ) 方法将 folder_path 和选择项的文本拼接成完整路径，然后使用 os.path.isdir( ) 方法判断该路径是否为目录。如果是目录，则清空列表框并显示该目录下的文件和子目录。如果不是目录，则使用 os.startfile( ) 方法打开该文件。需要注意的是，函数中使用了全局变量 folder_path 和 listbox，因此需要在函数内使用 global 关键字声明。

总体来说，这段代码实现了一个实用的打开文件或进入子目录的功能。

5. 创建 ttk.Button 对象 button

设置该对象的文本（text）属性为 SelectFolder，当被单击时调用 browse_folder( ) 函数。

```
# 修改 button 为 ttk.Button
button= ttk.Button(root, text="Select Folder", command=browse_folder)
button.pack(pady=10)

# 使用 ttk.Frame 包装 Listbox,并应用自定义样式
frame= ttk.Frame(root)
frame.pack(fill=tk.BOTH, expand=True, padx=10, pady=5)

style.configure ("CustomListbox", background = "#F5F5F5", foreground = "#333333", font =
("Helvetica", 12))
style.map("CustomListbox", background=[("selected", "#3D9970")])
```

这段代码修改了按钮和列表框的样式。具体来说，使用了 ttk.Button 代替 Button，并应用了 alt 主题。此外，它还使用了 ttk.Frame 包装 Listbox，并为 Listbox 应用了自定义样式。通过调用 style.configure( ) 方法，配置了自定义的样式 CustomListbox，包括背景和字体。最后，使用 style.map( ) 方法将自定义样式与选择事件相关联，使被选择的项的背景色变为 #3D9970。

6. 创建 ttk.Frame 对象和绑定 listbox

```
listbox= tk.Listbox(frame, width=40, height=15, relief="flat", highlightthickness=0)
scrollbar= ttk.Scrollbar(frame, orient="vertical", command=listbox.yview)
listbox.config(yscrollcommand=scrollbar.set)
listbox.pack(side="left", fill="both", expand=True, padx=5, pady=5)
scrollbar.pack(side="right", fill="y", pady=5)

# 修改绑定的事件
listbox.bind("<Double-Button-1>", open_item)

root.mainloop()
```

这段代码创建了一个窗口和一个按钮。单击按钮后，弹出文件对话框，让用户选择一个文件夹。选择文件夹后，程序在窗口中显示该文件夹中的文件和子目录。用户可以通过双击列表框中的文件或子目录来进入其中，并在窗口中显示其内容。如果选中的是文件而非目录，则会使用默认程序打开该文件。

具体来说，以上完整代码的处理过程如下。使用了 tkinter 模块创建了一个 GUI 窗口，并使用 ttk.Button 替换了 tkinter.Button。样式主题为 alt，按下和激活时的前景和背景颜色不同。使用 filedialog 函数打开文件对话框，让用户选择文件夹。选择文件夹后，程序使用 os 模块遍历该文件夹中的所有文件和子目录，并将它们插入到列表框中。用户双击列表框中的文件或子目录时，程序会检查其类型，如果是目录，则将其内容插入到列表框中；否则，使

用 os.startfile 函数打开该文件。列表框和滚动条都被放置在 ttk.Frame 中，并使用自定义样式。最后，将双击事件绑定到列表框。

合并以上代码并运行，成功后可以看到 GUI 界面效果如图 11-2 所示。

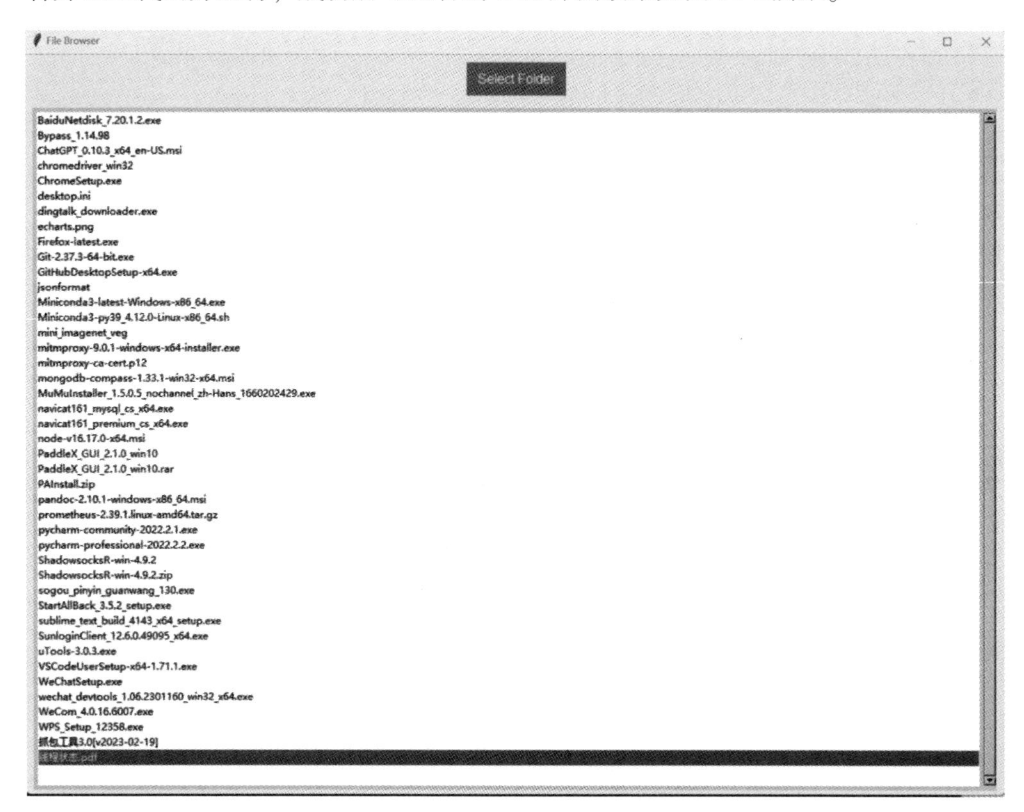

图 11-2　Tkinter 制作文件浏览器

该示例使用 Tkinter 库实现了一个文件浏览器。程序的主要功能是浏览指定目录下的文件和子目录，并支持双击打开文件和进入子目录。

程序的界面非常简洁，包括一个选择文件夹的按钮和一个列表框。当用户单击“Select Folder（选择文件夹）”按钮时，程序弹出一个文件夹选择对话框，让用户选择要浏览的目录。选择目录后，程序会在列表框中显示该目录下的文件和子目录。代码中使用了 ttk 模块来创建按钮和列表框，并应用了自定义的样式。程序还使用了 os 模块来访问文件系统，以便获取目录下的文件和子目录。需要注意的是，代码中使用了全局变量 folder_path 来保存用户选择的目录路径，因此需要在函数内使用 global 关键字声明。

总体来说，这段代码实现了一个实用的文件浏览器，适合初学者学习 Python GUI 编程或者快速开发小型应用程序。

11.4 【实例】基于 Tkinter+MongoDB 开发数据查询器

本节使用 Tkinter 模块来构建一个用户友好的 GUI 界面，并通过 Mongodb 数据库进行数据查询。

1. 连接 MongoDB 数据库

通过 MongoClient 连接 MongoDB 数据库，在该代码中连接的是 fastapi_vue_admin 数据库下的 xhs_chengdu 集合，并将集合赋值给变量 collection，具体代码如下。

```
from pymongo import MongoClient

client= MongoClient("127.0.0.1", 27017, username="admin", password="")
db= client['xhs']
collection= db['xhs_chengdu']
```

2. 获取数据并进行处理

使用 collection.find 查询 MongoDB 中的数据，将_id、content 和 image_list 三个字段排除，然后使用 list( )将查询到的数据转换为列表，并将其赋值给变量 data_list，具体代码如下。

```
data_list= collection.find({}, {"_id": 0, "content": 0, "image_list": 0})
data_list= list(data_list)
```

3. 获取并插入数据

定义一个函数 insert( )，在该函数中使用 table.get_children( )获取表格中的所有行，然后使用 table.delete( )删除这些行。接着使用 input_button.get( )获取用户输入的关键字，并对关键字进行处理。如果关键字非空，则构造查询条件 query，使用 collection.find( )查询 MongoDB 中符合条件的数据，并将查询到的数据插入到表格中，具体代码如下。

```
def insert():
    for row in table.get_children():
        table.delete(row)

    value= input_button.get().strip()
    query= {}
    if value:
        query.update({"title": {"$regex": value}})
    data_list= collection.find(query, {"_id": 0, "content": 0, "image_list": 0})
    for data in data_list:
        table.insert(", END, values=list(data.values()))
```

4. 创建窗口及相关控件

创建窗口及相关控件的具体代码如下。

```
import tkinter
from tkinter import *
from tkinter import ttk

win= tkinter.Tk()
win.title('小红书查询器')
width= 1300
height= 700
win.geometry('{}x{}'.format(width, height))

l= Label(win, text='请输入关键字查询', font=('Yahei', 11), width=40, height=2)
l.pack()

input_button= Entry(win, font=('Yahei', 12), width=32)
```

```
input_button.pack()

B= Button(win, text="查询", font=('Yahei', 10), width=10, height=1, command=insert)
B.pack()

tabel_frame = tkinter.Frame(win)
tabel_frame.pack()

xscroll = Scrollbar(tabel_frame, orient=HORIZONTAL)
yscroll = Scrollbar(tabel_frame, orient=VERTICAL)

columns= list(collection.find_one().keys())
columns.remove("_id")
columns.remove("content")
columns.remove("image_list")

table= ttk.Treeview(
    master=tabel_frame,
    height=20,
    columns=columns,
    show='headings',
    xscrollcommand=xscroll.set,
    yscrollcommand=yscroll.set,
)
for column in columns:
    table.heading(column=column, text=column, anchor=CENTER)              # 定义表头
    table.column(column=column, width=120, minwidth=100, anchor=CENTER)   # 定义列

xscroll.config(command=table.xview)
xscroll.pack(side=BOTTOM, fill=X)
yscroll.config(command=table.yview)
yscroll.pack(side=RIGHT, fill=Y)
table.pack(fill=BOTH, expand=True)
```

这段代码创建了一个基于 Tkinter 的 GUI 窗口，包括一个输入框、一个查询按钮和一个表格，并使用了 pyMongo 库进行数据库查询与展示，具体说明如下。

- 创建了一个窗口并设置了标题、大小和位置等相关属性。
- 创建了一个标签和一个文本框，用于用户输入关键字查询。
- 创建了一个按钮，并绑定了一个函数 insert( )用于查询输入的关键字。
- 创建了一个框架，用于放置表格和滚动条。
- 创建了一个表格，用于展示查询结果，并设置表头、列宽和滚动条等相关属性。

其中，表格使用了 ttk.Treeview，并通过 collection.find_one( )获取了数据库中一条数据的键名，然后从中去除了不需要显示的键，最终作为表格的列名。

5. 进入主事件循环

最后，进入主事件循环，等待用户与应用程序进行交互，具体代码如下。

```
win.mainloop()
```

合并以上代码并运行，可以看到 GUI 界面的效果如图 11-3 所示。

综上所述，该示例使用 Tkinter 和 pyMongo 模块创建了一个窗口应用程序，从而用于在

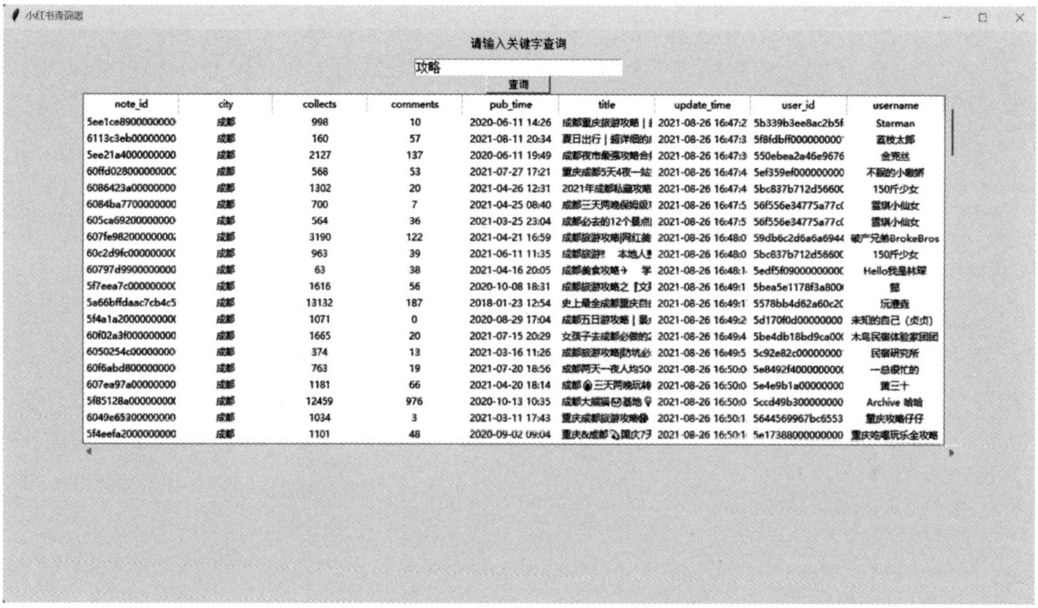

小红书查询器

请输入关键字查询

攻略

查询

note_id	city	collects	comments	pub_time	title	update_time	user_id	username
5ee1ce8900000000	成都	998	10	2020-06-11 14:26	成都重庆旅游攻略丨	2021-08-26 16:47:2	5b339b3ee8ac2b5f	Starman
6113c3eb00000000	成都	160	57	2021-08-11 20:34	夏日出行丨超详细的	2021-08-26 16:47:3	5f8fdbff00000000	荔枝太郎
5ee21a4000000000	成都	2127	137	2020-06-11 19:49	成都夜市最强攻略合	2021-08-26 16:47:3	550ebea2a46e9676	金亮丝
60ffd02800000000	成都	568	53	2021-07-27 17:21	重庆成都5天4夜一站	2021-08-26 16:47:4	5ef359ef00000000	不眠的小嗷娇
6086423a00000000	成都	1302	20	2021-04-26 12:31	2021年成都私藏攻略	2021-08-26 16:47:4	5bc837b712d5660	150斤少女
6084ba7700000000	成都	700	7	2021-04-25 08:40	成都三天两晚保姆级	2021-08-26 16:47:5	56f556e34775a77c	雪琪小仙女
605ca69200000000	成都	564	36	2021-03-25 23:04	成都必去的12个景点	2021-08-26 16:47:5	56f556e34775a77c	雪琪小仙女
607fe98200000000	成都	3190	122	2021-04-21 16:59	成都旅游攻略|网红美	2021-08-26 16:48:0	59db6c2d6a6a6944	破产兄弟BrokeBros
60c2d9fc00000000	成都	963	39	2021-06-11 11:35	成都旅游!! 本地人	2021-08-26 16:48:0	5bc837b712d5660	150斤少女
60797d9900000000	成都	63	38	2021-04-16 20:05	成都美食攻略→ 学	2021-08-26 16:48:1	5edf5f0900000000	Hello我是林琛
5f7eea7c00000000	成都	1616	56	2020-10-08 18:31	成都旅游攻略之【文	2021-08-26 16:49:1	5bea5e1178f3a800	鄧
5a66bffdaac7cb4c5	成都	13132	187	2018-01-23 12:54	史上最全成都重庆自	2021-08-26 16:49:1	5578bb4d62a60c2	玩遭鑫
5f4a1a2000000000	成都	1071	0	2020-08-29 17:04	成都五日游攻略丨	2021-08-26 16:49:2	5d170f0d00000000	未知的自己（贞贞）
60f02a3f00000000	成都	1665	20	2021-07-15 20:29	女孩子去成都必做的	2021-08-26 16:49:4	5be4db18bd9ca00	木鸟民宿体验家团团
6050254c00000000	成都	374	13	2021-03-16 11:26	成都旅游攻略|防坑必	2021-08-26 16:49:5	5c92e82c00000000	民宿研究所
60f6abd800000000	成都	763	19	2021-07-20 18:56	成都两天一夜人均50	2021-08-26 16:50:0	5e8492f400000000	一总很忙的
607ea97a00000000	成都	1181	66	2021-04-20 18:14	成都三天两晚玩转	2021-08-26 16:50:0	5e4e9b1a00000000	黄三十
5f85128a00000000	成都	12459	976	2020-10-13 10:35	成都大熊猫基地	2021-08-26 16:50:0	5ccd49b300000000	Archive 哈哈
6049e65300000000	成都	1034	3	2021-03-11 17:43	重庆成都旅游攻略	2021-08-26 16:50:1	5644569967bc6553	重庆攻略仔仔
5f4eefa200000000	成都	1101	48	2020-09-02 09:04	重庆&成都 国庆7	2021-08-26 16:50:1	5e17388000000000	重庆吃喝玩乐全攻略

图 11-3　Tkinter 制作小红书数据查询器

MongoDB 集合中搜索文档并显示查询结果。窗口中包含一个标签、一个文本框和一个按钮，用于输入查询关键字和执行查询。在窗口下半部分，代码使用 Treeview 控件来显示查询结果，其中包含从 MongoDB 集合中检索到的文档的字段。水平和垂直滚动条允许用户滚动到表格的不同部分。

11.5　CustomTkinter

如果想要拥有更加精美的 UI 界面，可以考虑使用 CustomTkinter 库。它是一个基于 Python Tkinter 模块的扩展库，允许用户创建更加个性化和精美的用户界面。其中提供了一系列的自定义控件和主题，用户可以通过这些控件和主题来创建自己的独特风格的应用程序。CustomTkinter 中包含了许多自定义控件，例如：圆形按钮、标签、进度条、滚动条和开关等。这些控件具有更加个性化的外观和更丰富的功能，使得用户的应用程序看起来更加精美和专业。在 CustomTkinter 中还提供了一系列主题，用户可以选择其中一个作为个人应用程序的默认主题。这些主题包括了许多的颜色和样式，可以满足不同用户的需求和喜好。

总体来说，CustomTkinter 提供了许多强大的功能和工具，可以帮助用户创建更加个性化和精美的用户界面。无论是为了提高用户体验，还是为了让用户的应用程序看起来更加专业和吸引人，CustomTkinter 都是一个非常有用的工具，值得读者去尝试使用，这里不再赘述。CustomTkinter 的主页地址为：https://customtkinter.tomschimansky.com

11.6　打包 GUI 应用程序

将 Tkinter 应用打包成可执行的.exe 文件可以方便地将应用程序部署到其他计算机上，

而不必依赖 Python 环境。PyInstaller 是一个将 Python 应用程序打包成独立的可执行文件的工具，以下是使用 PyInstaller 工具将 Tkinter 应用程序打包成.exe 文件的具体操作步骤。

1. 安装 PyInstaller

可以使用 pip 命令安装 PyInstaller 工具，具体代码如下。

```
pip install pyinstaller
```

2. 创建打包脚本

用户可以创建一个 Tkinter 应用程序，然后将其保存为.py 文件，例如 build.py。这个文件应该包含所有的 Tkinter 代码，以及应用程序的主循环。这里使用上一节中小红书数据查询器的示例代码，将其保存为 build.py 文件。

3. 打包应用程序

在命令行中切换到应用程序的根目录，运行以下命令。

```
pyinstaller --onefile build.py
```

这段代码是用 PyInstaller 工具将 Python 脚本文件 build.py 打包成一个独立的可执行文件的命令。具体来说，onefile 选项表示将整个应用程序打包成单个可执行文件，而不是多个文件。这意味着用户只需要运行一个文件，即可启动整个应用程序，而不用担心依赖库或其他文件的问题。

除了--onefile 参数之外，PyInstaller 工具还提供了许多其他的选项和参数，可以用于定制打包过程和生成的可执行文件。下面是一些常用的选项和参数。

- -F，--onefile：将整个应用程序打包成单个可执行文件。
- -D，--onedir：将应用程序打包成一个目录（默认选项），其中包含所有的依赖库和资源文件。
- -n，--name：指定生成的可执行文件的名称，而不是使用输入脚本文件的名称。
- -w，--windowed：生成无控制台窗口的可执行文件，即 GUI 应用程序。
- -c，--console：生成有控制台窗口的可执行文件，即命令行应用程序。
- --icon：指定可执行文件的图标文件。
- --add-data：添加其他的资源文件或数据文件到可执行文件中，例如图片、配置文件等。
- --hidden-import：指定需要导入的隐式依赖库，以便 PyInstaller 可以正确地打包这些库。
- --clean：清除 PyInstaller 的缓存和临时文件。

运行上面的指令将会生成一个 dist 文件夹，其中包含打包后的.exe 文件，如图 11-4 所示。

4. 测试打包后的应用程序

在命令行中切换到 dist 文件夹，运行.exe 文件，测试打包后的应用程序是否能够正常运行，效果如图 11-5 所示。

注意：在打包过程中，可能需要手动将一些依赖项包含在打包文件中，例如图片、字体文件等。

至此，本章内容已经全部介绍完毕。在本章节中展示了 PythonGUI 编程的核心知识，涉

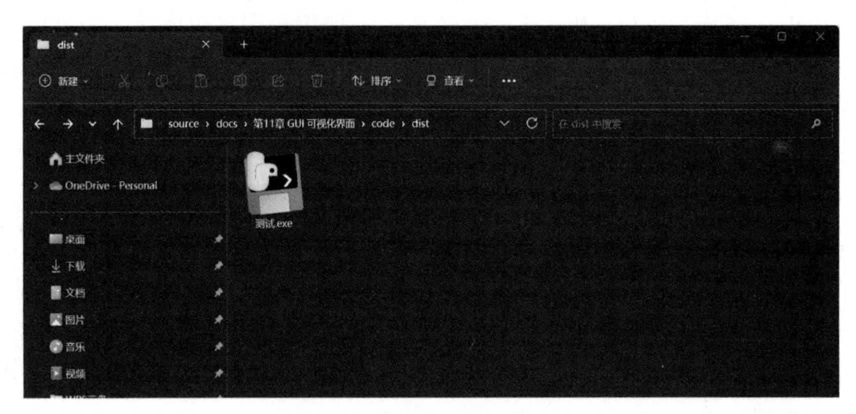

图 11-4　打包后的应用程序

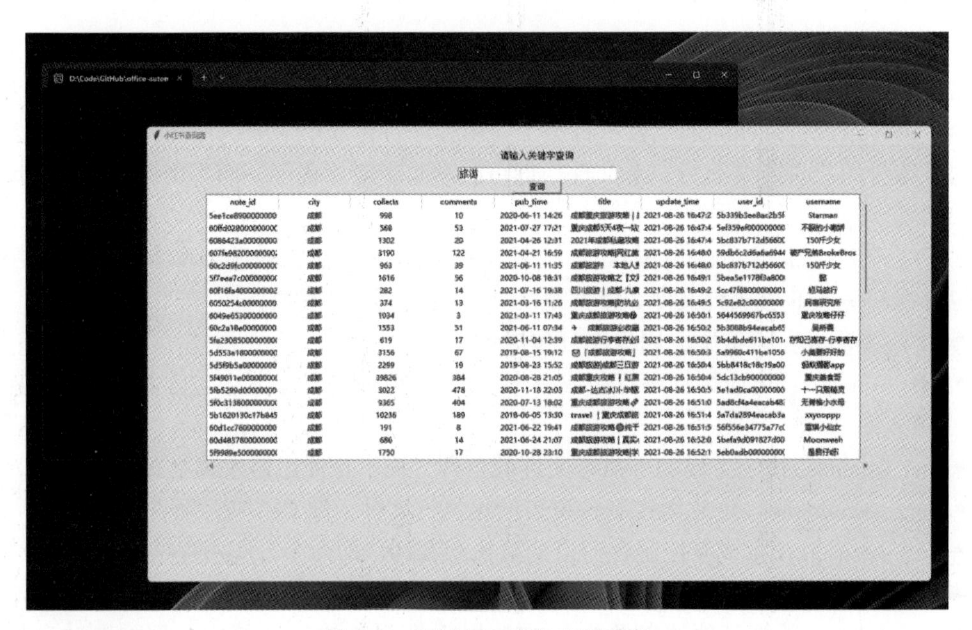

图 11-5　测试打包后的应用程序

及如何使用 Tkinter 创建窗口、标签、按钮、文本框、滚动条和菜单栏等界面元素，并演示了如何将它们组合在一起创建一个完整的应用程序。此外，还讨论了如何使用布局管理器来控制这些元素的位置和大小，并展示了如何为它们添加事件处理程序和绑定回调函数。

Tkinter 是一个强大的 Python 图形用户界面（GUI）开发工具包，可以用于创建各种不同类型的应用程序和窗口，包括简单的命令行工具和复杂的多媒体应用程序。值得注意的是，尽管 Tkinter 是 Python 自带的标准库并且易于学习，但它在某些方面可能不如其他 GUI 工具包强大。比如 PyQt 具有更丰富的功能和更高的自定义程度，支持更强大的布局管理器、丰富的小部件和动画效果、多线程和网络编程等高级特性。然而，PyQt 的学习曲线可能比 Tkinter 更复杂，并且需要读者安装额外的软件包以及掌握更多的概念和 API。因此，在选择 GUI 工具包时，读者应该根据自己的需求和技能水平做出更具效率的决策。

第12章 图像和音视频处理

在Python中有很多流行的图像处理、音视频处理库，这些库提供了各种各样的功能，从简单的图像处理操作到复杂的视频编辑和分析，都可以通过这些库来实现。

在图像处理方面，Python提供了许多强大的库，如Pillow、OpenCV和Scikit-image等，它们具有丰富的图像处理工具和算法，可以进行图像读取、转换、裁剪、旋转、缩放和识别等操作。这些库都有自己的特点和适用场景，用户可以根据需求选择使用。

在音视频处理方面，Python提供的MoviePy、PyDub和FFmpeg库可以进行音视频文件的读取、处理、转换、合并、剪辑和添加效果等操作。用户可以利用这些库制作各种音视频产品，如动画、短片、广告和教育视频等。

总之，Python是一门非常适合进行图像处理、音视频处理的编程语言，通过各种优秀的库，用户可以快速、高效地实现各种处理操作，以达到预设的目标。

12.1 图像处理

Python作为图像处理的一个强大工具，在图像处理方面有很多强大的库和工具，可以用于读取、处理、分析和显示图像。除此之外，Python还可以用于图像处理的其他应用，如图像分割、图像拼接、图像增强、图像转换和图像压缩等。

12.1.1 安装Pillow库

Pillow是Python的一个开源图像处理库，它扩展了Python标准库中的PIL（PythonImagingLibrary），PIL软件包提供了基本的图像处理功能，如改变图像大小、旋转图像、图像格式转换、色场空间转换、图像增强直方图处理插值和滤波等。Pillow是PIL的替代版本，提供了更多的功能和更好的性能，支持多种图像格式，包括JPEG、PNG、GIF、BMP和TIFF等，并提供了图像处理、图像增强和图像滤波等功能。

安装Pillow库，可以使用pip命令，在命令行中输入以下命令。

```
pip install Pillow
```

安装完成后，就可以在 Python 中使用 Pillow 库了。

12.1.2　打开并显示图片

使用 Pillow 库中的 open( )方法打开一个目标图像文件，并使用 show( )方法显示图像，具体代码如下。

```
from PIL import Image

im= Image.open('example.jpg')
im.show()
```

这段代码会打开名为 example.jpg 的图像文件并显示出来。

12.1.3　图片格式转换

使用 Image.open( )方法打开一个目标图像文件，接着使用 im.save（'example.png'）命令将 Image 对象保存为 example.png 格式的文件，具体代码如下。

```
from PIL import Image

im= Image.open('example.jpg')
im.save('example.png')
```

这样，原始的 JPEG 格式的图像被转换成了 PNG 格式的图像，并保存到了同一目录下的一个新文件中。

12.1.4　图片尺寸调整

打开一个名为 example.jpg 的图像文件，并将其大小调整为 800×600 像素，然后使用 im_gray.save（'example_gray.jpg'）命令将新的 Image 对象保存为 example_gray.jpg 格式的文件，具体代码如下。

```
from PIL import Image

im= Image.open('example.jpg')
new_size= (800, 600)
im_resized= im.resize(new_size)
im_resized.save('example_resized.jpg')
```

这样，原始的彩色 JPEG 格式的图像被转换成了灰度图像，并保存到了同一目录下的一个新文件中。

12.1.5　颜色转换

打开一个名为 example.jpg 的图像文件，接着，使用 ImageOps.grayscale（im）命令将 Image对象转换为灰度图像，然后创建一个新的 Image 对象 im_gray 来存储灰度图像，具体代码如下。

```
from PIL import ImageOps, Image
```

```
im= Image.open('example.jpg')
im_gray= ImageOps.grayscale(im)
im_gray.save('example_gray.jpg')
```

12.1.6 图像压缩

使用 quality 参数可以设置图像的压缩比，用于压缩图片，具体代码如下。

```
from PIL import Image

image= Image.open('example.jpg')
image.save('compressed.jpg', optimize=True, quality=80)
```

这段代码通过 Image.open（'example.jpg'）打开图像文件之后，使用 image.save（'compressed.jpg '，optimize = True，quality = 80）命令将 Image 对象保存为 JPEG 格式的 compressed} 文件，同时压缩该文件以减少文件大小，具体说明如下。

- optimize=True 选项启用了 JPEG 格式的优化，这可以使生成的文件大小更小。
- quality=80 指定了图像压缩的质量，值范围为 0~100，80 表示压缩后的图像质量为 80%，用户可以根据需要调整质量参数。

12.1.7 压缩文件为目标大小

首先定义一个方法，用于将图像压缩到目标大小，其中参数包括图像对象和目标大小，具体代码如下。

```
from io import BytesIO

def compress_to_size(img, target_size):
    # 将图像保存到内存中
    buffer = BytesIO()
    img.save(buffer, format='JPEG')

    # 获取图像的当前大小
    img_size= buffer.tell()

    # 计算压缩比例
    if img_size > target_size:
        compression_ratio= target_size / img_size
    else:
        compression_ratio= 1

    # 压缩图像
    img.save('example_compressed.jpg', optimize=True, quality=int(compression_ratio * 100))
```

调用 compress_to_size( ) 函数，将图像压缩到目标大小，具体代码如下。

```
#打开图像文件
img= Image.open('example.jpg')

#指定目标大小为 100KB
target_size= 100 * 1024
```

```
#压缩图像到目标大小
compressed_img= compress_to_size(img, target_size)
```

这段代码的具体处理过程如下。

- 首先，将图像保存到内存中，并计算出当前图像的大小。
- 其次，根据目标大小和当前大小计算出压缩比例。
- 最后，使用 save( )方法将图像保存到指定路径，
- 使用 optimize 参数和 quality 参数来进行压缩。

如果要处理大型图像文件，还需要注意 PIL 的一个限制，即 Image.MAX_IMAGE_PIXELS 的默认值为 None，这意味着 PIL 只能处理像素数小于 2^{32}的图像，如果图像文件过大 PIL 会报超出最大限制大小的错误。

为了解决这个问题，可以将 Image.MAX_IMAGE_PIXELS 的值设置为一个较大的数，具体代码如下。

```
from PIL import Image

Image.MAX_IMAGE_PIXELS= 100000000  #设置为1亿像素
```

如果将 Image.MAX_IMAGE_PIXELS 设置得太大，也可能会导致程序的内存占用过高，影响程序的运行效率。因此，在处理大型图像文件时，需要根据实际情况谨慎设置 Image.MAX_IMAGE_PIXELS 的值，以确保程序的稳定性和效率。

12.1.8 图像合并

在将图像合并之前，需要确保两张图像的尺寸相同。如果两张图像的尺寸不同，需要使用 resize( )方法将它们调整到相同的尺寸。

Pillow 库提供了 Image.blend( )方法来将两张图像合并，该方法接受两张图像合并的 alpha 值和合并模式作为参数。

合并模式可以是 add、substract 和 multiply 等，具体代码如下。

```
from PIL import Image

img1= Image.open('example1.jpg')
img2= Image.open('example2.jpg')

#将图像2调整到和图像1相同的大小
img2= img2.resize(img1.size)
alpha= 0.5
merged_img= Image.blend(img1, img2, alpha)
merged_img.save('merged.jpg')  #保存合并后的图像
```

这段代码的具体处理过程如下。

- 首先将要合并的两张图像加载到内存中。
- 然后使用 resize( )方法将图像 2 调整到和图像 1 相同的大小。

这里的 alpha 通常用于控制两张图像合并的透明度。alpha 值介于 0 和 1 之间，0 表示完全透明，1 表示完全不透明。当 alpha 值为 0.5 时，两张图像的透明度各占一半，即 50%的透明度，这意味着两张图像的混合将会以相同的透明度呈现。

12.1.9　图形拼接

图形拼接是一项非常实用的技术，可以将多个小的图片组合起来，形成一个更大、更完整的图像，为用户提供更好的视觉体验和更多的信息。

1. 横向拼接图像

使用 Image.new( ) 函数创建一个新的空白图像，然后使用 Image.paste( ) 函数将两个图像粘贴到新图像中，具体代码如下。

```
from PIL import Image

#加载图像
image1= Image.open("image1.jpg")
image2= Image.open("image2.jpg")

#调整大小
image1= image1.resize((400, 400))
image2= image2.resize((400, 400))

#拼接图像
new_image= Image.new("RGB", (800, 400))
new_image.paste(image1, (0, 0))
new_image.paste(image2, (400, 0))

new_image.save("output.jpg")
```

这段代码的具体处理过程如下。

- 从文件中加载两张图片，分别命名为 image1 和 image2。
- 使用 resize( ) 函数将这两张图片的大小调整为 400×400 像素。
- 创建一个新的 RGB 图像，大小为 800×400 像素，命名为 new_image。
- 使用 paste( ) 函数将 image1 粘贴在 new_image 的左侧，坐标为（0，0）。
- 使用 paste( ) 函数将 image2 粘贴在 new_image 的右侧，坐标为（400，0）。
- 使用 save( ) 函数将 new_image 保存为 output.jpg 文件。

这样就实现了将两张图片水平拼接在一起。用户可以根据需要修改上述代码来拼接多个图像，之后在不同的位置组合它们，并保存为新的图片文件。

2. 竖向拼接图像

以下代码示例的功能是将两张图片拼接在一起，形成一张新的竖直排列的图片。

1）导入 Pillow 库和 NumPy 库（用于处理图像数据）。

```
from PIL import Image
import numpy as np
```

2）打开要拼接的图像文件，并将其转换为 NumPy 数组。

```
image1= Image.open('image1.jpg')
image2= Image.open('image2.jpg')

img1_array= np.array(image1)
img2_array= np.array(image2)
```

3）确保两张图像的宽度相同。如果宽度不同，则将它们调整为相同的宽度。

```
if img1_array.shape[1] != img2_array.shape[1]:
    width= min(img1_array.shape[1], img2_array.shape[1])
    img1_array= img1_array[:, :width, :]
    img2_array= img2_array[:, :width, :]
```

首先，代码检查 img1_array 和 img2_array 的第二维（即宽度）是否相等。如果不相等，则使用 min( ) 函数找到它们中较小的宽度。然后使用 NumPy 的切片操作将宽度较大的图片（img1_array 或 img2_array）裁剪为与宽度较小的图片相同的宽度。这里使用了“:”表示选取所有的高度和通道，“: width”表示选取从 0~width-1 列的像素值。这段代码的目的是确保两张图片在水平方向上有相同的大小，以便进行拼接等操作。

4）将两张图像沿着竖直方向连接起来，形成一张新的图像。

```
vertical_stack= np.vstack((img1_array, img2_array))
```

使用 NumPy 库中的 vstack( ) 函数将两个 NumPy 数组 img1_array 和 img2_array 沿垂直方向叠加起来，形成一个新的二维数组 vertical_stack。

5）将 NumPy 数组转换为 PIL Image 对象，并保存为新的图像文件。

```
result_image= Image.fromarray(vertical_stack)
# NumPy 数组转换回 PIL Image 对象
result_image.save('result.jpg')
```

这段代码实现了将两张图片进行竖直方向拼接的功能。它使用了 Python 的 Pillow 库和 NumPy 库来进行图像处理和数组操作。但是这段代码仅仅实现了将两张图片拼接在一起的功能，对于其他的图像处理操作（如图像的裁剪、缩放和旋转等），还需要进行相应的处理才能得到最终的结果。

12.1.10 图像滤波操作

以下代码演示了如何使用 Pillow 库中的 ImageFilter 模块来进行图像的滤波操作，如模糊、锐化等，具体代码如下。

```
from PIL import Image, ImageFilter

#读取图像文件
img= Image.open('test.jpg')

#模糊图像
blurred= img.filter(ImageFilter.BLUR)

#锐化图像
sharpened= img.filter(ImageFilter.SHARPEN)

#显示处理后的图像
blurred.show()
sharpened.show()
```

这段代码的具体处理过程如下。

- 使用 Image.open( ) 方法读取一个图像文件，该文件名为 test.jpg，并将其存储在 img 变量中。
- 使用 img.filter( ) 方法并传递 ImageFilter.BLUR 参数，对原始图像进行模糊处理，并将

结果存储在 blurred 变量中。

- 使用 img.filter( ) 方法并传递 ImageFilter.SHARPEN 参数，对原始图像进行锐化处理，并将结果存储在 sharpened 变量中。
- 使用.show( ) 方法分别展示模糊和锐化处理后的图像。

这段代码演示了如何使用 Pillow 库进行基本的图像处理，其中 ImageFilter.BLUR 和 ImageFilter.SHARPEN 是 Pillow 库中自带的滤波器。

12.1.11　图形裁剪、旋转和缩放

以下代码使用 Python 的 Pillow 库实现了对图像文件进行裁剪、旋转和缩放处理的功能。具体代码如下。

```
from PIL import Image

#读取图像文件
img= Image.open('test.jpg')

#裁剪图像
cropped= img.crop((100, 100, 200, 200))

#旋转图像
rotated= img.rotate(45)

#缩放图像
resized= img.resize((200, 200))

#显示处理后的图像
cropped.show()
rotated.show()
resized.show()
```

这段代码的具体处理过程如下。

- 使用 Image.open( ) 方法读取一个图像文件，该文件名为 test.jpg，并将其存储在 img 变量中。
- 使用 img.crop( ) 方法并传递一个四元组参数（100, 100, 200, 200），对原始图像进行裁剪处理，并将结果存储在 cropped 变量中。四元组中的四个数分别表示要保留的区域的左上角和右下角的坐标。
- 使用 img.rotate( ) 方法并传递一个角度参数（45），对原始图像进行旋转处理，并将结果存储在 rotated 变量中。该函数的参数指定旋转的角度。
- 使用 img.resize( ) 方法并传递一个二元组参数（200, 200），对原始图像进行缩放处理，并将结果存储在 resized 变量中。二元组中的两个数分别表示缩放后的宽度和高度。
- 使用.show( ) 方法分别展示裁剪、旋转和缩放处理后的图像。

这段代码演示了如何使用 Pillow 库进行典型的图像处理，其中 crop( )、rotate( ) 和 resize( ) 是 Pillow 库中自带的处理方法。

12.2 音频处理

音频处理是指对音频信号进行数字处理以实现各种功能或改善音质的技术。音频处理可以应用于音乐制作、广播、语音识别、语音合成和音频转换等领域。

12.2.1 Pydub 库的安装和概述

Pydub 是 Python 中一个流行的音频处理库，它提供了丰富的音频处理工具和算法。Pydub 可以用于读取、处理和保存各种音频文件，支持多种音频格式，如 MP3、WAV 和 OGG 等。要安装 Pydub 库，可以使用 pip 工具进行安装，请在命令行中输入以下命令。

```
pip install pydub
```

安装完成后，就可以在 Python 中使用 Pydub 库了。

12.2.2 音频读取和播放

可以使用 Pydub 库中的 AudioSegment 模块来读取音频文件，并使用 play( ) 方法播放音频，具体代码如下。

```
from pydub import AudioSegment

#读取音频文件
audio= AudioSegment.from_file('test.mp3', format='mp3')

#播放音频
audio.play()
```

12.2.3 音频格式转换

Pydub 是一个基于 Python 的音频处理库，支持多种音频格式，包括 MP3、WAV、OGG 和 FLAC 等。它提供了一些简单易用的 API，可以让用户在 Python 中轻松地对音频文件进行剪切、合并和格式转换等操作。

使用 AudioSegment.export( ) 函数将音频文件转换成目标格式，具体代码如下。

```
#将 MP3 文件转换成 WAV 文件
audio_file= AudioSegment.from_file("audio.mp3", format="mp3")
#将 WAV 文件转换成 MP3 文件
audio_file.export("audio.wav", format="wav")
```

其中，第一个参数是目标文件的路径，第二个参数是目标文件的格式。同样，这里的文件格式也是可选的，如果不指定，Pydub 会自动根据文件名来猜测格式这个示例将 MP3 格式的音频文件 audio.mp3 转换成了 WAV 格式的音频文件 audio.wav。

以下是一些常见的音频格式转换示例。

1. MP3 转 WAV

MP3 转 WAV 的具体代码如下。

```
audio_file= AudioSegment.from_file("audio.mp3", format="mp3")
audio_file.export("audio.wav", format="wav")
```

2. WAV 转 MP3

WAV 转 MP3 的具体代码如下。

```
audio_file= AudioSegment.from_file("audio.wav", format="wav")
audio_file.export("audio.mp3", format="mp3")
```

3. OGG 转 MP3

OGG 转 MP3 的具体代码如下。

```
audio_file= AudioSegment.from_file("audio.ogg", format="ogg")
audio_file.export("audio.mp3", format="mp3")
```

4. FLAC 转 WAV

FLAC 转 WAV 的具体代码如下。

```
audio_file= AudioSegment.from_file("audio.flac", format="flac")
audio_file.export("audio.wav", format="wav")
```

5. M4A 转 MP3

M4A 转 MP3 的具体代码如下。

```
audio_file= AudioSegment.from_file("audio.m4a", format="m4a")
audio_file.export("audio.mp3", format="mp3")
```

这里只是列举了一些常见的音频格式转换示例，实际上 Pydub 支持的格式更加丰富，具体可以参考官方文档 https://github.com/jiaaro/pydub/blob/master/API.markdown。

12.2.4 音频加工

音频加工的相关内容如下。

1. 剪辑音频文件

在 Pydub 中剪辑音频文件非常方便，用户可以使用 AudioSegment 对象的［start：end］语法来选择要保留的部分。例如以下示例将保留音频文件的前 10 秒，具体代码如下。

```
from pydub import AudioSegment

sound= AudioSegment.from_file("my_audio.mp3", format="mp3")

#选择前 10 秒
ten_seconds= sound[:10000]

#保存剪辑的音频文件
ten_seconds.export("my_audio_10s.mp3", format="mp3")
```

2. 合并音频文件

在 Pydub 中合并音频文件也很容易，用户可以使用+运算符将两个 AudioSegment 对象连接起来。例如以下示例将两个音频文件合并成一个，具体代码如下。

```
from pydub import AudioSegment

sound1= AudioSegment.from_file("my_audio1.mp3", format="mp3")
```

```
sound2= AudioSegment.from_file("my_audio2.mp3", format="mp3")

#将两个音频文件合并
combined_sounds= sound1 + sound2

#保存合并的音频文件
combined_sounds.export("my_audio_combined.mp3", format="mp3")
```

3. 改变音量

在 Pydub 中改变声音也不复杂，用户可以使用 AudioSegment 对象的+db 和-db 语法来增加或减少音量。例如以下示例将音量减少 10dB，具体代码如下。

```
from pydub import AudioSegment

sound= AudioSegment.from_file("my_audio.mp3", format="mp3")

#减少音量 10dB
quieter_sound= sound - 10

#保存音量减少后的音频文件
quieter_sound.export("my_quieter_audio.mp3", format="mp3")
```

12.2.5 音频转文本

SpeechRecognition 是一个基于 Python 的音频识别库，它支持多种语音识别引擎（例如 Google 和 Sphinx 等），可以将音频文件转换成文本。用户可以借助 SpeechRecognition 来实现语音转文本的需求。下面是一个使用 SpeechRecognition 进行音频转文本的示例教程。

1. 安装 SpeechRecognition

首先，需要安装 SpeechRecognition 库，可以使用 pip 命令进行安装，具体代码如下。

```
pip install SpeechRecognition
```

2. 导入 SpeechRecognition 库

导入 SpeechRecognition 库，具体代码如下。

```
import speech_recognition as sr
```

3. 读取音频文件

使用 sr.AudioFile()函数读取音频文件，具体代码如下。

```
r= sr.Recognizer()
audio_file= sr.AudioFile("audio.wav")
```

其中，第一个参数是用于语音识别的 Recognizer 对象，第二个参数是音频文件的路径。

4. 转换音频为文本

使用 recognize_google()函数将音频文件转换为文本，具体代码如下。

```
with audio_file as source:
    audio= r.record(source)
    text= r.recognize_google(audio, language="zh-CN")
    print(text)
```

其中，record()函数将音频文件读取到内存中，recognize_google()函数使用 Google 语音

识别引擎将音频转换成文本，language 参数用于指定语言。

这个示例将 WAV 格式的音频文件 audio.wav 转换成了文本，并输出到控制台上。以上是一个使用 SpeechRecognition 进行音频转文本的典型示例。SpeechRecognition 还支持多种语音识别引擎，具体可以参考官方文档。同时，需要注意的是，语音转文本的效果很大程度上受到音频质量和语音识别引擎的影响，因此在实际应用中需要进行一些调试和优化。请注意，在使用 AudioFile( ) 方法时，需要确保语音文件的格式受支持，例如.wav 或.flac 等格式。

12.3 视频处理

Moviepy 是一个用于视频处理的 Python 库，可以用于编辑、剪辑、合成和处理视频。它是基于 FFMPEG 库的 Python 封装，因此可以处理多种视频格式。Moviepy 提供了直观且易于使用的 API，可以让用户快速进行视频处理，并且可以与其他 Python 库和框架（如 NumPy、Matplotlib 等）进行集成。

以下是 Moviepy 库的一些常见用途。

- 分段截取：剪掉前几秒或后几秒，或者提取中间某段。
- 素材提取：音频提取，视频截图。
- 清晰调整：帧率、分辨率。
- 倍速播放：加速、减速。
- 格式转换：视频编码选择、GIF 转换。
- 视频拼接：如添加片头、添加片尾。
- 视频剪裁：裁剪某个区域内容。
- 水印处理：加文字水印、加图片水印和加动画水印。
- 视频特效：镜像、滤镜、过长切换和遮照。
- 字幕处理：提取字幕，添加字幕。
- 智能处理：人脸追踪、马赛克和换脸。

12.3.1 安装 MoviePy

请打开命令提示符或终端窗口，并使用以下命令安装 MoviePy。

```
pip install moviepy
```

需要注意的是，MoviePy 依赖于 FFmpeg 来读取和写入视频和音频文件。FFmpeg 是一款跨平台的开源多媒体框架，可以处理几乎所有类型的音频和视频文件格式。在使用 MoviePy 之前，需要安装 FFmpeg。如果尚未安装 FFmpeg，请按照以下步骤进行操作。

- 前往 https://ffmpeg.org/download.html 下载 FFmpeg 的最新版本。请确保下载适合自己操作系统的版本。
- 将 FFmpeg 安装到当前计算机上。有关安装说明，请查阅下载页面上的文档。
- 确保已将 FFmpeg 的可执行文件路径添加到系统路径中。这样，就可以从任何地方访问 FFmpeg 命令。

12.3.2 上手 You-Get

在正式学习 Python 视频处理之前，作为本章的知识扩展，先来了解 You-Get 库的基本用法。它是一款非常强大的命令行视频下载工具（当然也提供了客户端），用于下载媒体文件（例如视频、音频）和图片等资源，支持多种视频网站（例如 Youtube、Bilibili 和 AcFun 等）。

下面是 You-Get 的基本使用方法。

1. 安装 You-Get

请在命令行窗口中执行以下命令。

```
pip install you-get
```

需要注意的是，You-Get 依赖于 Python 3.7.4 或更高版本。

2. 下载媒体文件

使用命令行进入媒体文件所在的页面，然后执行以下命令。

```
you-get -i https://www.bilibili.com/video/BV1T94y1m7ty
```

其中，-i 参数用于获取媒体文件的信息，例如视频的标题、时长和分辨率等，输出效果如下。

```
site:                Bilibili
title:               在欧阳修祠堂背诵《醉翁亭记》
streams:             # Available quality and codecs
    [ DASH ] ____________________________________
    - format:        dash-flv480
      container:     mp4
      quality:       清晰 480P
      size:          38.7 MiB (40549964 bytes)
    # download-with: you-get --format=dash-flv480 [URL]

    - format:        dash-flv360
      container:     mp4
      quality:       流畅 360P
      size:          18.1 MiB (18931237 bytes)
    # download-with: you-get --format=dash-flv360 [URL]

    [ DEFAULT ] _________________________________
    - format:        flv
      container:     flv
      quality:       高清 1080P
      size:          106.1 MiB (111260490 bytes)
    # download-with: you-get --format=flv [URL]

    - format:        flv720
      container:     flv
      quality:       高清 720P
      size:          77.9 MiB (81684117 bytes)
    # download-with: you-get --format=flv720 [URL]

    - format:        flv480
      container:     flv
```

```
      quality:          清晰 480P
      size:             34.7 MiB (36416366 bytes)
    # download-with:    you-get --format=flv480 [URL]

    - format:           flv360
      container:        flv
      quality:          流畅 360P
      size:             18.4 MiB (19295151 bytes)
    # download-with:    you-get --format=flv360 [URL]
```

3. 指定下载路径和格式

可以使用-o 参数指定下载路径，使用-f 参数指定下载格式。例如以下命令将下载 Bilibili 上的一段视频，并将其保存到 D 盘，并以 flv 格式保存。

```
you-get -o D:/Downloads you-get --format=flv https://www.bilibili.com/video/BV1T94y1m7ty
```

下载过程如下。

```
site:                    Bilibili
title:                   在欧阳修祠堂背诵《醉翁亭记》
stream:
    - format:            flv
      container:         flv
      quality:           高清 1080P
      size:              106.1 MiB (111260490 bytes)
    # download-with:     you-get --format=flv [URL]

Downloading 在欧阳修祠堂背诵《醉翁亭记》.flv ...
100% (106.1/106.1MB) ├████████████████████████████████████████
█████┤[1/1]  674 kB/s

Downloading 在欧阳修祠堂背诵《醉翁亭记》.cmt.xml ...
```

下载完成后，就可以在指定的下载路径下找到下载的视频文件了。

以上就是 You-Get 的基本使用方法。此外 You-Get 还支持多种其他参数和选项，具体可以参考官方文档 https://you-get.org/docs/。

需要注意的是，下载媒体文件可能涉及版权等法律问题，需要遵守相关的法律法规。

12.3.3　MoviePy 的典型应用

Moviepy 可以让用户轻松地创建和编辑视频。

下面是 Moviepy 的基本使用方法。

1. 打开文件

使用 VideoFileClip 类打开一个 MP4 格式的视频文件，具体代码如下。

```
from moviepy.video.io.VideoFileClip import VideoFileClip

input_file= "../images/在欧阳修祠堂背诵《醉翁亭记》.flv"
video= VideoFileClip(input_file)
```

2. 格式转换

接下来，使用 VideoFileClip 类打开输入文件并转换为 MP4 格式，具体代码如下。

```
input_file= "../images/在欧阳修祠堂背诵《醉翁亭记》.flv"
output_file= "../images/在欧阳修祠堂背诵《醉翁亭记》.mp4"
video= VideoFileClip(input_file)
video.write_videofile(output_file)
```

如果要将视频文件转换为其他格式，可以在 write_videofile 方法中指定输出格式。例如，要将视频文件转换为 mov 格式，可以将输出文件名更改为.mov 格式，具体代码如下。

```
output_file= "../images/在欧阳修祠堂背诵《醉翁亭记》.flv"
video.write_videofile("../images/在欧阳修祠堂背诵《醉翁亭记》.mov")
```

运行代码后，可以看到如下输出。

```
Moviepy - Building video ../images/在欧阳修祠堂背诵《醉翁亭记》.mp4.
MoviePy - Writing audio in 在欧阳修祠堂背诵《醉翁亭记》TEMP_MPY_wvf_snd.mp3
MoviePy - Done.
Moviepy - Writing video ../images/在欧阳修祠堂背诵《醉翁亭记》.mp4

Moviepy - Done !
Moviepy - video ready ../images/在欧阳修祠堂背诵《醉翁亭记》.mp4
```

这样，就可以将 flv 格式的视频文件转换为更多格式的文件。

3. 提取音频

可以使用 VideoFileClip 对象的 audio 属性来获取视频文件的音频。以下是提取音频并将其保存为.mp3 文件的示例代码，具体代码如下。

```
from moviepy.editor import *

#读取视频文件
video= VideoFileClip("../images/在欧阳修祠堂背诵《醉翁亭记》.mp4")

#提取音频
audio= video.audio

#将音频保存为.mp3 文件
audio.write_audiofile("../images/在欧阳修祠堂背诵《醉翁亭记》.mp3")
```

如果要将音频保存为其他格式（如.wav 或.aac），将文件扩展名更改为所需的格式即可。完成后，不要忘记关闭视频和音频对象。

```
#关闭视频和音频对象
video.close()
audio.close()
运行代码后,可以看到如下输出。
MoviePy - Writing audio in ../images/在欧阳修祠堂背诵《醉翁亭记》.mp3
MoviePy - Done.
```

这样，就可以使用 MoviePy 轻松地从视频文件中提取音频了。

4. 裁剪视频

使用 subclip( )方法可以从视频中提取特定时间范围内的片段。例如，以下代码将提取从第 5 秒到第 10 秒的片段，具体代码如下。

```
from moviepy.video.io.VideoFileClip import VideoFileClip
from moviepy.video.io.ffmpeg_tools import ffmpeg_extract_subclip

video= VideoFileClip("../images/在欧阳修祠堂背诵《醉翁亭记》.mp4")

clip= video.subclip(5, 10)
```

使用 write_videofile 方法将裁剪后的视频保存为新文件。例如，以下代码将保存名为 output.mp4 的文件，具体代码如下。

```
clip.write_videofile("../images/在欧阳修祠堂背诵《醉翁亭记》.mp4")
```

这是最基本的 Moviepy 裁剪视频的方法，可以根据需要对其进行扩展。

5. 合并视频

假设当前有 clip1.mp4 和 clip2.mp4 两个视频剪辑，要将它们合并成一个视频。下面是一个典型的示例，具体代码如下。

```
from moviepy.editor import *

clip1= VideoFileClip("../images/在欧阳修祠堂背诵《醉翁亭记》.mp4")
clip2= VideoFileClip("../images/在欧阳修祠堂背诵《醉翁亭记》.flv")

final_clip= concatenate_videoclips([clip1, clip2])

final_clip.write_videofile("../images/合并后.mp4")
```

这段代码的具体处理过程如下。

- 创建 clip1 和 clip2 VideoClip 对象，分别表示 clip1.mp4 和 clip2.mp4。
- 使用 concatenate_videoclips( ) 函数将这两个视频剪辑连接在一起，得到一个 CompositeVideoClip 对象 final_clip。
- 使用 write_videofile( ) 函数将最终的 CompositeVideoClip 对象写入到 final_video.mp4 文件中。

上面的代码中使用的 concatenate_videoclips( ) 函数将两个视频剪辑连接在一起，这个函数会将所有视频剪辑按照给定的顺序连接成一个大的 CompositeVideoClip 对象。在当前的示例中，由于 clip1 在 clip2 之前，因此最终的视频剪辑中 clip1 将出现在 clip2 之前。

如果想调整两个视频剪辑的位置，可以使用 CompositeVideoClip 对象的 set_pos( ) 方法来设置它们的位置。例如，要将 clip2 放置在 clip1 的右侧，可以使用以下代码。

```
clip2= clip2.set_pos((clip1.w, 0))
```

这将 clip2 放置在 clip1 的右侧，clip1 的宽度为 clip1.w，用户可以使用类似的方法来更改视频剪辑的位置和大小。

这是一个非常典型的示例代码，使用 Moviepy 合并视频剪辑。通过 Moviepy 库，用户可以使用更多的功能来编辑视频，例如添加文字、图像、音频和特效等。

6. 添加文本

Moviepy 可以自动生成字幕，但是需要一些额外的设置和调整，以便正确生成字幕。

1）加载视频文件：使用 VideoFileClip 函数加载指定路径下的视频文件。

```
video= VideoFileClip("../images/在欧阳修祠堂背诵《醉翁亭记》.mp4")
```

2）加载字幕文件：使用 SubtitlesClip 函数加载指定路径下的字幕文件。

```
subtitles= SubtitlesClip("../images/subtitles.srt")
```

3）使用 TextClip 函数创建文本标注：创建一个文本标注，包含文本内容、字体大小和字体颜色等信息。

```
text= TextClip("Sample Text", fontsize=50, color='white')
```

4）将文本标注合成到视频中：使用 CompositeVideoClip 函数将文本标注与视频合成在一起，以形成一个新的视频剪辑。

```
video_with_text= CompositeVideoClip([video, text.set_position(('center','bottom'))])
```

5）字幕添加到视频中：使用 CompositeVideoClip 函数将字幕与前面的视频剪辑合成在一起。

```
video_with_subtitles= CompositeVideoClip([video_with_text, subtitles.set_position(('cen-
ter','top'))])
```

6）保存生成的视频：使用 write_videofile 函数将生成的视频剪辑保存到指定路径中。

```
video_with_subtitles.write_videofile("../images/video_with_subtitles.mp4")
```

这里的 subtitles.srt 是一个字幕文件，具体内容如下。

```
1
00:00:00,000 --> 00:00:05,000
Hello, world!

2
00:00:05,000 --> 00:00:10,000
This is a sample subtitle file.

3
00:00:10,000 --> 00:00:15,000
It contains three subtitles.
```

这段代码的具体处理过程如下。

- 在视频的第 1 秒到第 5 秒之间，将显示“Hello，world！”。
- 在视频的第 5 秒到第 10 秒之间，将显示“This is a sample subtitle file.”。
- 在视频的第 10 秒到第 15 秒之间，将显示“It contains three subtitles.”。

最后将字幕效果合并到视频中，生成一个包含字幕的新视频文件。

请注意，自动生成的字幕可能不是准确的，所以需要进行一些手动调整。同时，生成字幕需要时间，取决于视频的长度。更多关于 Moviepy 的内容，可以参考官方文档 https://zulko.github.io/moviepy/index.html。

在本章中介绍了如何使用 Pillow、MoviePy、pydub 和 SpeechRecognition 等库来处理图像、音频和视频文件。有了这些库，用户可以轻松地处理和编辑图像、音频和视频文件。当然，Python 也提供了更强大的库和工具，例如 OpenCV（一个流行的开源计算机视觉库），它提供了许多图像和视频处理函数和工具，包括图像读取、变换、滤波、特征检测和目标跟踪等功能，也是 Python 中最常用的图像处理库之一。

无论是初学者还是专业人士，这些库都可以带来更多的价值和创意。